中国石化压力容器发展史

徐 钢 主编

中国石化出版社

图书在版编目（CIP）数据

中国石化压力容器发展史/徐钢主编．—北京：中国石化出版社，2019.12
ISBN 978－7－5114－2124－1

Ⅰ.①中…　Ⅱ.①徐…　Ⅲ.①石油化工－压力容器－历史－中国　Ⅳ.①TQ051.3－092

中国版本图书馆 CIP 数据核字（2019）第 299598 号

中国石化出版社出版发行
地址：北京市东城区安定门外大街 58 号
邮编：100011　电话：(010)57512500
发行部电话：(010)57512575
http://www.sinopec-press.com
E-mail：press@sinopec.com
北京科信印刷有限公司印刷
全国各地新华书店经销
*
710×1000 毫米 16 开本 25.5 印张 324 千字
2020 年 2 月第 1 版　2020 年 2 月第 1 次印刷
定价：168.00 元

《中国石化压力容器发展史》编写指导委员会

《中国石化压力容器发展史》编委会

序

新中国成立以来，我国石油化工工业取得了巨大的进展，炼油、乙烯、芳烃成套技术已达到世界先进水平，部分达到世界领先水平。在此过程中，石化设备作为石油化工工业重要的物质基础，也得到了迅速发展，取得了巨大的成就，技术水平发生了天翻地覆的变化，石化设备国产化、大型化取得累累硕果，创下了多个世界第一，为我国制造业水平的整体提升做出了突出贡献。

在当前国际经济和科技发展的大背景下，世界各国均高度重视制造业的发展。制造业是国民经济的主体，是立国之本、兴国之器、强国之基，也是各国技术创新的主战场。基于此，中国机械工程学会压力容器分会决定组织编写《中国压力容器发展史》，其中“化肥化工压力容器发展史”“炼油石化压力容器发展史”“煤化工压力容器发展史”等三部分内容邀请中国石化牵头撰写，这既是对中国石化的信任，也是对石化设备技术发展的充分认可。

以此为契机，化工事业部、科技部、物资装备部、炼油事业部和石化出版社等部门建议中国石化总结我国石油化工行业压力容器的发展历程，编撰《中国石化压力容器发展史》，一方面展示石化设备领域取得的巨大成就，另一方面给从事压力容器及特种设备的年轻人提供一个了解那段艰苦创业的历史，传承克服困难、自主创新精神的良好载体。化工事业部牵头组织有关专家讨论、确定了整体框架和编写思路；工程建设公司、洛阳工程公司、宁波工程公司、上海工程公司、南化机、第四建设公司、第十建设公司、经济技术研究院等单位的技术骨干，发扬奉献精神，克服困难，更多地是利用业余时间完成各部分的编写任务，精神可嘉！

编撰《中国石化压力容器发展史》，是企业社会责任的体现，今年恰逢新中国成立70周年，本书的出版，不仅为新中国70周年华诞献礼，同时为中国石油化工集团有限公司创造了一笔宝贵的精神财富，该书的出版，对展示石化成就、推动技术进步、丰富企业文化、传承石油精神弘扬石化传统不仅有现实的意义，而且有深远的影响。

盛世修史，继往开来，我们前进的步伐更加稳健；

不忘初心，方得始终，我们取得的成果更加丰硕！

中国石油化工集团有限公司副总经理

2019年12月26日

前言

装备制造业的升级是中国迈向制造业强国的必经之路，装备制造业的技术水平和实力，直接影响和决定着其下游产业和产品的竞争力，是国家综合国力的重要体现。

为总结我国压力容器的发展历程，展示装备制造业的巨大成就，中国机械工程学会压力容器分会决定组织编写《中国压力容器发展史》，其中，“化肥化工压力容器发展史”“炼油石化压力容器发展史”“煤化工压力容器发展史”等三部分内容邀请中国石化牵头组织撰写。

中国石化是国内石化压力容器的最大用户，同时又有许多国内一流的工程公司、设计院、压力容器制造企业以及压力容器安装、检测、维修改造单位，对我国石化压力容器的国产化、大型化做出了突出贡献。重大石油化工装置压力容器开发历程是我国压力容器发展过程中的重要组成部分，石化压力容器的钢铁外壳不仅仅承担压力载荷，更重要的是还承载着石化人自强不息、顽强拼搏、爱我中华、振兴石化的精神！

接到这个任务后，化工事业部结合中国石化的产业发展，与总部、专业公司以及有关企业进行沟通协商，认为非常有必要在此基础上编写《中国石化压力容器发展史》一书。2017 年 10 月 13 日，《中国石化压力容器发展史》编写讨论会召开，集团公司副总经理凌逸群同志亲自参会听取汇报，对这项工作给予充分的肯定。化工事业部、科技部、物资装备部、炼油事业部、SEI、洛阳工程公司、南化机、经济技术研究院和石化出版社等单位的人员共同讨论了编写思路、总体框架、编写分工等。各章节编写负责同志，通过查阅资料、组织讨论、采访老专家等形式，积极准备素材，丰富史料。

为提高本书编写质量，又分别在北京、合肥、青岛等地召开多次编写工作会、稿件审查会。

本书以新中国成立70年以来国民经济发展历史为背景，结合典型石化项目，介绍对石化行业发展具有重要作用的首台套以及有重要技术突破的压力容器；展现中国石化对石化压力容器等关键设备、技术装备制造业发展的推动作用；重点突出在国产化、大型化技术路线的引领下，我国压力容器装备设计、制造领域的重大发展、巨大成就，甚至一些经验教训；力求让这些模糊的记忆逐渐清晰，并以图片、文献的方式留传下来，富有时代感、历史感。

本书主要内容包括：炼油厂高压加氢反应器、高压换热器、高压空冷器，重整反应器和大型板壳式换热器，催化裂化两器、焦炭塔，苯乙烯脱氢反应器、环氧乙烷反应器、聚丙烯环管反应器、甲醇合成塔、变换炉，以及大型立式储罐、球罐、双壳低温储罐等典型的石化压力容器的发展历程，还包括压力容器规范标准和设计手段的发展历程。

从概念上看，虽然立式储罐、干燥机和料仓并不属于压力容器范畴，但考虑到这些容器和设备在石化工程建设上的重要性、典型性和代表性，和它们在中国石化自主创新、研发历史中所做出的贡献，以及它们给中国压力容器材料、建造行业的带动作用，编委会决定将其纳入本书。

老一代压力容器技术专家如张立权、邵祖光、胡安定、赖周平、黎国磊、仇恩沧、李世玉等，亲历了我国石油化工压力容器的设计、制造、安装、使用等方方面面的发展，熟悉这段历史，为本书提供了很多珍贵的图文资料，他们是我们的宝贵资源！谨以此书，向老一辈石化压力容器人致敬！我们一定把他们自强不息、发奋图强的精神财富留下来、传承下去。

负责各部分编写的人员，都是各个单位的技术骨干，他们在日常工作满负荷运转的情况下，克服困难，利用业余时间完成编写任务，在此表示衷心的感谢！中国石化工程建设公司张迎恺、段瑞等同志更是不辞辛苦，做了大量的协调工作，并对各部分书稿进行汇总、审查，一并表示感谢！

尽管参编人员兢兢业业、精益求精，但由于压力容器种类众多，时间跨度又比较长，早期的资料保存不够完善，所以书中难免存在一些遗憾之处，甚至不确切、不严谨的内容，恳请读者指正，并欢迎提供史料，以利今后修订、提高。

目　录

绪　论

中国这个东方文明古国，其石油最早的记录出现在北宋。一个叫沈括的官员在他的作品《梦溪笔谈》中，记述了他在西北发现的一种可燃烧黏稠液体，并命名为“石油”，称“此物后必大行于世”。1859年美国小镇梯特斯维尔钻成了世界上第一口现代油井，现代石油工业就此拉开序幕。此时，清朝统治者们正忙着四处赔款割地，而石油工业几乎无从谈起，这种情形一直持续到新中国成立。1949 年 10 月 1 日中华人民共和国中央人民政府成立，设立了燃料工业部主管石油工业。1950 年 4 月，燃料工业部设石油管理总局，统管全国石油工业。

1951 年 2 月，锦州合成油厂第一滴煤炼人造油生产出来了。该厂原是二战时期日本人留下的一座人造油厂，以煤为原料，设计年产油量为 3×10^4t，但还没等到开工日本就投降了。1949 年东北解放，接管锦州合成油厂时，工厂的资料已被日本人带走或销毁，有些设备已损坏。一群刚毕业的大学生和一些不掌握技术的老工人，在赵宗燠院士的率领下，对设备进行检修，进行各种生产准备工作，那时他们靠着“艰苦奋斗、自力更生”的精神，用一年多的时间就把装置开起来了。这就是新中国石油工业的雏形。

羌笛何须怨杨柳，春风不度玉门关。共和国的石油工业，正是发起于王之涣诗中的这片荒凉悲怆的大漠。甘肃玉门油田，早在1939年就已投入勘探开发，是当时中国规模最大、产量最高、员工最多和工艺技术领先的现代石油矿场，新中国成立前产量占旧中国石油产量的95%以上。

1952年8月1日，掀开石油工业史第一页的是解放军，解放军第19军第57师近8000名将士改编为“中国石油师”，集体转业到石油战线。为寻找石油他们行走在荒原戈壁，风霜万里，颠沛流离，物质匮乏，生活条件异常艰苦。“我们是脱下军装的解放军，不怕死，更不怕苦。在这个没有硝烟的战场上，我们没有一个做逃兵。”原石油工业部副部长秦文彩谈起那段历史，依然激动不已。在那个艰苦的岁月，“石油师”指战员遍布大江南北长城内外，参加了当时我国所有油田的开发会战。

1952年，玉门油田原油产量达14.26×10^4t，成为新中国最大的油田。1953年，玉门油矿被列入国家“一五”计划。此后，大批的技术专家、工人、学生从四面八方向玉门汇集。1957年，玉门油田的原油年产量达75.54×10^4t，占全国石油总产量的87.8%。当年12月，新华社发布消息：新中国第一个石油工业基地在甘肃玉门建成。作为中国石油工业的大学校、大试验场、大研究场所，玉门油田担负起了“出产品、出人才、出经验、出技术”的历史重任。一批批玉门人南下四川，北上大庆，东去庆阳，西进吐鲁番。每一个油田建设的主战场上，都留下了玉门人的足迹。著名诗人李季对此赋诗盛赞：“苏联有巴库，中国有玉门。凡有石油处，就有玉门人。”

与此同时，1953年5月石油设计局和北京设计院成立了。当时设计人员也就200多人，大部分还是刚毕业的大学生，开始从事炼油厂的设计工作；使用的设计工具也很原始，一块图板、一把木制丁字尺和一支铅笔来绘制图纸，拉计算尺来进行数据计算。尽管条件很艰苦，但大家的热情很高。国家对石油工业很重视，为加快建设步伐，那时很多工程都是“三边工程”——边试验、边设计、边施工。大家不管来自什么部门，目标只有一个，就是早日建成新的炼油装置，多产石油产品。

一、建国初期和“文革”前后压力容器建造的初级阶段

兰州石化的前身兰州炼油厂，位列苏联援助我国的156项重点工程之中——兰州炼油、化肥、合成橡胶的三项工程。设计原油处理量是$100 \times 10^4 t/a$，主要炼制克拉玛依原油和玉门原油。1956年4月28日破土动工，21个月后一期工程16套生产装置安全试运转和正常生产。周恩来总理1959年10月14日来刚建成的兰州炼油厂视察见图0－1。

图0－1 周恩来总理来兰州炼油厂视察

兰州炼油厂在苏联专家的帮助下投入建设时，全国其他地方炼油厂的设计也陆续展开，而建设与之相配套的炼油化工设备生产基地的想法被提了出来。1955年3月12日，中国与苏联正式签订了新15项465/2号合同，其中包括兰州炼油化工设备厂，年产炼油化工设备25000t。现在的兰州石油化工机器厂（简称兰石厂）是我国第一个五年计划（1953—1957年）期间，由苏联帮助设计的156个重点项目中的两个项目——兰州石油机械厂和兰州炼油化工设备厂合并而成的。1958年4月16日合并，合并后的厂名为“兰州石油化工机器厂”。为此苏联提供了4000t水压机等大型设备共150台，价值人民币近2600万元。

与此同时，1956年国家投入巨资在黑龙江省建设富拉尔基重型机器厂——中国一重的前身。工厂由苏联专家进行设计，集中了苏联重型机器的先进经验。1960年6月国家验收委员会给予高度评价：“富拉尔基重型机器厂的提前建成和两大产品的生产，将使我国的重型机器

制造业走上独立制造大型轧钢、冶炼、锻压设备的新阶段。”

1958 年，新中国诞生后的第一个五年计划结束，没有完成计划的只有燃料工业部。当时正值冷战时期，西方国家想用石油“窒息红色中国”。解放军总后勤部部长、独臂将军余秋里临危受命，出任石油部长。1959 年 9 月 26 日，松嫩平原大同镇附近，一座名为“松基三井”的油井里喷射出黑色油流。当时正值国庆 10 周年之际，时任黑龙江省委书记欧阳钦提议将大同改为大庆，将大庆油田作为一份献给新中国的厚礼。此后，这个“工业学大庆”的“大庆”在新中国早期工业化建设中，成为一个独特的文化符号。大庆油田的开发成功结束了我国完全依赖进口洋油的时代。

1960 年 2 月，一场关系石油工业命运的石油会战在大庆揭开了序幕。1952 年奔赴祖国各地的“石油师”人，在大庆重新集结。沈阳军区、济南军区、南京军区的 3 万退伍兵也加入到会战的行列。之后，中央军委又给大庆分配了 3000 名转业军官。在共和国经济发展历史上，只有石油工业是这样一支由转业、退伍军人做主力的队伍组成。或许，是因为新中国石油工业的创业格外艰难。20 世纪 60 年代正值三年自然灾害时期，生产生活条件异常艰苦。数万石油大军挺进东北松嫩平原，克服无路、无粮、无房以及天灾人祸等重重困难，在松辽地区展开了艰苦卓绝的石油大会战。

苦难磨砺下的石油行业，从来不缺少英雄，王进喜尤为知名。这个连小学都没上过的放羊娃，从甘肃玉门带领 1205 钻井队来到大庆，发出了“宁肯少活 20 年，拼命也要拿下大油田”的豪迈誓言。钻井过程发生井喷时，他跳进井场的泥浆池用自己的身体当搅拌机。这个“铁人”形象，被永远定格在石油工业发展的史册上。依靠铁人精神，大庆人高速度高水平拿下了大油田，从此，西方不再认为中国是贫油国家。1963 年，全国原油产量达到 648 万吨。同年 12 月，周恩来总理宣布：中国需要的石油，现在已经可以基本自给了，中国人民使用

“洋油”的时代，即将一去不复返了。

大庆油田的年产量逐年上涨，新问题很快就出现了，那就是当时国内的炼油工业跟不上形势发展的需要。原油开采出来，不进行石油炼制光存在那里是没有用的。当时大庆还没有建设炼油厂，在哪里炼油呢？当时的石油部决定送到大连石油七厂炼制。这个炼油厂是日本占领中国时期，由日本人建设的，规模也很小。新中国成立后，我们和苏联专家一起对它进行了扩建，炼油能力大约为 50×10^4t/a。在大庆油田开发之前，大连石油七厂主要炼制的是我国从苏联进口的库页岛原油和巴库原油。这两种原油都属于轻质原油，比较容易炼制。但是大庆油田开发之后就不一样了，大连石油七厂改成主要炼制大庆原油。这一改，问题就出来了。大庆原油是石蜡基原油，凝点比较高。在从大庆运往大连的过程中，原油经常就凝固了，很难从油罐车上卸下来，每次都要用蒸汽先把它化开了变成液体才能卸下来。然后就是装置操作经常出问题。因为和库页岛的轻质原油成分有差别，大连石油七厂的工人按照原先的操作方法和控制条件来加工原油，就会有产品质量不合格、安全事故等问题。当时的石油七厂经常发生着火和管线凝堵事故。后来七厂的工人们就编了一个顺口溜：“大庆原油不好炼，不是着火就是凝管线。”石油部对这个情况很着急，一方面大庆油田的产量在不断攀升，另一方面七厂的炼油生产很不正常，既浪费资源还出事故，产品又不合格。1961 年，石油部决定在大连石油七厂组织一场针对大庆原油的炼油大会战，为此从全国抽调了大概 70 多名炼油方面的专家来到石油七厂，进行技术攻关。这其中有兰州炼油厂的总工程师、上海炼油厂的副厂长，还有石油部机关、北京设计院、北京石油学院的技术人员和教授。

1961 年 2 月份会战开始，会战的具体目标是：总结出一套保证产品质量合格、产品收率高的针对大庆原油的加工条件，建立和完善生产管理、设备维修、安全管理等多方面的规章制度，以保证生产稳定和安全。4 月 20 日左右，会战结束。会战组总结出了一套炼制大庆原油的工艺条件，这是非常重要的。当时国内各个炼油厂炼制的原油基本上都是大庆原油。如果大庆的原油不能用有效的方法进行炼制，那么对全国炼油行业的影响就非常大。这一套工艺条件总结出来之后，很快就被推广到了全国，各个炼油厂再炼制大庆的原油就变得比较顺畅了。同时期，石油二厂也扩建成 100×10^{4}t/a 炼油厂，并建设了第一套催化裂化装置和第一套焦化装置。

再往后，全国各个炼厂都炼制大庆原油，处理量还是不够，很多工厂还进行了扩建。这时急需建设新的炼油厂，其中一个就是大庆炼油厂。大庆炼油厂是 1961 年决定建设的，1962 年开始施工。大约 18 个月之后，一期工程建成。大庆炼油厂一共两期工程，一期的规模和兰州炼油厂一样也是 100×10^{4}t/a。为什么和兰州炼油厂一样是 100×10^{4}t/a 呢？因为当时石油部考虑到炼油技术比较成熟的只有从苏联引进的兰州炼油厂，所以给大庆炼油厂设计的时候也是 100×10^{4}t/a 原油处理量，这几乎全是从兰州炼油厂那里学来的。

尽管兰州炼油厂的技术水平并不先进，但是当时没有别的选择，只能按照兰州炼油厂的模式来设计。工程师们参考苏联的教科书、设计图纸和标准，在图板上用铅笔和比例尺（见图 0 – 2），一笔一笔地完成了设计图纸。当时的压力容器几乎全是碳素钢的，有些甚至是沸腾钢的。当设计温度超过碳钢允许温度时，则一律采用非金属衬里冷壁设计，高压厚壁容器则采用多层缠绕式；而高压管道则是采用法兰将一节一节的高压钢管连接起来。

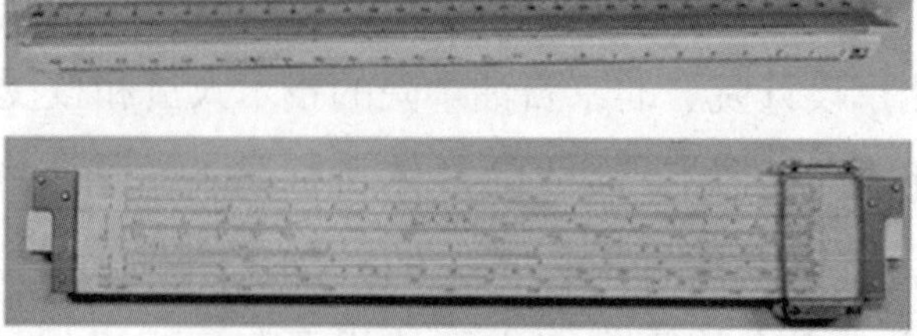

比例尺

计算尺

图 0 – 2　手工绘图用的比例尺和计算尺

石油部的领导也了解这个情况，但是希望在设计上能有一些改进。当时提出的口号是：“庆出于兰而胜于兰”。“庆”是大庆的“庆”，“兰”是兰州的“兰”，取“青”和“蓝”的谐音字。“庆出于兰”意思是大庆的技术是从兰炼来的，“胜于兰”是希望在兰州炼油厂苏联技术的基础上，根据这两三年的操作经验，找出它的不足改进它，让大庆炼油厂比兰州炼油厂更为先进。

当年建设 100×10^4t/a 规模炼油厂时，开始对于搞这么大规模炼油厂静设备怎么样设计，怎么完成建设工程，也是个巨大难题。所以当年的石油部、机械部决定两部开展炼油设备的联合设计。在技术设计阶段，石油部、机械部各派一个人到北京设计院和抚顺设计院参加技术设计，以便充分了解技术设计的意图。到施工图阶段，由石油部派两个人，北京设计院和抚顺设计院各派一个人，到兰石厂参加施工图的设计，这样就能够把施工图设计得更加易于制造。

1963 年大庆炼油厂投产。客观地说，尽管兰州炼油厂的技术水平在当时国际上并不先进，但却是成熟的、成功的。在这些成熟技术的基础上，设计上采取了一些优化措施。例如：采用国产设备代替一些进口设备、落后设备，同时优化总图布置和装置设备平面布置、改变全厂管线的架设方式等，这样做的结果是大大减少了建厂用地和投资费用。但设计上的这些改进并不能解决当时炼油技术落后的根本性问题。现如今的汽油辛烷值是 90 多（研究法），而当时只有 70（马达法）。为了让汽油辛烷值达标，炼油厂只能添加添加剂，当时添加的是四乙基铅，这就是众所周知的“含铅汽油”。四乙基铅不仅有毒，而且对大气质量的影响非常大。空气中四乙基铅的含量过高，甚至会影响发育中儿童的智力水平。想要提高炼油技术，就必须学习西方国家的先进技术。但是当时东西方阵营之间对抗激烈，尽管中苏关系已经恶化，但中国和西方国家的关系还是非常僵持。而与中国友好的亚非拉国家在这一方面的技术也并不先进。

古巴革命的成功给中国了解西方的炼油技术和设计技术提供了一个绝佳的机会。1959 年古巴革命成功，菲德尔·卡斯特罗宣布古巴革命是社会主义性质的革命。1960 年中国和古巴建交之后，双方关系就非常好。古巴的炼油厂是革命胜利之前美国人设计建造的，技术水平比较高。当时的石油部就派了一个考察团去考察。考察团回国之后，石油部对国外的技术水平有了比较清晰的了解。1961 年年底到 1962 年年初，石油部在北京香山召开了一个科技座谈会，后来被称为“香山会议”。会议集中了全国炼油领域的专家，讨论怎么发展炼油技术。最后大家讨论的结果是：应该对五项炼化技术进行攻关，即催化裂化、催化重整、延迟焦化、尿素脱蜡、新型常减压，后来把第五项新型常减压改成炼油催化剂和添加剂技术，由此诞生了著名的“五朵金花”。

香山会议决定的这五项重点技术都是当时对中国炼油行业非常关键的技术。当时需要技术攻关的项目很多，但是这五项技术，抓住了当时技术发展的关键。首先是催化裂化，这个技术是提高炼油厂轻质油收率和汽油辛烷值的关键。其次是催化重整，这项技术是生产高辛烷值汽油和石油芳烃的关键。芳烃里面的甲苯是做 TNT 炸药的重要原料。20 世纪 50 年代利用大连化物所的技术，当时的石油部北京设计院做设计，在锦州石油六厂建了一套 2000t/a 的碳七环化制甲苯装置，但还是远远不能满足军工市场的需要。第三个是延迟焦化技术，因为大庆原油比较重，大量的渣油需要深加工。当时国外比较普遍采用的工艺是延迟焦化，其中延迟焦化技术比较先进，采用比较先进的水力出焦。而苏联给我们的焦化工艺是原始的釜式焦化，采用人工除焦和出焦，比较落后。第四个是尿素脱蜡技术。60 年代，我国和苏联关系恶化之后，三北地区的边防比较紧张。三北地区都是高寒地区，坦克、重型汽车需要的柴油必须是低凝点的，要求凝点在 -30℃甚至 -50℃。用大庆原油和当时的技术很难生产出来，所以需要用尿素脱蜡工艺把原油里面的蜡脱掉，生产低凝点的柴油。

第五个原来定的是新型常减压。根据从古巴考察回来的同志讲，古巴有一套常减压装置，处理量为 180×10^4t/a，但是常压塔直径只有 3000mm，减压塔直径只有 6000mm。而苏联设计的 100×10^4t/a 常减压装置的常压塔直径 3800mm，减压塔直径 6400mm，比古巴的那一套美国设计的要大得多。所以当时决定要建一套新型的常减压装置。但是后来为什么改了呢？因为新型常减压装置对于当时的炼油技术发展的影响比较小，所以后来就改成了炼油催化剂和添加剂。因为这些东西我们更加急缺，需要我们自己从头来研究，重要性更大。

“五朵金花”的技术攻关集中了设计、科研、生产方面的专家，还与全国各个大学、许多研究院进行了合作。“五朵金花”的技术会战，是我国炼油技术发展攻关的真正开始。意义重大，但难度也相当大。这五项技术里的绝大多数对我们来说都是从零起步。如果说有一些启示的话，当时到古巴的考察算是为我们打开了一扇门。专家组到古巴的炼油厂考察，一是看他们的实际操作得到了一些感性认识，另外也从古巴拿到了一些不完整但非常宝贵的资料。

“五朵金花”的技术攻关难度很大，不仅是工艺、催化剂等方面的问题，而且缺乏静设备的设计技术、计算工具、设计规范，甚至国内连制造这些压力容器的设备都没有。设计基本上依靠从古巴带回来的资料和苏联板壳弹性力学教授铁木辛科编写的教科书。所以，那个年代很多工程师都会俄语，甚至自学俄语。

延迟焦化技术里焦炭塔的水力出焦需要钻孔，攻关组是找石油勘探部门的钻井队来钻孔的；水力设备方面，当时国内有水力采煤的，就找采煤的部门来做水力高压水枪，改造之后用在延迟焦化装置焦炭塔的除焦和出焦上面。当时进行科研攻关的技术人员具有很强的敬业精神。研制滑阀的时候，北京设计院和一机部自动化所的专家都集中在兰州进行现场设计，过年也不能回家。大年三十的时候，石油部让每个专家用长途电话跟家属说几句话，这样就算跟家人过年和拜年了。

大庆油田开发成功之后，炼油工业有了很大的发展。国内还需要建设很多新炼油厂，同时老炼油厂又要改造，所以设计任务很重。当时石油部的两大设计院——北京设计院和抚顺设计院的工程技术人员节假日从不休息，每天都加班到夜里十一二点。石油部北京设计院当时位于六铺炕，住六铺炕附近的居民就开玩笑说，住在你们设计院旁边真幸福，晚上起来上厕所都不用开灯，你们楼里整晚亮着灯把我们房间都照亮了。就是靠着这样的精神和努力，经过了 3 年的时间，到 1965 年，“五朵金花”都开工运行成功了。五朵金花让我国的炼油水平跟世界先进水平之间的差距缩短了一大截。例如，1959 年我国石化产品的品种只有 300 种左右，“五朵金花”投产成功之后，就有 497 种产品可以自主生产了。

1963 年，全国原油产量达到 648×10^4t，但从 1960 年 7 月中苏关系破裂后，苏联专家全面撤回，再加上连续三年自然灾害，国家装备工业发展遭遇严重困难，当时的炼油设备“国产化”的主要任务在于消化和吸收苏联技术，逐步使中国的军事工业和民用产业能够摆脱对苏联的技术依赖。

1964 年 2 月下旬，当时的石油部以部党组的名义，就石油工业 1963 年工作情况和 1964 年主要工作安排，向国务院写了一份综合报告提出：今明两年，我们决心打好三个大歼灭战，其中一项是要打好石油产品品种、质量的歼灭战，使原定石油产品“五年立足于国内”的目标，提前两年实现，更快地追赶上西方 60 年代水平。3 月 10 日，国务院批转了石油部的报告，认为这个报告很好，发给各省、市、自治区和各部、委参阅。在 1964 年 1 ~ 2 月召开的石油工业局、厂领导干部会议上，提出要进一步加强炼油科研攻关和炼油厂建设，使 1965 年原油加工能力达到 1250×10^4t。会议讨论确定，为实现石油自给目标，要着重抓好四个关键：一是猛攻新技术关；二是集中力量有选择地研究试制添加剂，努力增加添加剂产量；三是加紧新产品试制工作；四是确保炼油新装置建设。

1964 年，我国向石油产品立足于国内的目标又迈进了一大步。年底原油加工能力突破 1000×10^4t，全年实际加工量 814.9×10^4t，四大类石油产品产量达 437×10^4t，自给率达到 88.3%。1964 年 12 月，周总理在三届人大一次会议上的《政府工作报告》中宣布：“我国经济建设、国防建设和人民生活所需要的石油，不论在数量或者品种方面，基本上都可以自给了。”

到 1965 年年底，全国炼油年加工能力达到 1423×10^4t，原油年加工量突破了 1000×10^4t，汽油、煤油、柴油、润滑油四大类产品年产量达到 6.17×10^4t，产品收率提高到 56.9%；石油产品的自给率达到 100%，产品质量优良，合格率全部为 100%。

1965 年，我们提前两年实现了石油产品从数量到品种立足于国内的目标。不仅民用油品、军用油品、国防尖端油品完全自给，而且可以自己研究、自己设计、自己制造设备、自己施工安装建设炼油厂。但这时的静设备几乎全是碳钢的，合金钢、不锈钢设备是极其罕见的。1965 年当时的兰石厂成功制造了我国第一台冷壁结构高压加氢反应器(规格为 ϕ1600mm × 90mm × 18000mm)，是具有 20 世纪 60 年代国际先进技术水平的设备。

与此同时，我国还在沿海和经济较发达地区安排一批新炼油厂的建设项目，初步形成了炼油厂的合理布局和石油产、运、炼、销协调发展的格局。这些都为后来炼油工业的进一步发展、更好地满足国民经济和国防建设的需要打下了一个坚实的基础。

1966 ~ 1976 年“文革”期间，石油部决定当时的抚顺设计院整体搬迁。搬迁分两路，一部分搬迁到河南，到河南后就进了距洛阳市区 60km 的“竹园沟”，这就是现在中石化洛阳工程公司的前身，那里条件艰苦、交通不便。而另一部分人则搬迁到湖南长岭，那时为了备战要求，炼油厂要进山、入洞，这部分就在那里建设长岭炼油厂，很多人拖家带口来到这里，生活和工作条件都异常艰苦。当时的北京设计院一大部分人被下放到了湖北荆门，他们一边劳动、一边搞运动、一边做炼油厂的设计工作，很多人拖家带口就住在席棚子里。而另一部分人则留在了北京的六铺炕，继续他们艰苦条件下的设计工作。当时的设计院办公条件差，十几个人挤在一个大办公室，很多参考书和标准都是大家公用的。出差买不到火车票时就买个站票在车厢、厕所门口边挤个地方坐地上，或者铺张草席睡到下铺的地板上，而且临出发前还要换好全国粮票，否则到了外地很可能就没有饭吃。但就是在这样的条件下，他们在 1972 年完成了位于杭州湾北岸上海金山卫、上海石化的前身上海石油化工总厂的设计任务。此后，又在克拉玛依、青海冷湖（见图0－3）、兰州、大连等地新建了7 个年加工能力为（10～100）$\times 10^4$t 的炼油厂。

图 0－3　青海冷湖炼油厂和冷湖油矿旧址

在“文化大革命”期间，石油部决定要建一个 500 $\times 10^4$t/a 炼油厂。当年设计是由抚顺设计院负责的，初期进行了大量的选厂址工作。这个厂当初叫红旗炼油厂，厂址选了好多地方，选来选去，最早选到洛阳地区宜阳的大山沟——竹园沟里面。后来三通一平都搞了，又觉得不妥，又重新选，最后选到洛阳的孟津，就是现在的中国石化洛阳石化公司，那是第一个处理量为 500 $\times 10^4$t/a 的炼油厂。

在 500 $\times 10^4$t/a 炼油厂设计中，石油部、机械部同样对炼油工艺设备搞联合设计。技术设计阶段，兰石厂（所）派人到洛阳院（就是当年的抚顺院）参加设计。到施工图阶段，洛阳院派出相当多的同志到兰石厂（所）一块参加施工图设计，一搞就是好几个月。等常减压、催化裂化装置都建起来了，却发现当时没有那么多的原油供给洛阳炼油厂，所以装置一直没开工。后来没办法，上级领导决定，要将 500×10^4t/a 炼油厂减量投产，由洛阳院更改设计，如塔盘堵孔等，终于通过减量等手段把洛阳炼油厂开起来了。

20 世纪 70 年代前后，陆续兴建了茂名、大庆、南京、胜利、东方红、荆门、长岭等 7 个大型炼油厂，使我国的大中型炼油厂数量达到 10 余个。

1969 年 9 月，在广大建设者的努力下仅用了两年时间，投资 3.9 亿元，在北京西南的一条狭长山坳里建起了一座年加工原油 250×10^4t 的东方红炼油厂（现燕山石化）。1969 年的老照片上展现了抚顺炼建工人发扬“蚂蚁啃骨头”精神，克服困难现场制造催化裂化装置的反应器、再生器和塔器的真实场面，见图 0－4 和图 0－5。

图 0－4　东方红炼油厂现场制造催化两器

图 0－5　东方红炼油厂现场吊装前工人们在拉钢丝绳

所谓炼油，就是使原油在炼油装置中被加工变成轻质液体燃料（汽油、煤油、柴油）、重质液体燃料（重柴油、锅炉燃料等）和润滑油以及各种用途的气体、液体、固体产品（气态烃、液态烃、溶剂油、化工原料、石蜡、沥青和焦炭等）。而所谓的石油化工，就是利用炼油之后的液态油组分原料，通过石化装置来生产乙烯，进而生产合成树脂、合成纤维和合成橡胶等三大合成材料及其下游各种化工产品。

20 世纪 70 年代，我国经济规模较小，当时全国只有少数中小型炼油厂，还没有真正意义的石油化工厂。这些炼油厂的一般设备当时只有国内少数几个化工机械厂制造，重大关键设备全部依赖进口。1976 年以北京燕山 $30 \times 10^4 t/a$ 乙烯项目建成为代表的我国石化工业才刚开始。到 80 年代初，又先后引进了南京扬子、上海金山、山东齐鲁、黑龙江大庆 4 套 $30 \times 10^4 t/a$ 乙烯项目，并于 1990 年先后建成投产。这样我国才有了真正意义上的石油化工工业，但这一时期的乙烯装备和压力容器几乎全是成套进口。

1973 年，燕山石化开始建造首座 $30 \times 10^4 t/a$ 乙烯装置，所有成套设备全部从国外引进，连制造塔式容器的钢板也都是从国外进口，卷制成形后再用特殊包装运到国内的。在使用过程中，设备上的螺丝钉坏了，国内都生产不了，也要从国外进口。图 0 - 6 和图 0 - 7 为铂重整车间的小伙子在给密封设备紧螺栓（1973 年），以及在检修期间清洗换热器管束的场面。

图 0 - 6　燕山石化铂重整车间的小伙子在给设备密封法兰上紧螺栓

图 0 - 7　燕山石化检修期间人工清洗换热器管束的场面

石化工艺技术的实现是靠装备做保证的，装备的性能和水平直接影响到石化生产的水平和发展。石化装备的投资在炼油装置中占装置总造价的40%左右，在石化装置中占装置总造价的50%以上，在高压聚乙烯装置中甚至占到70%。一台大型加氢反应器和环氧乙烷（EO）反应器的价值甚至达到5000万元至1亿人民币。从中央到企业都意识到我国石化装备落后问题的严重性，石化工业作为关系我国国民经济命脉的支柱产业之一，如果国内不能生产所需要的装备，不但会阻碍石化企业的发展，也会威胁国民经济的安全。

1973年1月2日国家计委提交《关于增加进口设备，扩大经济交流的请示报告》，规划在今后3~5年内引进43亿美元的成套设备，即“四三方案”，包括大化肥设备13套、大化纤设备4套、石油化工4个成套设备和10个烷基苯厂等。其中就有金陵石化、扬子石化、茂名石化和金山石化四套加氢裂化装置的全套设备。这次关键性的压力容器技术引进，为后续的中国石化加氢装置的加氢高压设备、加氢高压反应器国产化奠定了基础。

由于当时国内没有输油管线，为了用船转运大庆原油到江浙一带的炼油厂，1975年国内首台$5\times10^4 m^3$浮顶油罐（2台）在上海陈山码头建成。随后，在石化企业、油田、港口和管道系统，依靠自己的技术又建造了数台$5\times10^4 m^3$浮顶油罐。在当时的技术水平下，$5\times10^4 m^3$浮顶油罐已经是最大容积的立式储罐了。

1970年前后的“大跃进”和“文革”时期，安全生产管理出现了滑坡、倒退。劳动部1970年6月被并入国家计委，到1975年9月才又成立了国家劳动总局。

二、改革开放成为压力容器快速发展的引擎

1978年，国务院同意国家劳动总局相关请示，由劳动部门对锅炉压力容器实施安全监察。1982年2月，国务院发布了《锅炉压力容器安

全监察暂行条例》。1982 年 5 月国务院进行机构改革，国家劳动总局与国家人事部、国务院科技干部局、国家编制委员会合并，成立劳动人事部。1983 年 5 月 18 日国务院发文提出，劳动部门要尽快建立健全劳动安全监察制度。1985 年 1 月 3 日全国安全生产委员会成立，安委会办公室设在劳动人事部。1988 年 4 月国务院进行机构改革，撤销劳动人事部，分设人事部和劳动部。劳动部下设三个局之一就是锅炉压力容器安全监察局。1998 年 3 月国务院机构改革，在原劳动部的基础上组建劳动和社会保障部，原劳动部承担的锅炉压力容器监察职能交由国家质量技术监督局承担。

在国家政策的鼓励下，在当时国家劳动总局的有效监管之下，压力容器制造企业纷纷取得了压力容器制造许可证，第一个取得三类压力容器制造证书的兰石厂在 1975 年成功制造了我国第一套铂重整径向反应器和重整立式换热器。1976 年兰石厂又成功制造了重 200t 双层套箍式加氢反应器，这是当时国内直径最大、工作压力最高、重量最重、处理量最大的加氢反应器，1978 年 3 月获全国科技大会表彰。这些重型容器设备的制造代表了那个时代我国压力容器的建造技术水平。1981 年兰石厂首个获得原国家劳动总局颁发的三类压力容器制造许可证（编号 RZZ－001 号）。1982～1984 年兰石厂从国外引进了电子直线加速器和窄间隙埋弧焊接等设备，大大提升了厚壁压力容器的制造能力。80 年代国内各大容器制造企业的焊接、热处理和无损检测硬件能力也得到了大幅提升。

80 年代初，中国压力容器的制造能力也在逐步成长、壮大。始建于 1958 年的二重集团（德阳）重型装备股份有限公司（以下简称“二重”），1971 年建成投产并开始生产重型压力容器。从 1987 年到 2004 年是二重压力容器的初步发展阶段，设计制造的主要产品包含合成塔、储气罐、人造水晶高压釜等。其中最具代表性的是年产 20×10^4t 合成氨装置的氨合成塔外壳。

1982 年 8 月，当时的兰石厂成功制造了我国第一台不锈钢带极堆焊衬里层的热壁结构重油加氢反应器。紧接着，1983 年兰石厂又成功制造了我国第一台锻焊结构的加氢反应器（规格为 ϕ1800mm × 150mm × 25000mm），该项目荣获 1983 年中国石化总公司优秀科技成果二等奖。从 90 年代开始，兰石厂生产的板焊结构加氢反应器所用的铬钼钢板，也逐渐由薄到厚，逐步由采购国外钢板变为由舞阳钢厂的国产钢板所替代，这种高质量、高纯净度压力容器用特殊钢板的研制成功，标志着我国从钢铁大国逐步向钢铁强国迈进。

1983 年 7 月 12 日，国务院颁布了《关于抓紧研制重大技术装备的决定》（又称 110 号文件），决定“在依靠我们自己技术的同时，积极引进国外先进技术，合作设计、合作制造重点建设项目的技术装备，力争把这些最核心的关键技术真正掌握在自己手里，为今后的经济振兴打下牢固基础，使四个现代化立于不败之地”。其中“年产三十万吨乙烯成套设备”被列入国家十个重大装备研制项目之一。此后国家连续三个五年计划都将重大技术装备研制列入国家攻关项目，每年国家财政拨款 6000 万元左右用于重大技术装备的攻关。

1983 年 2 月 19 日，中共中央、国务院发出《通知》，决定成立中国石油化工总公司。7 月 12 日，中国石油化工总公司成立大会在人民大会堂举行。原来分属石油部、化工部、纺织部管理的 39 个石油化工企业被划归中国石油化工总公司领导。1988 年 8 月，石油部撤销，改组为中国石油天然气总公司。同时，1982 年成立的中国海洋石油总公司分立，直属国务院领导。30 多年来的石油工业领导格局、管理体制，有了第一次脱胎换骨的变革，中国石油工业也基本形成以陆上、海洋、石化三大公司为基础、各自独立经营的格局。

在国务院领导下，在国家各有关部门支持下，重大技术装备的研制工作有领导、有组织、有计划地进行。根据国内石化装备技术实际情况，新组建的中国石油化工总公司制定了“积极、稳妥、可靠、实事求是”的国产化方针，在1983年成立的“重大技术装备国产化领导小组”的基础上，又组建了重大装备国产化办公室。从1984年开始，陆续对涵盖炼油、化工、化纤和化肥主要装置的关键设备国产化可行性进行了调查研究，完成了包括加氢精制、加氢裂化、催化裂化、连续重整、缓和加氢裂化、非选择性叠合、对二甲苯、乙烯裂解、丁二烯抽提、低压高密度聚乙烯、线型低密度聚乙烯、高压聚乙烯、聚丙烯、苯乙烯、聚苯乙烯、苯酚丙酮、乙二醇、丙烯腈、腈纶、聚酯、精对苯二甲酸、尼龙66、大化肥等23套装置重大设备国产化可行性研究，并组织了专家论证。在机械部和中国石化总公司共同组织下，对全国可以承担石化重大设备研制的制造企业进行了大规模调研，确定了一批有能力、技术基础较好的研制单位。

当时由于国内5套新引进的乙烯工程建成时间不长，也由于引进乙烯工程都是国外技术，国内对生产工艺和重大装备不熟悉，另外，当时我国机械工业的研发能力还不足，所以80年代国内对乙烯装备国产化很难有所突破，只能做一些调研、论证和规划工作。为了给乙烯装备国产化奠定基础，决定先在炼油装备国产化上起步。因为炼油生产工艺国内已基本掌握，对炼油装备比较熟悉，装备的攻关研制相对容易。经国家批准，开始先对炼油成套设备中的催化裂化、催化重整、加氢精制、加氢裂化装置的关键设备组织攻关。特别是对催化裂化装置的反应器、再生器，催化重整装置的四合一反应器、立式换热器，加氢精制装置和加氢裂化装置中的加氢反应器、加氢分离器、加氢高压换热器、加氢空冷器等重大装备进行有计划的研制。加氢设备技术代表了炼油设备技术的最高水平，被列为研制工作重点。

中国石油化工总公司主导的设备国产化研制工作中，容器制造企业看到了在设备设计和制造上同国外先进技术的差距，纷纷引进加工装备、检测技术，或同国外合作来提高自己的制造和研发能力，攻克了一个又一个技术难关，为重大关键设备立足国内创造了条件。

加氢反应器是炼油设备中质量要求最高、制造最为复杂、制造工序最长的压力容器，国外也只有少数国家的少数制造厂能够制造。在20 世纪 80 年代中期之前，我国石油化工的热壁加氢反应器几乎都是从国外进口。80 年代中期起，国内四个科研设计单位和中国一重联合组成了“加氢反应器研制课题组”，开始了艰难而持久的自主研发历程。为了更快地掌握这项技术，1987 年结合工程项目，通过技贸结合的方式中国一重与日本制钢所 JSW 签订了合作制造热壁加氢反应器的协议，为齐鲁石化合作生产了我国第一台 182t 热壁锻焊结构加氢反应器，用于齐鲁石化渣油加氢装置，该锻焊结构加氢反应器规格为 ϕ3516mm × δ231mm，锻件国产化率为 75%，由此开创了中国一重高压加氢反应器制造国产化的历史。在合作生产加氢反应器的过程中，中国一重通过学习、消化吸收，掌握了日方的生产管理方法和 2. 25Cr-1Mo 钢焊接技术等，有力地支持了国内的自主研发课题。1988 年国内科研攻关组也成功地为抚顺石油三厂研制出了我国第一台全国产化的 220t 加氢反应器。在其后 30 多年间，中国一重凭借着雄厚的技术、人才资源不断创新，总共制造了 730 余台容器设备，总重逾 24×10^4t，总产量居世界第一。

1986 年开始的国家“七五”计划期间，兰石厂炼油化工分厂也完成了技术改造，合金钢高压厚壁容器年产可达 4000t，炼油化工设备年生产能力达到 14000t，也跻身于加氢反应器等高端压力容器的制造商行列。

在 1985 年底召开的石化重大技术装备国产化工作会议上，时任中国石化总公司总经理陈锦华指出：“我国是个 11 亿人口的国家，总不能长期依赖购买国外技术和设备来发展我们的石化工业，要有点志气，有点奋斗精神。我们现在不搞国产化就愧对子孙，无法向后人交代!”1988 年，中国石化总公司又扩大了“重大技术装备国产化办公室”常设机构，从此，每年和中国石化总公司科技部一起，共同负责国产化研究项目的立项、组织协调和鉴定工作。

1985 年，国内开始建造 $10 \times 10^4 m^3$ 浮顶油罐，在秦皇岛、大庆、仪征、铁岭、黄岛、舟山、大连、山东、兰州、上海、镇海、湛江等地建造了 80 余座，陆续解决了大型油罐的设计和高强钢焊接等重大、关键技术。但这一时期的大型油罐底圈壁板高强钢还多为进口钢板。

1988 年，我国原油加工能力突破 $1 \times 10^8 t/a$，国内原油已经无法满足石油炼制的需求。从这一年起，中国石化开始了大规模加工进口原油的探索。由此实现了我国炼油和乙烯生产能力跨越式增长，为利用国外资源保障国内需求打下了基础、积累了经验。为了解决进口高硫、高酸原油对容器设备的腐蚀问题，工程设计上对炼油厂容器的材质技术要求也逐年提高。而多年来，炼油设备用高合金、高端材料全部由国外引进，由此使得中国石化开始引导国内材料生产厂家进行高端材料的国产化研究，例如：铁镍基合金 825、镍基合金 625 和双相不锈钢、9Ni 低温钢及钛材等。

1988 年，兰石厂与原机电部签订“七五”国家重大技术装备——热壁加氢精制反应器科技攻关项目专项合同，研制成功了武汉石化厂 $40 \times 10^4 t/a$ 柴油加氢精制装置中的 ϕ2400mm 加氢精制反应器。截至 2002 年年底，兰石厂已累计生产了 60 余台加氢反应器，总计 4900 余 t，产值达 24500 万元。在当时，兰石厂、中国一重、洛阳 725 所、金州重型机器厂、南化机、宁波天翼等国企承担着高端压力容器的制造任务。

进入 90 年代，70、80 年代引进的第一批乙烯装置需要改建和扩建，经过多年的操作、摸索，国内对乙烯生产工艺及其设备有了较深的了解，乙烯生产技术和装备的神秘性被打破了。特别是有前十年炼油重大装备攻关研制的经验和成果，乙烯装备的国产化也实质性展开了。1993 年国家批准了燕山 $45 \times 10^4 t/a$ 乙烯改造工程，国家和中国石化要求改造工程 28 个月、投资限额 28 亿元。之后，$14 \times 10^4 t/a$ 聚乙烯工艺和主要设备也实现了国产化。$90m^3$ 聚合釜等一批关键设备自主研制成功，彻底打破了引进石油化工装置关键设备的神秘感，给石化重大装备国产化树立了信心。

1999年开始，中国石化陆续对燕山、扬子、上海、齐鲁、茂名乙烯进行第二轮改造，装置规模由45×10^4t/a改造到（70～80）$\times10^4$t/a。中国石化经过多次慎重研究决定，利用这轮乙烯改造，一定要加大设备国产化力度。随后乙烯裂解炉废热锅炉、乙烯冷箱、高压聚乙烯超高压管式反应器、聚乙烯装置立式反应器均采用国内外合作设计和制造的方法研制成功。

我国乙烯工业工程发展历时四个阶段：①20世纪80年代中期之前，为成套引进阶段；②80年代中期至90年代中期的10年，国内做基础设计、翻版国外基础设计，关键设备仍然引进；③90年代中期到2000年的5年，国内做基础设计、技术攻关学做工艺包，压缩机和裂解炉陆续完成国产化任务；④国内做工艺包、形成专利或专有技术，做特大型装置的基础设计，同时大大提高了乙烯装置国产化压力容器的占比。所有这些进步不仅仅依赖我国工艺技术的发展，更重要的是我国装备制造业的快速发展，从技术水平到装备制造能力均已得到全面提升，具备了制造EO反应器等复杂、高参数设备的能力。

我国的压力容器制造一直以来都是以国有大中型企业为主力军，乡镇企业和民企、私企作为补充力量。1984年是乡镇企业发展的转折点，这一年随着中央1号和4号文件的颁布实施，农村企业发展滞后的局面得到了改观。尤其是中央4号文件，为农民自主联合办企业和农民个体办企业开了绿灯。这一时期乡镇企业主要集中压力容器内的塔盘、塔内件生产上，乡镇企业工人亦工亦农，都是由农民兼职做简单工件的制造，加工设备简单，操作容易，他们的交货期是国有大厂根本无法实现的，仅湖北洪湖一带生产塔盘、塔内件的小厂就有数十家，1984～1988年成为了乡镇企业的首次飞跃期。

以邓小平1992年南方谈话为契机，乡镇企业迎来了又一次的大发展机遇（1992～1995年）。这个时期乡镇企业生产的产品扩大到了碳钢的小容器、换热器，小型卷板机和几个焊工就可完成简单碳钢容器的制造，借助乡镇企业在国家税收、农村廉价劳动力和农村土地等方面的优势，乡镇企业快速发展，尤其在江浙一带和东北三省等地，在小型压力容器和换热器的制造和交货期上开始与国有企业形成了强有力的竞争。

1996年我国原油加工能力达到2.12×10^8t/a，位居世界第4。但是，1996年国家实行适度从紧的财政货币政策，乡镇企业的资金紧缺现象日益明显。1997年又遇到东南亚经济危机，出口增速减缓，国内市场疲软，使得一些生产压力容器的乡镇企业面临生存危机。1998年亚洲金融危机的延续和国内特大洪涝灾害对乡镇企业也造成了不小的影响。1996～1999年乡镇企业受到较大打击。

1997年众多乡镇、集体企业改制进程加快，其中实行产权制度改革的乡镇集体企业达52万个，占到乡村集体企业总数的33.5%。1998年，改革力度进一步加大，大约有80%的乡镇集体企业实行了产权制度和经营方式的改革。就改制的选择看：较大型企业基本上选择股份制，中小型企业选择股份合作制，而小型、微利、亏损企业则多选择出售。这一时期乡镇企业与外商及港、澳、台商合资合作企业数量增多，到1996年，乡镇企业中外商合资与港、澳、台商合资已几乎各占一半。这大大改变了乡镇企业和合资企业的人才、技术和管理实力，他们的很多压力容器产品可以远销国外。与此同时，在石化压力容器产品上已经开始向大型、高合金、高技术含量方向发展，像北海封头有限公司、上海森松压力容器公司、大连日立机械设备有限公司等合资企业借助国外技术、管理和人才优势迅速发展，形成了对国有大企业压力容器产品良好的补充和竞争局面。

1995年，伴随着中国政府机构的改革，国务院重大办被撤销，其职能归口国家经贸委。1998年2月12日，由国家经贸委和国家计委联合发布的“九五国家重大技术装备研制和国产化工作的规划方案”，成了此后一段时间内国家对装备制造业发展的指导方针。“九五”国家重大技术装备研制和国产化规划确定了十项重大项目，其中就有大型乙烯成套设备和大型煤化工成套设备。国务院副总理曾培炎对该规划的评价是：“1998 年以来，国家加大了对装备制造业支持的力度，并依托国家重点工程推荐自主化建设，进一步提高了装备制造业水平”。

2000 年以后，脱胎于“苏南模式”的“江阴板块”的民营企业、私营和合资企业逐步向现代企业转化，涌现了许多绩效优秀的上市公司。借助资本市场的巨大投入，他们在制造装备、人才、管理方面加大了投入，涌现了一大批锅炉压力容器及其原材料生产的“巨无霸”，如张家港化工机械股份有限公司、江阴兴澄特种钢铁有限公司、浙江久立集团公司等，成为中国石化压力容器大型化、国产化的生力军。

1998 年，国务院决定实施石油石化战略大重组，原中国石油天然气总公司和中国石油化工总公司改组为两个大型石油石化集团公司，实现上下游、产供销、内外贸一体化经营，加上 1982 年新成立的海洋石油总公司，基本实现了炼油、石化生产从政府管理向企业自主运营的转变。与此同时，中国经济持续高速发展，对能源的需求也急剧增加。

经过改革重组，中国三大石油公司已具备良好的发展基础。“十五”期间，他们切实改变经济增长方式，坚持技术进步、技术创新、技术改造和产业升级；积极引进资金、技术和管理方式，实现产权多元化。为保证较强的市场竞争力，通过对技术装备的引进、消化吸收和研发创新，开发具有自主知识产权的技术装备。重大装备国产化“十五”的目标是：炼油装备技术达到 21 世纪初的国际水平，石化和石油勘探开发装备技术达到 20 世纪 90 年代末的国际水平，逐步实现装备大型化、高效化、成套化。按投资计算，炼油、石化、化纤、化肥和石油勘探开发设备的国产化率将分别达到 98%、80%、60%、95%

和80%目标。

国外做过对比计算测算，精馏设备的投资与处理能力的0.6次方成正比。因此装置规模越大，其产出投入比越大，经济效益越大。据美国有关人员的分析：若建设年处理量为2500×10^4t的原油蒸馏装置，其年操作费用将比5套500×10^4t/a的装置减少约300万美元。另据苏联计算，一套600×10^4t/a蒸馏联合装置与两套300×10^4t/a的蒸馏装置相比，投资减少31%，金属消耗减少47%，操作费用节约25%，生产用地减少46%，劳动生产率提高70%。由此可见，精馏塔设备大型化具有较大的规模经济效益。

炼油厂规模和炼油装置大型化具有明显的经济效益，这是世界炼油发展的一个重要趋势。但要实现炼厂规模和炼油装置大型化必须首先实现石化设备的大型化，否则将是“无米之炊”。石化设备大型化给我国压力容器行业提出了许多新课题，促进了设备用材、制造技术、设计方法以及标准规范的发展或完善。

1999年，中国石化集团公司重大装备国产化办公室开始下达国产化任务，其中之一就是焦炭塔国产化任务。两台焦炭塔规格为直径ϕ8400mm，总高35m，主体材料为15CrMoR+0Cr13Al复合钢板，依托工程为上海石化公司100×10^4t/a延迟焦化装置。以此为基础，科研团队持续进行焦炭塔的大型化研究，目前国内最大的焦炭塔内径已达ϕ9800mm，其设计、制造水平均达到了国际同类大型设备的先进水平。

截至“九五”末，中国石化重大技术装备的国产化，从20世纪80年代的完全靠引进、关键设备国产化为零，发展到炼油装置国产化率95%、石油化工装置国产化率70%、化纤装置国产化率60%。

中国石化总公司石油和化工重大装备国产化经过20年努力，在“七五”期间有6个课题、310台套设备实现了国产化，“八五”期间35个攻关课题研制成果应用于生产，“九五”期间有30个攻关课题研制成果应用于生产。据不完全统计，从“七五”到“九五”，依托石化工程建设和技术改造项目研制和推广应用的国产化重大设备达927台，与同期引进设备相比节约投资达43亿元人民币。

2000年以后，由于国家对气、煤、柴油排放的环保要求提高，中国石化加氢装置得到大发展。而此时中国一重的产能和交货期已显得十分紧张，难以在短期内完成数十台加氢反应器的交货任务。在中国石化集团公司的扶植下，2004年中国二重开展了对海南炼化项目7台临氢高压容器和反应器的制造进行技术攻关，中国石化派专家组对攻关的重点和难点进行了有力的技术支持。通过中国石化国产化立项研究，中国二重掌握了临氢高压设备和加氢反应器的全套制造技术，为二重生产大型锻焊加氢反应器打下了坚实基础。随后，中国二重又先后为齐鲁石化、海南炼化、上海石化、天津石化、普光气田、洛阳石化、福建联合石化、长岭石化、武汉石化、安庆石化、济南炼油厂等提供了上百台石化核心设备。产品也从普通碳锰钢发展到了铬钼钢、铬钼钒钢，单台重量从几十吨到上百吨直至近千吨。目前，中国二重的产能已从当初年产5000t重型容器发展到现今年产25000t的能力，成了排名第二的国内大型锻焊石化高压容器的主力供应商。

2002年国家质检总局第22号令发布了《锅炉压力容器制造监督管理办法》，2004年国家质检总局公布了《特种设备目录》，目录要求生产锅炉、压力容器封头的单位应取得相应的制造资格。将国内小、散、乱的小封头制造厂，通过规范管理，使其逐步提升为制造设备优良、管理规范的专业化制造厂，使滞后压力容器等特种设备制造资格许可和强制的监督检验制度22年的封头制造业开始步入规范有序的生产。这一变革成为我国压力容器零部件向专业化生产转变的重要标志。

三、振兴装备制造业国策让压力容器建造插上了腾飞的翅膀

2006年6月26日，国务院发布了《国务院关于加快振兴装备制造

业的若干意见》（国发〔2006〕8 号），该文件提出了在大型乙烯等化工成套设备、大型煤化工成套设备等 16 个领域的重点突破计划。为了推进重大装备国产化，国家发改委重大装备办一直都在推行装备国产化与项目审批相捆绑的措施。相关政策提出，在铁路、石化、冶金等重大项目的招标中，一律不得歧视国产装备，国内有能力的要优先考虑国产装备。该意见实施以来，石化容器的国产化制造发展明显加快，重大技术装备自主创新能力显著提高，国际市场竞争力进一步提升，部分产品技术水平和市场占有率跃居世界前列。按照投资计算，在“十一五”计划末我国化工非标设备实现国产化率约为 90%，乙烯设备国产化率约为 70%。中国石化在重大装备国产化方面采取了“积极、稳妥、可靠、实事求是”的国产化方针，取得了很大成绩并得到了国务院领导和发改委等部门的充分肯定。在 2006 年 6 月国务院召开的振兴装备制造业工作会议上受到了表扬，并指定中国石化作为振兴民族装备制造业的先进代表，介绍了重大装备国产化的成功经验。

2007 年之前能够生产环氧乙烷（EO）反应器的厂家主要有印度的 LT 公司、日本的 IHI 等少数容器制造巨头。国内环氧乙烷反应器基本依赖进口。2007 年 9 月中国一重开始了环氧乙烷反应器的自主设计、研发，经过多年从无到有、从小到大不断研发，使环氧乙烷反应器满足了大型化的需求。2007～2009 年中国一重制造的环氧乙烷反应器内径最大为 5100mm，单台重量为 500t，到 2010 年国产化的大型环氧乙烷反应器内径已达 7400mm，单台重量达 975t。

2008 年 4 月 25 日，李克强副总理在中国石化海南炼油化工有限公司考察。该公司于 2006 年正式投产，原油综合加工能力 800×10^4t/a，是一个拥有 16 套炼油化工一体化的现代化工厂，压力容器国产化率达 98% 以上。整个工厂的工程设计、容器制造和试车、开工完全由中国人自己完成，得到了李克强的高度评价，见图 0－8。

图 0-8 2008 年 4 月 25 日，李克强副总理在海南炼化考察

在国产化成功的基础之上，中国石化针对生产装置的大型化和规模化发展趋势，对石化重大装备国产化提出了新的课题，并组织已取得国产化攻关成绩的企业，继续对大型化重大关键设备进行攻关，以满足石化生产装置大型化对工艺装备的要求，继续为中国石化发展提供技术支撑。

2001 年起，“十五”和“十一五”期间，在中国石油化工集团公司党组的正确领导下，在国家有关部门的大力支持下，中国石化物资装备部围绕中国石化主营业务发展，以油气田勘探开发、大型炼油项目、大型乙烯项目为依托开展石化重大技术装备研制工作，在千万吨级炼油和百万吨级乙烯关键装备方面取得了突破性进展，一些技术要求高、制造难度大的核心重大装备被逐一攻克，形成了一系列具有自主知识产权的石油石化重大装备技术，国产化装备的性能和技术水平已达到国际同类装备的先进水平，增强了我国炼油和石油石化装备的国际竞争能力。

在炼油方面，国内具备了单线能力（800～1000）$\times 10^4$t/a 常减压、300 $\times 10^4$t/a 催化裂化、150（200）$\times 10^4$t/a 加氢裂化、410 $\times 10^4$t/a 加氢精制、150 $\times 10^4$t/a 连续重整、160 $\times 10^4$t/a 延迟焦化等炼油装置的装

备成套能力，装置中的重大关键装备均可立足国内设计、制造。通过开展2.25Cr-1Mo-0.25V钢锻焊加氢反应器、直径1700mm的螺纹锁紧环高压换热器、10^4km^2级的板壳式换热器、四合一重整反应器、隔膜密封式高压换热器、直径9800mm的大型焦炭塔、大型硫黄回收余热锅炉等炼油装置关键装备研制，掌握了设计、制造等核心技术，攻关研制的装备在炼油企业得到广泛应用。解决了千万吨级炼油装置的大型化重大装备问题。

在石油化工方面，主要开展了百万吨级乙烯冷箱、（10～15）×10^4t/a裂解炉、30×10^4t/a聚乙烯气相反应器、45×10^4t/a聚丙烯多区循环反应器、20×10^4t/a苯乙烯脱氢反应器、EO/EG装置大型管壳式换热器、换热面积超过$10km^2$的大型管壳式换热器、高温高压钛材换热器、结晶器以及聚酯装置反应器等石化装置关键装备的设计、制造，许多重大装备的设计、制造及成套技术等已达到国际先进水平，基本解决了百万吨级乙烯装置大型化重大装备的国产化问题。

此外，采用国产调质高强钢07MnNiMoVDR设计建造的$2000m^3$低温乙烯球罐，在天津石化和镇海炼化乙烯项目中使用。厚度达198mm的加氢铬钼钢板、高强度管线用钢、大线能量高强度储罐用钢、低温钢等长期依赖进口的钢材也实现了国产化。

2011年，中国石化“十二五”规划对炼油和石油化工工程装备技术的国产化、大型化研发提出了更高的要求：在油气储运工程装备技术方面，要重点进行15×10^4m^3以上大型原油储罐、(2～10)×10^4m^3大型常压低温双壁储罐和混凝土全包容储罐、$3000m^3$低温乙烯、丙烯球罐的设计及施工技术开发等。针对千万吨及以上炼油装置，重点开展15m大直径减压塔，200mm厚度板焊、大直径（5400mm以上）、流化床以及低硫柴油等加氢反应器及内件，大型重整装置反应器、新型水力除焦成套装备、10^4m^2以上超大型板壳式换热器、特大型螺纹锁紧环及缠绕式换热器等设备研制。对于百万吨级乙烯及其下游装置，重点进行乙烯急冷废锅研制，开展提高、改进和完善乙烯冷箱等大型国产化设备性能研究，开展大型 EO 反应器等设备的应用研究，开展（30～45）$\times 10^4$t/a 聚烯烃反应器、催化剂注入等打包成套单元设备以及工程聚酯料、碳纤维、己内酰胺等高附加值石化下游产品生产装置配套设备研制。

2010 年中国石化组织有关专家和中国一重、中国二重对“超大直径超大壁厚加氢反应器国产化”进行联合攻关。课题依托扬子石化 200×10^4t/a 和金陵石化 180×10^4t/a 渣油加氢装置的单系列反应器，解决 5400mm 大直径、壁厚达 340mm 以上的锻焊热壁加氢反应器设计、制造、焊接和无损检测等方面的技术难题，该课题已于 2018 年 4 月通过了中国石油化工集团公司组织的技术鉴定。

中国一重在与中国石化的国产化合作中，通过对加氢反应器的国产化研制和不断的开发，已成为世界级加氢反应器制造基地。从 1989 年制造第一台加氢反应器开始，一重逐步掌握了加氢反应器钢材的冶炼、锻造及后续容器的焊接、热处理和无损检测等制造技术。截至 2009 年年底，已生产加氢设备近 300 台，并在 2006 年制造了当时世界上最重的煤液化 2000t 加氢反应器，累计创造产值 100 多亿元。目前中国一重已经成功打入国际市场，2007 年的加氢反应器合同有 40% 是国外订单，这标志着我国加氢反应器制造水平已达到世界先进水平。

2003～2015 年，我国共建成 8 个国家石油储备基地，总储备库容为 $2860\times 10^4 m^3$。中国石化为建设国家原油储备基地，需要采购大量原油储罐用高强钢板，而此时进口钢板借机价格大幅上涨，且交货期无法满足工程建设进度要求，对国家原油储备基地建设带来非常不利的影响。2004 年国家发改委发文“发改办能源〔2004〕1379 号”，要求国家石油储备基地建设采用国产化钢板。为此，中国石化立即组织宝钢、武钢、舞阳钢厂和鞍钢等国内大型钢厂，进行高强度油罐用钢板国产化攻关，先后研制了 $10\times 10^4 m^3$、$15\times 10^4 m^3$ 大型储罐用高强钢板，并在镇海、黄岛、白沙湾等国家储备油库工程项目中广泛使用，与进口相比，每台 $10\times10^4m^3$ 原油储罐节省采购费用约 100 万元，共节约采购资金 1 亿元。

在重大装备国产化工作中，中国石化始终认真贯彻执行党中央和国务院有关振兴装备制造业的要求，坚决支持民族装备制造业的发展和振兴，大力支持重大装备国产化，为中国制造、中国创造提供有力支持。

2010 年中国石油化工集团公司领导在战略供应商会议上明确指出：目前中国石化炼油装备国产化率已到达 95% 以上，百万吨乙烯装置的装备国产化率也已经达到 80%。中国石化多年来坚持走国产化道路，引领和扶持国内压力容器生产厂，不断消化吸收、研发创新，掌握了一大批具有自主知识产权的石化装备设计、制造核心技术，实现了石化成套装备中多项关键、核心设备、高端压力容器的设计制造国产化。据统计，“八五” 到 “十一五” 期间，依托石化企业工程建设和技术改造项目，研制和应用了重大国产化设备达 2000 多套，与同期引进设备相比节约投资约 70 亿元。

2009 年 2 月 4 日，国务院审议并原则通过了《装备制造业调整和振兴规划》，5 月 12 日正式通过并对外公布。该规划提出，全面提高重大装备技术水平，满足国家重大工程建设和重点产业调整振兴需要。2010 年 10 月，国务院发布了《国务院关于加快培育和发展战略性新兴产业的决定》，2012 年 5 月 7 日，工信部发布《高端装备制造业“十二五” 发展规划》，规划到 2020 年，高端装备制造业工业增加值较“十二五” 末提高两个百分点，将高端装备制造业培育成为国民经济的支柱产业。

乙烯冷箱国产化是中国压力容器从无到有、从小到大、从仿制到创新持续攻关的一个实例，相关单位攻关研发持续了近 30 年。在这 30 年中，国外建造技术也在飞速发展，早期已国产化成功的乙烯冷箱，很快就又落后了，需要不断挑战大型化和结构优化。1972～1982年为乙烯冷箱国产化的初期阶段，对引进的冷箱进行测绘、仿制，但并未深入理解，也未形成工业化量产。1982～1992年为中期阶段，只是乙烯冷箱简单的制造，缺乏传热计算、工业试验验证等基础性研究。1992～1999年后期阶段，乙烯冷箱的相关计算软件问题得到解决，引进了国外的设计技术和真空钎焊工艺技术，使产品制造工艺技术得到了飞跃发展。2001年11月首台设计压力4.4MPa的25股流乙烯冷箱在中国石化燕山石化公司66×10^4t/a乙烯装置开车成功，至2002年7月，上海石化、扬子石化、广州石化、天津石化、中原乙烯、辽化、兰化乙烯改造扩建用冷箱均使用了国产设备，截至2016年，镇海炼化、天津石化的百万吨乙烯冷箱已完成了研制。

截至2013年，我国石化装备制造能力已达到相当规模，某些制造领域技术也已达到较高水平。目前全国具有一、二类压力容器制造资格的制造厂有3000多家，具有三类压力容器制造资格的有700多家，具有ASME制造资格的有近200多家，每年可以生产石化非标设备$(50\sim60)\times10^4$t。

2014年，《特种设备安全法》颁布，进一步明确了安全技术规范的法律地位，理顺了技术规范与技术标准的相互关系。TSG 21—2016《固定式压力容器安全技术监察规程》则整合了原来7个压力容器相关规程规则形成了关于固定式压力容器的综合性规范。规范降低了压力容器的安全系数，提高了材料的许用应力，为我国压力容器国产化、大型化的下一步向节材、轻量化发展指明了道路。同时为配合我国节能环保的要求，该规程还对压力容器建造提出了许多节能、环保的原则性要求。

2000～2016年，中国石油化工集团公司累计向炼油板块投入近3000亿元，大多用于油品质量升级。各炼油厂新建、改扩建了数十个加氢项目，全部压力容器实现了国产化建造。据统计，仅兰石重装在

2014年就制造了高压加氢反应器55台，总重11392t；在2015年制造了高压加氢反应器58台，总重10916t。

通过多年不懈的研发和坚持独立自主，中国石化在发展自身石化工艺技术的同时，大力提倡、促进石化用压力容器的国产化，助推了我国装备制造业做大做强、走出国门。在以乙烯冷箱、环氧乙烷反应器、高压厚壁加氢反应器为代表的压力容器国产化、大型化工作上取得了突出成绩。值得一提的是，多年为中国石化制造加氢反应器的主力供应商——中国一重，在2009年出口印度BROL公司BINA炼油厂6台厚壁加氢反应器共计2560t，出口伊朗国家石油工程建设公司5台厚壁加氢反应器共计3905t。2010年出口韩国大林公司/伊朗某炼油厂10台厚壁加氢反应器共计8958t，实现了走出国门的国际化发展道路。

中国石化的石油石化装备水平代表着我国石化装备的技术水平，油气田勘探开发、千万吨级炼油装置的装备国产化率已达96%、百万吨级乙烯及其下游装置装备的国产化率已达87.8%以上。以千吨级SE东方炉、百万吨级煤液化反应器、180×10^4t/a MTO反应器等关键核心设备国产化为代表的煤气化技术及煤化工装备处于世界领先水平；一些里程碑式的大型装备不断涌现，相继完成了$15\times10^4m^3$大型原油储罐和$3\times10^4m^3$常压低温乙烯储罐建造，$2\times10^4m^3$常压低温丙烯储罐、$2000m^3$低温乙烯球罐已建成投用，$16\times10^4m^3$ LNG罐也已建成投产。所有这些为我国装备制造业的发展起到了强有力的引领和助推作用。

在中国石化压力容器国产化、大型化研制需求的引领下，我国压力容器装备制造业逐渐做强、做大。未来，石化装备的研发和制造将向高端化、大型化、高效紧凑、智能化方向发展，石化用压力容器将不断在新材料、新结构、新工艺、新技术方面创造新的奇迹。

制造业是强国之基、富国之本，没有强大的制造业支撑就不可能成为真正意义上的世界强国。先进制造业特别是其中的高端装备制造业已成为国际竞争的制高点。为落实《国家创新驱动发展战略纲要》

《国家中长期科学和技术发展规划纲要（2006—2020年）》和《“十三五”国家科技创新规划》，大力推进实施“中国制造2025”国家战略和“互联网+”行动计划，加速推动制造业由大变强的转型升级和跨越发展，目前，中国石化在多年数字化、信息化的基础之上，又提出了流程工业的智能化工厂建设目标，在未来5~15年，在各种智能化自动化设备系统的基础上，智能化的石化厂将由工厂局部智能自动化、逐步分层次地发展到全厂智能化。

在以下各章中，读者可以深入了解炼油、石油化工企业各种典型容器及其原材料和建造技术的发展，可以看到通过新中国成立以来近70年的努力，中国石化压力容器从无到有、从小到大的发展历程，看到技术攻关的坎坷、老一代工程师在困难时期的艰苦努力，在我们心中竖起的一个又一个丰碑。

SEI 张迎恺　撰写　仇恩沧　校审

第一章 高压加氢反应器发展历程

一、概述

炼油厂的加氢装置是采用加氢工艺技术改善油品质量、使重质油变成轻质油以及使煤变成油的工艺设施，可大致分为：

①加氢精制：主要是为去除油品中的硫、氮等杂质，提高产品质量，如柴油、汽油、煤油精制装置；

②加氢裂化：主要是重馏分油轻质化，也是长链烃类裂解为短链烃类，增加轻质油收率，如蜡油加氢裂化装置；

③加氢处理：主要是脱除渣油中的硫、氮等杂质，为其他装置提供原料，其中也有裂解过程，如渣油加氢脱硫装置；

④煤液化：与炼油厂以石油为原料炼制烃类产品所不同，煤液化则是以煤炭为原料，把固态的煤炭通过化学加工，使其转化为液体产品（液态烃类燃料，如汽油、柴油等产品或化工原料）的技术。煤的液化方法主要分为煤的直接液化和煤的间接液化两大类。

炼油厂加氢装置的加氢反应器和煤液化装置的加氢反应器在操作条件、材料和设计结构上都很类似。加氢反应器内部装有内构件和催化剂，全部的加氢反应过程均在该设备中完成，是装置的核心设备。加氢反应器通常在高温、高压、临氢和硫化氢的苛刻环境下服役。典型的加氢裂化反应器设计温度高达454℃，设计压力高达15～19MPa；典型的煤液化反应器设计温度高达482℃，设计压力高达20MPa以上。反应器对所用材料在常温和高温下的强度、韧性、塑性、焊接性以及耐高温氢腐蚀等各种性能要求很高，设计需要考虑预防的失效损伤模式多，且需要有强大的成形、焊接、加工、热处理、检验、检测等装备及工艺技术的支持。加氢反应器的设计和制造能力和核电压力容器一样，是体现一个国家机械工程技术水平和装备制造能力的重要标志之一。加氢装置的典型工艺流程见图1－1。

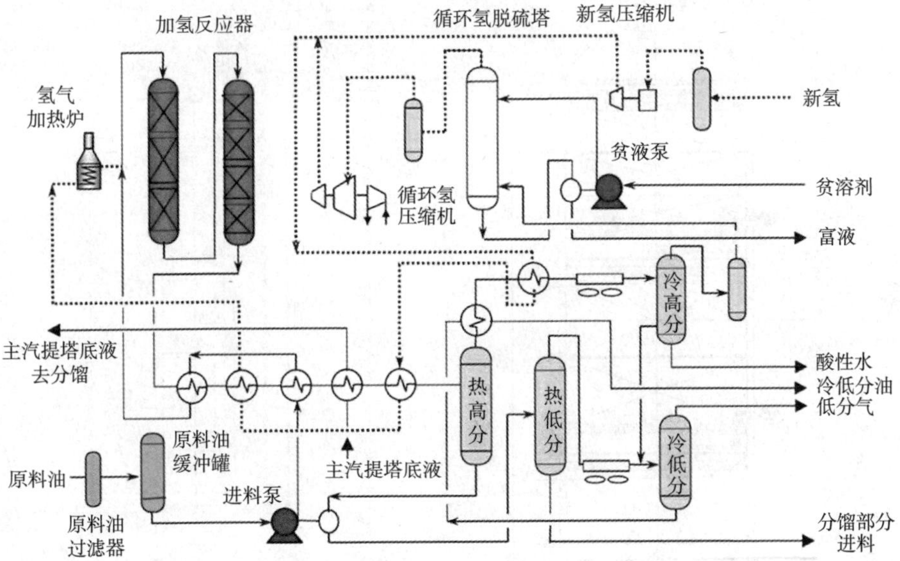

图1－1　加氢装置的典型工艺流程

加氢反应器分类方法一般有三种：

①根据反应器内催化剂的流动状态可分为固定床反应器、沸腾床/悬浮床反应器和移动床反应器。固定床反应器，其反应所需催化剂被装载、固定在反应器内部的床层上，反应物流自上而下或自下而上通过催化剂床层进行接触和反应；沸腾床/悬浮床反应器，反应所需催化

剂在反应器内部处于沸腾状态或悬浮状态，在运动中与反应原料进行接触和反应；移动床反应器，反应所需催化剂在反应器内部处于流动状态，原料与流动的催化剂进行接触和反应。

目前，炼油行业加氢装置中普遍采用固定床反应器，沸腾床加氢反应器已研制多年，即将在工业化的加氢装置中应用。煤直接液化装置采用内循环沸腾床（悬浮床）反应器，煤浆、氢气、共氢溶剂油和催化剂在运动状态下均匀接触，完成煤液化反应。一个典型的固定床加氢裂化反应器主要结构如图 1－2 所示，一个典型的沸腾床煤直接液化反应器主要结构如图 1－3 所示。

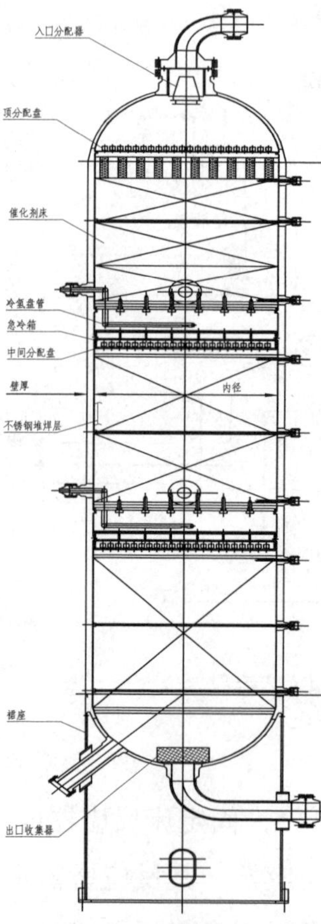

图 1－2　典型的固定床加氢裂化反应器主要结构

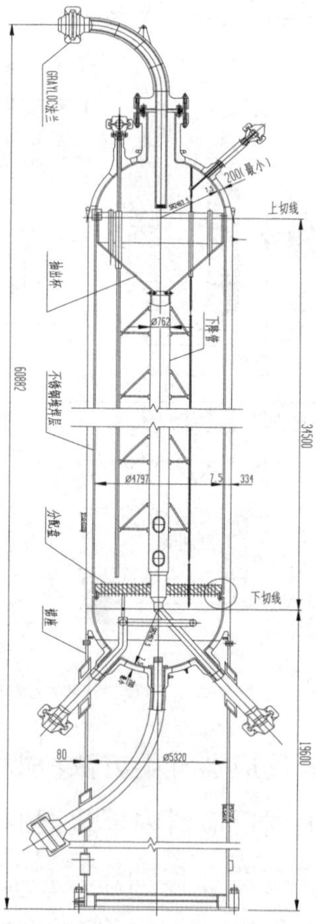

图 1－3　典型的沸腾床煤直接液化反应器主要结构

②根据器壁受热程度可分为冷壁式反应器和热壁式反应器。冷壁式反应器一般通过反应器内表面砌筑隔热衬里，使器壁金属基体的实际温度远低于反应物料的温度，一般为100～200℃。热壁式反应器的器壁直接与反应物料接触，因此，器壁金属基体的温度几乎与反应物料的温度一致。

这两种形式各有优缺点。冷壁的优点是对反应器壳体材料和制造的要求较低，可降低设备投资。其缺点是有效容积率低，操作过程中，隔热衬里易出故障，严重者可造成非正常停工。热壁的优点是器壁结构简单，解决了隔热衬里施工和维护过程较为繁琐的问题，适于长周期操作。缺点是对器壁所用钢材的要求较高，制造难度大，投资相对冷壁反应器也有所增加。

③根据反应器的主体材料结构可分为单层和多层结构反应器。20世纪60～70年代，由于受技术和装备能力限制，单层厚壁材料性能难以满足要求，早期我国曾采用过热套冷壁结构反应器。随着我国锻件材料和厚钢板的钢铁行业技术进步，80年代以后的反应器均采用单层热壁结构。从单层壳体制作方法上还可分为板焊式反应器和锻焊式反应器。板焊式反应器的筒节是由钢板卷成圆筒形焊接纵向焊缝形成，然后各筒节再组焊在一起；锻焊式反应器筒节是由锻件直接锻造形成，没有纵向焊缝。前者一般适用于规格较小、重量较轻的反应器，后者一般适用于直径、壁厚规格较大，重量较重的反应器。

二、加氢反应器技术发展历程

我国的加氢反应器技术发展根据主要技术特征可以分为四个发展阶段。第一阶段：20世纪80年代以前，以冷壁加氢反应器技术发展为代表的反应器发展初期，反应器均采用内表面衬非金属隔热衬里的冷壁结构。第二阶段：从20世纪80年代初到90年代末，2.25Cr-1Mo材料热壁加氢反应器的技术开发及成熟期，以抚顺石油三厂40×10^4t/a

加氢裂化装置加氢反应器的研制成功为标志。它是我国首台自行研究、自行设计、自行制造的热壁锻焊加氢反应器，实现了热壁加氢反应器国产化，替代了进口，并快速实现了大型化。第三阶段：20 世纪 90 年代初到 2010 年左右，加钒铬钼钢材料加氢反应器的技术开发并趋于成熟，以 3Cr-1Mo-0.25V 钢、2.25Cr-1Mo-0.25V 为代表的首台国产化加钒钢锻焊反应器研制成功，特别是 2.25Cr-1Mo-0.25V 锻焊反应器的研发和推广应用保持与国际水平同步，大大提升了我国加氢反应器制造业在国内外的竞争力。第四阶段：2010 年至今，超大直径超大壁厚加氢反应器的技术开发和应用，解决了反应器进一步大型化的难题。

1. 第一阶段——冷壁加氢反应器的技术发展

1960 年之前，国内没有自行设计和建造过加氢装置，只有日本在 1945 年投降前遗留下来的抚顺石油三厂 4 套加氢装置。该装置于 1937 年建成，其中加氢反应器有两种规格，即 ϕ1270mm（外径）×136mm（厚）×10520mm（高）和 ϕ1330mm（外径）×190mm（厚）×15750mm（高），均为整体锻造冷壁结构，材质：35CrNi2MoA，顶部采用伍德式密封，反应器均放置在防爆墙内。在我国加氢技术发展早期，通过对遗留的日本加氢装置的重新开工运行，对加氢技术进行了摸索，抚顺石油三厂也为我国的加氢技术发展贡献了很多宝贵的经验并培育了造诣较深、经验比较丰富的“加氢人才”。

1960～1970 年，石油工业部组织国内相关单位，包括抚顺石油设计院［现中石化洛阳（广州）工程有限公司的前身］、北京石油设计院（现中国石化工程建设有限公司的前身）、北京钢铁研究总院、抚顺石油研究院、抚顺石油三厂、大庆炼油厂和兰州石油化工机器厂（现兰州兰石集团有限公司）等单位联合攻关，于 1966 年建成了我国第一套加氢联合装置，包含加氢裂化、加氢精制等，总处理量为 65×10^4t/a。首套加氢裂化装置中的加氢反应器于 1965 年开始制造，该反应器为石油工业部抚顺设计院和北京设计院共同设计，设计院对反应器材料和结构进行了反复论证，采用了单层卷焊式的冷壁衬里结构，内径 ϕ1800mm，壁厚约 90mm，主体材料采用 20CrMo9（原东德钢号，化学成分接近 2. 25Cr-1Mo），封头和头盖为 20CrMo9 锻件。对反应器内件结构形式，进行了冷模试验和半工业性试验，开始采用螺旋喷嘴型分配器方案，后又改进为盘式溢流型分配器，还为方便卸下催化剂设计了斜式塔板结构。主体材料用钢板由鞍山钢铁厂（现鞍山钢铁集团公司）负责研制，反应器两端的封头和头盖用锻件由富拉尔基重机厂冶炼和锻造。焊接制造则由机械工业部所属机械科学研究院和兰州石油化工机器总厂共同研制完成，科研和生产相结合，经过一系列的工艺试验，在产品上取得良好的应用效果。当时石油部担心国内制造不出来，为了保险起见，加氢反应器交由兰石厂和哈尔滨锅炉厂（简称哈锅厂）同时试制。兰石厂先于 1966 年成功制造完成，继而哈锅厂也成功制造出另外一台，而多生产的那一台反应器也应用在后来的加氢装置上。

在首台冷壁反应器成功投入使用后，接着设计制造了较多的材料为 20CrMo9、2. 25Cr-1Mo 钢的板焊冷壁结构反应器。如燕山炼油厂的润滑油加氢反应器、荆门炼油厂汽煤柴加氢反应器等。

这个阶段冷壁加氢反应器壳体以单层结构为主。1976 年，由抚顺石油三厂、兰州石油机械研究所、兰州石油化工机器厂为抚顺石油三厂制造完成了一台双层热套结构的板焊冷壁加氢反应器（见图 1 – 4）。反应器内径 ϕ2100mm，壁厚 160mm（内层 20CrMo9 壁厚 85mm，外层 18MnMoNb 壁厚 75mm），切线长度 22160mm，重量 220t。历经模型试验研究、产品图纸设计、工艺装备设计制造和产品研制几个阶段，攻克了 2. 1m 球形封头冲压、筒体外套、双层深槽环焊缝自动焊等难关，最终经过各项技术检验，包括 31MPa 水压试验和应力应变测定，满足了各项设计要求，并经原甘肃省机械厅组织鉴定质量合格后投入使用。

图1-4　热套结构冷壁加氢反应器（抚顺石油三厂）

2. 第二阶段——材料为2.25Cr-1Mo的热壁加氢反应器技术开发

为了提高炼油技术水平，1977年，石油工业部就组织有关单位在北京与国外一些工艺专利商进行技术交流，1978年，石油工业部考虑从国外引进两套加氢裂化装置，并组织成立了炼油技术考察组对美国、日本、法国的加氢裂化装置进行了为期两个月的考察，考察了十多套加氢裂化装置和加氢脱硫装置，包括60多台加氢反应器。通过考察发现，在装置规模、催化剂性能、操作技术、自动化水平、设备的先进性与可靠性等方面，国内与国外均存在着相当大的差距。根据部领导的要求，石油工业部第二炼油设计研究院［现中石化洛阳（广州）工程有限公司］负责这两套加氢裂化反应器的引进和设计工作。在考察国外加氢反应器时，发现除了早期的反应器是用冷壁结构建造的几台以外，其余的绝大部分都为热壁结构加氢反应器，而我国当时的反应器仍在采用冷壁结构。热壁结构反应器具有有效容积利用率高、制造周期短、维修方便、器壁不易产生局部过热故障等优势。在内件方面，国外当时也已经进行了大量的试验研究，形成了多项专有技术，反应器床层温差很小，远比我国技术先进。考察后石油工业部很快引进了茂名石化、南京炼油厂等两套80×10^4t/a加氢裂化装置，装置中的热壁加氢反应器为日本进口，其中茂名石化加氢裂化装置1981年率先建设投产。

当时国外的加氢反应器壳体结构有锻焊式的，也有板焊式的，均采用热壁结构。面对与国外反应器技术存在全方位差距，我们没有气馁，反而更加坚定了在我国自主发展热壁加氢反应器的决心。

1）锻焊式热壁加氢反应器研发

1982 年，在消化吸收国外引进技术的基础上，石油工业部第二炼油设计研究院在石油部规划院设备处的大力支持下开始研发锻焊热壁加氢反应器，并与抚顺石油三厂协商改变正在准备设计的一台冷壁反应器设计方案，考虑到热壁加氢反应器的技术尚在研究初期，一方面为推动热壁加氢反应器技术研究和试验，另一方面考虑到还要保证反应器的安全使用，设计院提出了将主体材料按热壁技术要求设计、生产，而整体上仍按冷壁使用的设计方案，主体材料采用国产 2.25Cr-1Mo 锻件材料，但内壁大部分仍然设隔热衬里，仅在部分衬里容易破坏的部位如法兰顶盖、锥形过渡段等处局部不设隔热层而采用双层堆焊的设计方案，以考察国内制造厂的堆焊技术水平。该反应器内径 ϕ1800mm，由兰州石油化工机器总厂制造。研究小组考察了 2.25Cr-1Mo 国产材料的冶炼、锻造及热处理技术水平，决定由北京重型机器厂采用电炉炼钢技术提供主体材料锻件。

1983 年，这台国产 2.25Cr-1Mo 材料锻焊加氢反应器出厂，随后在抚顺石油三厂成功投用，并取得了良好效果，也为真正意义上的锻焊结构热壁加氢反应器（见图 1－5）的技术发展积累了宝贵经验。

图 1－5　2.25Cr-1Mo 材料试制锻焊结构加氢反应器（抚顺石油三厂）

1983 年 1 月，由石油工业部设计规划院和机械工业部石化通用局正式组织成立了热壁加氢反应器联合攻关组，联合攻关组由石油工业部第二炼油设计研究院、中国第一重型机器厂（现中国第一重型机械集团公司，以下简称一重公司）、北京钢铁研究总院（现中国钢研科技集团公司）、中国石化总公司抚顺石油化工公司石油三厂（现中国石油天然气股份有限公司抚顺石化分公司）等单位组成，首台研制攻关的锻焊结构热壁加氢反应器以茂名石油公司自日本引进的、同类加氢反应器的技术指标为验收技术指标，以引进反应器的实物水平为奋斗目标，同时还开展了2.25Cr-1Mo材料的研发工作。研发工作进行一段时间后，根据工作需要，合肥通用机械研究所（现中国机械工业集团公司合肥通用研究院）也加入了攻关组。1983年，中共中央、国务院发出通知，成立中国石化总公司，并成立了中国石化总公司发展部。中国石化总公司发展部、规划院和重大设备国产化办公室等部门在热壁加氢反应器研制的领导、决策和对研制工作的支持等方面发挥了关键作用。

国产化锻焊热壁加氢反应器技术攻关经历了从“实验室试验”、到“工业化扩大研制”和“筒体组合件（鉴证件）工业性试制攻关”，最终完成首台“热壁加氢反应器研制”的研制过程。

攻关组对引进国外加氢反应器的先进技术进行了深入研究，将国外在该技术的发展和应用过程中的成功经验、出现的问题与对策，作为研制工作的前车之鉴，在研制中坚持科学态度，确保万无一失。从20世纪80年代初就开始了包括设计技术、主体材料冶炼技术、产品制造工艺技术和安全使用技术等主要内容的研究工作。特别是对于制造技术，首先进行实验室试验，进而开展工业化放大试制（还包含了焊接材料），试制了外径为1.65m、长约2m、壁厚与实际产品相当、重约28t的筒体模拟环，在不到两年的时间内，通过取样分析获得了3万多个数据，突破了2.25Cr-1Mo钢的冶炼、铸锭、锻造、热处理等主要技术难关。在配套焊材方面，攻关组研制出了提纯的H08Cr2MoA焊丝+高碱度602烧结焊剂，超低氢的热407-B焊条，攻克了主焊缝的焊接所需的材料难题。同时还研制了0.8mm厚60mm宽的TP347成分的焊带和107Nb熔炼焊剂，实现了加氢反应器TP347单层堆焊材料的国产化。1984年9月，由冶金工业部、机械工业部和中国石化总公司有关主管局（部）联合召开专家评定会，对研制成果进行评定，一致认为“主要技术关键已突破，各项性能已达到或接近茂名石油公司由日本引进的反应器水平，可以应用攻关组的研制成果设计和试制石油三厂的热壁加氢反应器”。但是由于制造反应器需要较大的投资，虽然抚顺石油三厂作为用户和研制单位之一，全力筹集资金，但项目仍然处于资金短缺状态。在此关键时刻，中国石化总公司发展部果断决策，尽最大努力从科技经费中拨出专款用于试制经费补贴，从而使反应器的技术开发继续深入发展。

1989 年 3 月，经过联合攻关组和相关参与人员的不懈努力，终于自行研究、自行设计、自行制造出了我国第一台锻焊结构热壁加氢反应器。该反应器由洛阳石油化工工程公司设计、第一重型机器厂制造，在抚顺石油三厂成功投用并通过了专家鉴定。反应器主要技术参数为：内径 ϕ1800mm，切线长度 22000mm；设计压力 20.6MPa，设计温度 450℃；壳体材料：2.25Cr-1Mo + TP347 单层堆焊层（堆焊层最小有效厚度 3mm）；筒体厚度 150mm，重量 220t。设计规范除执行国内有关标准外，还参照了美国标准规范 ASME Sec. Ⅷ Div. 2。该反应器自 1989 年投产至今一直在安全运行。

首台锻焊结构热壁加氢反应器的诞生，结束了我国锻焊热壁反应器依赖进口的历史。为我国的压力容器发展树立了重要的里程碑。1990 年 10 月 23～25 日，中国石化总公司在北京召开“锻焊结构高压热壁加氢反应器技术鉴定会”，鉴定委员会由 15 位国内知名专家组成，经过认真的评审、鉴定，鉴定委员会给予了高度的评价：“在此项技术开发过程中，进行了大量的科学试验工作，具有可靠的技术基础。通过各种检验、试验、测试数据和工业应用考核表明，设计方法先进可靠，制造工艺先进可行，研制的锻件、焊材性能优良及整个反应器质量优良。该反应器在技术上达到国外 80 年代中期的同类产品先进水平，填补了我国一项技术空白，标志着我国压力容器设计、制造技术上了一个台阶。可以实现高压锻焊热壁加氢反应器的国产化”。见图1-6、图1-7和图1-8。

图1-6　首台锻焊热壁加氢反应器制造工作会议人员合影

图1-7　首台锻焊热壁加氢反应器等待出厂

图1-8　首台锻焊热壁加氢反应器（抚顺石油三厂）

首台锻焊热壁加氢反应器的主要技术特点包括：

①采用以“应力分析为基础”的设计方法，提高设计的准确性和使用可靠性。研制组开发多项应力分析程序，采用有限单元法对反应器中可能出现高应力区的有关部位，按内压和内压与温差联合作用进行应力分析计算与应力评定，并满足有关规范要求，从设计方面保证了设备的安全使用。

②采用合理的设计结构。主要包括：法兰密封采用梯形槽八角垫结构，梯形槽拐角处采用圆滑过渡等保证密封性能；内部催化剂支承环充分利用了锻造筒节的加工裕量；采用了底封头整体锻环式裙座结构，锻环与裙座部分为对接焊缝连接，既保证了焊接质量，也有利于焊缝的无损检测。

③采用先进的工艺技术和合理的冶炼工艺，使主体锻件材料获得

纯洁、致密、均质的特性和优异的性能，主要包括：

• 结合我国当时尚不具备的完全采用电炉冶炼的实际情况，成功地采用了碱性平炉加电炉冶炼，再在钢包炉中精炼（VCD），并通过真空浇注，即所谓双真空技术，冶炼出高纯度的2.25Cr-1Mo钢，其中磷含量0.004%～0.011%，硫含量0.005%～0.014%，为保证锻件总体质量打下了牢固的基础；

• 采用大变形度的强化锻造技术，充分利用高温下锻造时热扩散与机械扩散的叠加作用效应，严格控制总锻比和锻造变形度，开创了多次控温加热和控温锻造的专项技术，使锻件获得了良好的致密性和均质性，并提高了材料抵抗回火脆性的能力，实际锻件产品的冲击值达到A_{KV}（+10℃）220～291J，筒节锻件J系数平均值71.3，主体锻件材料的主要技术指标已接近或达到当时引进的日本反应器锻件材料的技术水平。

• 采用或开发先进的焊接装备，探索多种焊接新工艺，保证和提高了焊接质量。主要包括：成功研制和采用了与2.25Cr-1Mo钢配套的超低氢焊条、高纯度焊丝、脱渣性能好的高碱度烧结焊剂和适应单层堆焊的TP347焊带等；采用先进的自动焊机进行窄间隙焊接，提高了焊接效率和质量，主焊道焊后经各种无损检测方法100%无损检测，全部一次合格。

• 应用现代控制与焊接技术，成功研制了深坡口接管自动埋弧焊机，实现接管与壳体连接的自动焊，提高了焊接效率和质量。

• 采用了难度很大的TP347单层堆焊工艺，针对当时国外发现的在役反应器上堆焊层剥离现象的问题，进行了研究与改进，适当加大了熔深，并通过试验发现，铌（Nb）含量对堆焊层的脆化影响很大，对与剥离有关的因素：如堆焊过程的稀释率、堆焊层中Nb的含量以及Nb/C比值中的碳含量上限等也进行了研究，并得出了合适的控制指标。当时的一重厂（现在的中国一重）还研制出带极堆焊用自动移距装置及改进的磁场控制等，以保证稳定的堆焊质量，满足了设计要求，使堆焊层显现出较强的抗剥离性能。对比研制的单层堆焊层材料与日本双层材料（大电流高速焊接堆焊）的抗剥离试验结果表明，研制的单层不锈钢347堆焊层与日本引进材料的堆焊层抗剥离性能相当。

在锻焊热壁加氢反应器制造技术发展过程中，在完全自主开发的同时，作为另一途径，也通过“反承包”的方式学习国外先进技术。前期研制成果取得的宝贵经验和技术积累，使得第一重型机器厂在1986年通过了日本制钢所的考察，承接了中国石化总公司齐鲁石化公司胜利炼油厂重油加氢工程项目1台反应器的制造任务。该项目由中国石化工程建设公司做工程设计，共计6台反应器，其中1台交由外方和一重厂协作制造，于1988年按合同要求完成了反应器的制造。该反应器为2.25Cr-1Mo钢锻焊结构，内壁双层堆焊，内径ϕ3505mm、筒体壁厚231mm、反应器切线长为4115mm、单重182t，见图1-9。

图1-9　一重厂与外方协作制造的加氢反应器（胜利炼油厂）

在首台锻焊热壁加氢反应器取得成功经验的基础上，1990年和1991年，中国第一重型机械集团和上海锅炉厂分别为镇海石化总厂国内首套国产化加氢裂化装置成功生产了总重386t的加氢精制反应器和560t的加氢裂化反应器（见图1-10）。这两台反应器的设计单位为洛阳石油化工工程公司。一重制造的反应器内径ϕ3000mm，壁厚200mm，内壁堆焊TP309L+TP347双层不锈钢堆焊层。在制造中成功应用了真空精炼、真空碳脱氧铸锭、筒节收口锻造、毛坯热处理调质、筒体环缝窄间隙埋弧自动焊、接管焊缝自动焊、筒体高速带极堆焊等多项攻关成果，反应器整体水平达到了国际同类产品同期先进水平。

图 1－10　镇海石化总厂 400t 级锻焊加氢反应器

该反应器的主要技术特点包括：研制成功可焊接坡口深度达 300mm 的窄间隙焊机、接管深坡口自动焊机。接管自动焊机可焊接直径 ϕ150～1500mm 的接管焊缝，一次焊接质量高，几乎无返修；堆焊层采用宽带极不锈钢大电流高速堆焊技术，实现了堆焊的全自动化；采用了筒体锻造收口技术及提高筒体锻造精度的技术，保持锻件收口处材料纤维的连续性，减少了加工裕量。

1992 年 3 月 22 日，洛阳石油化工工程公司设计，中国第一重型机械集团制造的约 400t 锻焊结构热壁加氢反应器荣获中国石油化工总公司颁发的 1991 年度“促进石油化工科学科技进步”一等奖；1994 年荣获机械工业部科技进步一等奖；1995 年 12 月，荣获国家科技进步一等奖。

国产 2. 25Cr-1Mo 锻焊热壁加氢反应器技术研发成功之后，在镇海石化公司、吉化公司、辽阳石化公司的加氢装置中先后得到了推广应用。并且，随着加氢装置的大型化，反应器的规格也越来越大。在此阶段大型化代表性的产品是齐鲁石化公司 140×10^4t/a 加氢裂化装置中的加氢精制反应器（见图 1－11）。其规格：内径 ϕ3800mm，切线长度 26691mm，单台金属重近 1000t，壳体材料为普通 2. 25Cr-1Mo 锻钢。该反应器由中国石化北京设计院设计，设计采用 JB 4732—95《钢制压力

图1－11　齐鲁石化公司千吨级锻焊加氢反应器

容器—分析设计标准》，由一重公司制造和运输，并于2001年投入运转，达到了设计和使用要求。“千吨级加氢反应器”项目获得2003年度中国石化总公司科技进步三等奖。

2）板焊式热壁加氢反应器技术开发

相对锻焊式加氢反应器而言，板焊结构加氢反应器多了一条壳体纵缝，但钢板材料利用率高，机加工量少，比同类锻件的价格便宜，制造周期短，反应器总制造价低。20世纪90年代以前板焊反应器壳体用钢板均采用进口钢板，相对壁厚较薄，因而板焊式反应器较锻焊式反应器技术开发难度较小，开发进展相对较快。20世纪80年代初，由北京石油设计院、兰州石油化工机器厂、燕山石化东方红炼油厂、荆门炼油厂组成攻关课题组，克服了结构设计和材料选择的难题，开发了反应器内部耐蚀层所用的堆焊焊带和焊剂，同时掌握了反应器内壁大面积堆焊技术。并于1981～1982年完成了两台板焊式热壁加氢反应器的设计与制造。其中一台用于燕山石化东方红炼油厂润滑油加氢装置，内径ϕ1600mm；另一台用于荆门炼油厂蜡油加氢装置，内径ϕ1400mm。

这两台设备设计条件均属于中温、中压，壳体材料皆为2.25Cr-1Mo钢板，厚度约为70～80mm。按现在的眼光看，这两台设备无论从规格大小，还是操作条件的苛刻性都是微不足道的，但在当时却有很大的意义，它的研制成功填补了国内在板焊热壁加氢反应器建造上的空白。在此基础之上，国内自行设计和制造了多台较大型的板焊式热壁反应器，结束了板焊式热壁加氢反应器完全依赖进口的局面，同时也为国内研制大型热壁加氢反应器提供了借鉴，增强了自信心。

1986 年 5 月，由兰州石油化工机器总厂为长岭炼油厂制造的热壁板焊加氢反应器出厂（见图 1－12）。该反应器由中国石化总公司北京设计院设计，技术规格为：内径 ϕ2100mm，壁厚 90mm，高度 14m，重量 82t，内壁有 6mm 不锈钢堆焊层。该反应器采用了窄间隙环缝自动焊等新制造工艺。

图 1－12　长岭炼油厂板焊热壁加氢反应器

1990 年，兰州石油化工机器总厂承担了广州石化总厂的反应器制造任务，该反应器技术规格为：内径 ϕ2600mm，壁厚 110mm，高度 20m，重量 139.6t，内壁带 6mm 不锈钢堆焊层。在研制中，对板焊反应器的制造工艺进行了重大改进，把筒体的热卷工艺改为冷卷工艺，这也是我国首次对大型压力容器筒体采用冷卷工艺。1991 年 7 月，该项目通过了国家机电部和甘肃省机械工业总公司的科学技术成果鉴定，并获得国家级新产品证书。专家鉴定认为该反应器完成并达到了国家七五重大技术装备科技攻关内容和目标，产品的总体水平达到了 80 年代的国外同类产品水平，可替代进口。

随着 20 世纪 80 年代以来我国石化工业的迅速发展，加氢用钢需求量不断增加。此外，装置规模的大型化也使得反应器壁厚大幅增加，若钢板材料全部依赖进口，一方面采购周期长，严重影响了产品制造周期和工程建设周期；另一方面采购成本急剧增加，制约了石化工业的发展。

1991 年，为推动 2.25Cr-1Mo 钢板的国产化，中国石化总公司发展部和冶金部科技司联合立项“国产 2.25Cr-1Mo 钢板焊结构临氢重整反应器的研制”科技开发项目，舞阳钢铁有限责任公司按项目要求成功研制出了用于制造临氢设备用的2.25Cr-1Mo中厚钢板，1997年通过成果鉴定，该项目为加氢铬钼钢厚钢板的国产化奠定了基础。

2006年，中国石油化工集团公司组织河北钢铁集团舞阳钢铁有限责任公司、中国石化洛阳石油化工工程公司、中国石化工程建设公司、兰州兰石机械设备有限责任公司、中国石化洛阳分公司等展开“加氢设备钢板”课题研究，开始试制137mm厚的板焊结构用抗氢12Cr2Mo1R（H）钢板。课题组通过对国外同类抗氢钢板的分析研究，制订了抗氢12Cr2Mo1R（H）钢板试制的工艺技术方案。首批137mm厚度的12Cr2Mo1R（H）钢板于2006年6月完成试制，钢板质量评定试验合格。2006年10月，该课题通过了中国石油化工集团公司重大装备国产化办公室组织召开的国产137mm厚度12Cr2Mo1R（H）钢板评审验收。评审结论指出：“研制钢板达到的技术指标与质量状况表明，我国已具备了批量生产相近厚度的高温高压加氢设备用12Cr2Mo1R（H）钢板的能力”。137mm厚12Cr2Mo1R（H）钢板的研制成功，满足了我国板焊加氢反应器用材需求，降低了国内石化企业设备采购成本，缩短了材料采购周期，部分替代了国外进口，填补了加氢反应器用国产化钢板的空白，国产化的材料性能达到了国际先进水平。目前，以舞阳钢铁有限责任公司为代表的加氢厚钢板的研制得到了进一步的发展和提高，实际供货用于热高压分离器的12Cr2Mo1R钢板厚度达到200mm。目前12Cr2Mo1R钢板主要性能指标达到：化学成分实际产品分析$P \leqslant 0.005\%$，$S \leqslant 0.002\%$，$P + Sn \leqslant 0.008\%$；反映钢板回火脆化倾向的J系数$\leqslant 49$（平均值45.6），X系数$\leqslant 7.9$ppm（平均值7.5ppm）。2015年，材料为12Cr2Mo1R（H）钢板，规格为174mm × 2020mm × 17700mm，单重为49.285t，由舞钢公司供货，用于镇海炼化300×10^4t/a柴油加氢精制反应器，成为板焊加氢反应器所采用的最大单重国产钢板。

2008年，由兰州兰石重型装备股份有限公司为中国石化洛阳分公司制造了当时国内最大壁厚、最大直径的板焊反应器（见图1-13）。该反应器由中石化洛阳石油化工工程公司设计，规格为ϕ4000mm×182mm×27010mm，设备重量650t。设备主体材料选用2.25Cr-1Mo进口板材，由德国迪林根钢厂提供，钢板筒体厚度为182mm。反应器由于受运输条件限制，采用现场组焊的方式制造。该大直径、大厚度板焊式加氢反应器的制造，主要困难在于壳体筒节成形、现场组焊制造及焊缝检测难度大等方面。反应器分段在兰石厂内制造，然后分段运到现场，再进行现场组装，现场总装焊缝焊接完成之后，使用兰石厂自行研制的燃油卡式热处理炉对现场组焊焊缝进行最终消除应力热处理。该反应器现场焊缝的无损检测方法采用由兰石厂与合肥通用机械研究院合作实施的超声波衍射时差法（TOFD）检测技术。反应器研制主要克服的技术难点包括针对2.25Cr-1Mo钢板强度高、板材厚、成形困难等，制订专门的卷板工艺，制作了特殊工装；对大直径厚壁封头，采用了两次或三次冲压成形的工艺等。该反应器的研制成功，为180mm左右大厚度板焊结构加氢反应器的推广应用起到了良好的示范作用。

图1-13 中国石化洛阳分公司182mm厚板焊加氢反应器

2012年，国内最大重量（重量1100t）的板焊反应器（催化剂支承格栅处筒节为锻件）出厂，反应器内径ϕ4100mm，壁厚190mm。该反应器工程设计方为中国石油工程建设公司华东设计分公司，由抚顺机械设备制造有限公司和大连万阳重工有限公司联合制造，用户为中石油广西石化分公司。

3. 第三阶段——加钒铬钼钢加氢反应器的开发

在普通2.25Cr-1Mo钢制加氢反应器国产化建造如火如荼进行时，

设计师们并未停下脚步。从国外资料和与外商交流中，他们了解到：自20世纪60年代开始，国外的临氢压力容器，特别是高压加氢反应器广泛地采用2.25Cr-1Mo钢进行制造。美国“ASME”的材料标准中，钢板为SA387-Gr22，锻钢为SA336-F22及SA182-F22。有人把2.25Cr-1Mo称为“王牌”抗氢钢。但在大量、长期使用过程中，逐步暴露出一些缺点。如长期在371～575℃下操作会产生回火脆化倾向；其内表面上的防腐不锈钢堆焊层也会出现氢致剥离等问题。此外，由于重质油或超重质油裂化和煤液化等新工艺的出现，使加氢设备的使用条件更高温、高压化，当时所采用的材料难以适应这个发展趋势的需要。为了提高经济性，装置向大型化发展，随之而来的设备大型化，采用原有的铬钼钢会使设备壁厚很厚，从而给制造、运输带来困难。为此，国外一些机构在原来具有多年使用经验的2.25Cr-1Mo钢的基础上开发研制了改进型的铬钼钢，其中包括3Cr-1Mo-0.25V-Ti-B钢和2.25Cr-1Mo-0.25V钢。这两种改进型的铬钼钢与传统的2.25Cr-1Mo钢相比具有以下优点：

①强度高：在450℃下，其强度约比普通2.25Cr-1Mo钢材高10%，在相同的设计条件下，反应器重量可减轻8%～10%；

②抗氢性能大幅度提高：试验证明2.25Cr-1Mo-0.25V钢抗氢性能比普通2.25Cr-1Mo钢提高了约50℃；

③抗氢脆性能好：在钢中氢含量差不多，室温抗拉强度相近的条件下，3Cr-1Mo-0.25V-Ti-B钢应力强度因子门槛值比一般2.25Cr-1Mo钢高得多，差不多等于2倍；

④抗回火脆化能力显著改善：“步冷”试验前后的转变温度增量很小，说明无明显回火脆化倾向；

⑤抵抗奥氏体不锈钢堆焊层的氢致界面剥离性能优越：有效减缓或避免了氢致堆焊层剥离现象。

由于具有以上的优点，这些改进型的铬钼钢材很快在国外得到了广泛的应用。为了跟上世界在加氢用材方面发展的步伐，1994 年正式列入了国家重大装备开发计划。在中国石化总公司国产化办公室领导下，克拉玛依石化厂和镇海石化总厂等单位，分别成立了攻关课题组，着手研发 3Cr-1Mo-0. 25V-Ti-B 和 2. 25Cr-1Mo-0. 25V 钢材和该材质的加氢反应器。

1）3Cr-1Mo-0. 25V 钢锻焊加氢反应器研发

1991 年 5 月 21 日，国家经贸委以专题合同编号 99-315-04-01 下达了“3Cr-1Mo-0. 25V 加氢反应器研制”的国家“九五”重点科技项目（攻关）计划，正式启动了我国首台 3Cr-1Mo-0. 25V 钢加氢反应器的研制工作。由中国第一重型机械集团公司、中国石化工程建设公司、中国石化洛阳石化工程公司、抚顺石油三厂、克拉玛依石化厂等单位，成立了联合攻关课题组。

1995～1996 年，攻关组用两年多的时间研制了一个采用 90t 钢锭锻制的内径 ϕ1800mm、壁厚 340mm、重量 42t 的 3Cr-1Mo-0. 25V 筒体锻件模拟试验环。1998 年 7 月 12 日，由攻关组五家单位联合研制的“3Cr-1Mo-0. 25V 材料开发及模拟环试验”项目通过国家技术鉴定。

1999 年 10 月，一重公司为中国石油克拉玛依石化厂生产的 3Cr-1Mo-0. 25V 钢锻焊加氢反应器出厂，反应器规格 ϕ2615mm × 167mm × 23016mm。首台 3 Cr-1Mo-0. 25V 锻焊加氢反应器的主体锻件材料主要性能如下：实际产品分析 P≤0. 005%；S≤0. 005%；最大焊后模拟热处理时的 A_{KV}（三个试样平均值）≥160J；最小焊后模拟热处理时的 A_{KV}（三个试样平均值）≥150J。实际产品筒节锻件 J 系数≤88（平均值 53. 3），X 系数≤11ppm（平均值 7. 6ppm）。

此后国产化的 3Cr-1Mo-0. 25V 材料得到了推广使用，共设计制造了 7 台这种材质的加氢反应器，投产后一直安全运行。

2）2. 25Cr-1Mo-0. 25V 锻焊反应器研发

1999 年初，由中国石油化工集团公司组织中国第一重型机械集团公司、中国石化集团洛阳石油化工工程公司、中国石化集团工程建设公司、中国石化集团镇海炼化分公司、中国石油抚顺石化设备检测监理研究中心等单位成立了联合攻关组，对“2. 25Cr-1Mo-0. 25V 材料开发及加氢反应器研制”课题进行攻关。

该攻关项目开始了两年的材料研发，进行了材料的热工艺性试验、焊接试验和工业性中间试验，按完全模拟实际产品的制造工艺研制了一个模拟环，模拟环的规格为内径 ϕ1260mm，壁厚 270mm，长度 1500mm。将模拟环锻件母材和筒体环焊缝解剖，取试样进行化学成分、物理性能、室温和高温力学性能、金相组织、晶粒度、非金属夹杂物、回火脆化特性和氢损伤（含堆焊层剥离）行为等一系列的试验和测试。2000 年 10 月 18 日，完成了“2. 25Cr-1Mo-0. 25V 材料开发及模拟环试验”的攻关课题，并通过了中国石化集团公司组织的鉴定会。该项攻关成果表明，一重公司可以采用 2. 25 Cr-1Mo-0. 25V 钢制造锻焊结构热壁加氢反应器，并进行工业考核。

2000 年 12 月，一重公司与镇海炼化签订了首台 2. 25Cr-1Mo-0. 25V 钢热壁加氢反应器制造合同，由洛阳石油化工工程公司设计。该反应器主要设计参数为：设计压力 11. 68MPa，设计温度 450℃，内径 ϕ4000mm，切线长度 23300mm，筒体厚度 150mm，内壁设 TP309L + TP347 堆焊层，重量 526t。在产品焊接之前，根据反应器结构设计与要求进行了完全能够覆盖所有焊接部位所需要的 22 项焊接工艺评定。整个制造过程均严格执行各项工艺规程或规定，且凭借着一重公司有关技术人员和工人多年来在反应器制造中所积累的丰富经验，在攻关组的指导和各攻关单位的共同努力下使产品的质量得到了可靠的保证，技术指标全部达到了设计技术条件的要求，特别是产品锻件的纯洁性和锻件母材与焊缝的综合力学性能比模拟环又有所提高。

2002 年 3 月 28 日，我国首台 2. 25Cr-1Mo-0. 25V 锻焊热壁加氢反应器在一重公司大连加氢反应器制造有限公司水压试验一次成功（见

图1－14），经监造组和安全技术监察部门的检查，认定合格。同日，在大连召开了该项产品评定会，国家经贸委、中国机械工业联合会、中国石油化工集团公司及镇海炼化有关领导和专家出席会议。

图1－14　镇海炼化首台2.25Cr-1Mo-0.25V锻焊加氢反应器

该项目的主要技术创新点包括：

①攻克了材料冶炼成分范围控制技术难关，材料的冶炼成分范围控制窄、控制精度高、杂质元素的工艺控制要求更加严格，实际产品数据：P≤0.005%，S≤0.003%，V含量0.26%～0.30%；

②实现了大锻件的淬透性和力学性能的均质性，材料热处理的淬火和初始回火温度范围窄、控制精度高；实际筒节锻件冲击性能：最大焊后模拟热处理和最小模拟热处理条件下，－18℃（三个试样平均值）的A_{KV}均达到200J左右；锻件回火脆性控制值J系数≤62（平均值49.7），X系数≤8.4ppm（平均值7.3ppm）。

③攻克了材料加工技术难关——该材料硬度高且黏性大，难以加工。

④攻克了焊接技术难关——该材料焊接难度大，焊接工艺范围比3Cr-1Mo-0.25V钢更窄、控制精度要求更高。

2009年12月，“2.25Cr-1Mo-0.25V材料开发及加氢反应器研制”获得中国机械工业联合会、中国机械工程学会颁发的科技进步一等奖。在该项研发成果基础上申请的“超大加氢反应器研制及工程应用”课题，获得了2010年度国家科技进步二等奖。

2004～2006年间由中国石化工程建设公司和中国第一重型机械集

团公司设计和制造了两台神华集团煤直接液化反应器。由于煤液化反应难度高于一般炼油厂加氢裂化反应器，因此该两台反应器的操作条件和设计条件都比一般炼油厂的加氢反应器更加苛刻：设计温度为482℃，设计压力20.36MPa，最低设计金属温度为-29℃，水压试验压力（卧置）达32.23MPa。

该加氢反应器的规格为：4800mm（内径）×334mm（壁厚）×62500mm（高）（见图1-15），考虑介质腐蚀和磨损，内部有7.5mm厚不锈钢堆焊层，单体设计金属总重约2100t。机械设计按JB 4732—95《钢制压力容器——分析设计标准》，并参考了ASME、API的相关国外规范或标准。这两台设备是当时世界上长度最长，重量最大的加氢反应器，它们的制成是我国压力容器设计和制造能力和技术发展的一个新里程碑标志。

在反应器大型化的同时，也促进了无损检测标准和技术的发展。反应器设计完成时间为2003年，采用的超声检测标准为JB 4730—1994《压力容器无损检测》，当时的检测母材厚度范围为8~300mm，而该反应器厚度达到334mm，为此一重公司向国家安全技术监察局提出申请报告，得到回复批文同意将标准使用范围扩大到400mm内，并在JB/T 4730—2005标准中，将对接焊接接头超声检测的使用范围扩大为6~400mm。

因运输条件限制，该反应器绝大部分壳体环焊缝的焊接需要在现场进行。在现场进行RT射线检测存在着设备、现场条件及安全等多方面的限制。当时，衍射时差超声检测TOFD技术的应用在国外日趋成熟，并初步推广使用TOFD代替RT，但在国内尚处于开始探索阶段。为了解决该反应器在现场组焊后的检测难题，2004年一重公司起草了TOFD企业标准并通过全国容器标准化委员会的审查和备案，并于2005年将TOFD技术首次应用于该反应器的现场组焊焊缝的检测，实现了TOFD技术代替RT技术的初步应用。近年来，TOFD技术的应用得到了快速发展，已经逐步在大型压力容器制造过程中采用 TOFD 技术代替 RT 检测。

2000 多吨反应器的整体吊装也是一道很大的难题，号称“神州第一吊”。当时虽然我国已有成功吊装“千吨级”加氢反应器的业绩，但还没有吊起单台重 2000t、高度近 70m 这一庞然大物的装备和经验。为了起吊这两台反应器，业主曾邀请许多家国内外知名吊装公司进行技术交流，提出多个吊装方案，最后选中了荷兰的 MAMMOET 公司，采用旋转式吊车，机械化控制方案，实现了平稳、渐进地起吊。经测量，安装后设备垂直度和器内分布板的水平度都达到了设计要求。

图 1－15　神华煤直接液化项目 2100t 反应器

3）2. 25Cr-1Mo-0. 25V 板焊加氢反应器技术发展

虽然传统的 2. 25Cr-1Mo 钢板材料，能满足大部分板焊加氢反应器用钢的要求，但近几年随着装置的操作条件更加苛刻以及装置大型化的发展，如加氢精制装置规模由过去的 100×10^4t/a 处理量已提升到 400×10^4t/a，使得板焊式加氢反应器壁厚大幅度增加，提升了国内炼油行业对加钒材料板焊反应器的需求，比较具有代表性的产品包括：

2004 年，一重公司为中国石化湛江东兴石油化工有限公司加氢裂化装置制造完成的 2 台 2. 25Cr-1Mo-0. 25V 板焊加氢反应器，壳体用钢板为进口，该反应器由中国石化工程建设公司设计，内径 φ3400mm，筒体壁厚 135mm，总重分别为 428t 和 327t。

2006 年，兰石公司为中国石化湛江东兴石油化工有限公司加氢裂化装置制造完成的两台 2. 25Cr-1Mo-0. 25V 板焊加氢反应器，壳体用钢板为进口，该反应器由中国石化工程建设公司设计，内径 φ2200mm，筒体壁厚 140mm。

4. 第四阶段——超大直径超大壁厚锻焊结构加氢反应器的研发

随着加氢装置的超大型化的发展，直径 φ5400mm 以上，壁厚 340mm 以上的锻焊加氢反应器的设计、制造、焊接及检测等过程中尚存在一系列的技术难题急需解决。

图 1 – 16 “双超”课题反应器
（中国石化扬子石化分公司）

2010 年，中国石油化工股份有限公司设立了“超大直径超大壁厚加氢反应器国产化攻关”课题（简称“双超”课题），并依托中国石化金陵石化分公司和扬子石化分公司的渣油加氢装置中的加氢反应器（见图 1 – 16）作为研制产品。上述两批反应器由中石化洛阳（广州）工程有限公司设计，由中国第一重型机械集团公司和中国第二重型机械集团公司（以下简称二重公司）分别制造。同年，一重公司制造了 2 个内径 φ4800mm，壁厚 400mm 的 2. 25Cr-1Mo-0. 25V 锻件模拟环（试验环锻件毛坯每件用三包合浇的钢锭重 359t，锻造毛坯重 206t），并对其进行化学成分、室温拉伸、高温拉伸、低温夏比冲击、回火脆化倾向评定、晶粒度、非金属夹杂物等试验分析。分析结果表明：化学元素偏差很小，成分均匀，杂质元素 P、S 及

As、Sn、Sb 的含量都很低，锻件具有很好的各向同性和抗回火脆性能，冲击功均值在 200J 以上，各项指标满足设计技术条件的规定值。

“双超”攻关组还对材料化学成分的优化设计和热工艺技术、双丝窄间隙埋弧焊技术、大型封头拼接焊缝自动焊接技术、单层堆焊技术、带堆焊层 90°整体弯管制造技术、超大壁厚焊缝探伤技术等进行了试验和研究，并取得了一系列技术成果。

2012 年 10 月一重公司为中国石化金陵石化分公司渣油加氢装置制造的 4 台“双超”反应器，2014 年 7 月二重公司为扬子石化分公司渣油加氢装置制造的 4 台“双超”反应器分别投入使用。反应器内径 ϕ5400mm，壁厚 340mm。“双超”反应器的试制成功进一步提高了我国加氢反应器的制造能力，推动了石化装备制造业的技术进步，为国内多个工程项目中超大直径超大壁厚的加氢反应器制造打下技术基础。2016 年，一重公司和二重公司分别为中国石化金陵石化分公司制造的锻焊加氢反应器出厂，反应器内径 ϕ5600mm，反应器壁厚达 352mm，是目前国内壁厚最厚的加氢反应器。

2018 年 5 月，由中石化洛阳（广州）工程有限公司设计，一重公司和二重公司分别为中国石化镇海炼化分公司分别制造的共 2 台单重为 2400t 的沸腾床渣油加氢反应器制造出厂，这两台加氢反应器内径 ϕ4850mm，壁厚 322mm，总高 70 余 m，是目前世界上重量最大的加氢反应器。

2018 年 6 月，由中石化洛阳（广州）工程有限公司设计，一重公司和二重公司为浙江石油化工有限公司分别制造的首批渣油加氢反应器制造出厂，这批加氢反应器直径 ϕ5800mm，最大壁厚 352mm，是目前国内直径最大壁厚最厚的锻焊加氢反应器。

三、加氢反应器发展历程

➢1966 年，国内首台主体材料为 20Cr3NiMoA 的冷壁加氢反应器，由兰州石油化工机器总厂为大庆炼油厂制造完成。

➢1983 年，由兰州石油化工机器总厂为抚顺石油三厂制造“热壁设计冷壁使用”的 2. 25Cr-1Mo 制锻焊加氢反应器出厂。

➢1986 年 5 月，由兰州石油化工机器总厂为长岭炼油厂制造的热壁板焊加氢反应器出厂。该反应器技术规格为：内径 ϕ2100mm，壁厚 90mm，重量 82t，内壁带 6mm 不锈钢堆焊层。

➢1989 年 3 月 26 日，经过攻关组成员的共同努力，首台由中国第一重型机器厂为抚顺石油三厂制造的锻焊结构加氢反应器完工，我国自行研究、自行设计、自行制造的首台高温高压锻焊结构热壁加氢反应器诞生，结束了锻焊热壁加氢反应器依赖进口的局面。

➢1990 年和 1991 年，中国第一重型机械集团公司和上海锅炉厂分别为镇海石化总厂国内首套国产化加氢裂化装置成功生产了号称 400t，实际总重量 386t 的加氢精制反应器和 560t 的加氢裂化反应器。

➢1998 年，国内首台由中国第一重型机械集团公司为中国石化齐鲁石化分公司制造的首台千吨级加氢反应器制造出厂，反应器内径 ϕ3800mm，壁厚 263mm。

➢1999 年，国内首台由中国第一重型机械集团公司为中国石油克拉玛依石化公司制造的 3Cr-1Mo-0. 25V 锻焊反应器出厂，反应器规格 $\phi2615 \times 167 \times 23016$mm。

➢2001 年，国内首台由中国第一重型机械集团公司为中国石化镇海炼化分公司制造的 2. 25Cr-1Mo-0. 25V 锻焊反应器出厂，反应器内径 ϕ4000mm，壁厚 150mm，切线长度 23300mm，重量 526t。标志着在加钒铬钼钢加氢反应器的技术发展已进入世界先进水平行列，为 2. 25Cr-1Mo-0. 25V 锻焊反应器的大量应用奠定了良好的基础。

➢2006 年，世界首台 2000t 级的直径 4812mm，壁厚 334mm，主体材料为 2. 25Cr-1Mo-0. 25V 的煤液化加氢反应器，由中国第一重型机械集团公司现场组焊制造完成，用户为神华集团有限公司。

➢2010 年，中国石化组织成立了“超大直径超大壁厚加氢反应器国产化攻关”课题组。在课题组参与各单位的共同努力下，于 2012 年和 2014 年由中国第一重型机械集团公司和中国第二重型机械集团公司为中国石化金陵分公司和扬子分公司成功制造了内径 ϕ5400mm，壁厚为 340mm 的加氢反应器。

➢2018 年 4 月，由中国第一重型机械集团公司和中国第二重型机械集团公司为中国石化镇海炼化分公司分别制造的 2 台单重约为 2400t 的沸腾床渣油加氢反应器制造出厂。这两台加氢反应器直径 4850mm，壁厚 322mm，总高 70 余 m，是目前世界上重量最大的反应器。

四、加氢反应器制造工艺技术及装备的发展和进步

1. 冶炼工艺

加氢反应器锻件用钢从最初的平炉粗炼 + 精炼炉精炼，逐步发展到通过碱性电炉粗炼（脱 P）、LF 精炼炉精炼（脱氧、脱硫、调整合金成分）、真空脱气 + 真空铸锭的双真空技术冶炼（脱除氧、氢、氮等有害气体）等先进工艺，达到了钢水纯净度要求，有效控制材料化学成分的目的。目前国内主要反应器制造商所用锻件的冶炼水平，对 P、S 含量可控制在 0.006% 和 0.004% 以下，氧含量可控制在 30ppm 以下，氢含量可控制 2ppm 以下。

加氢反应器厚钢板的冶炼工艺采用了转炉或电炉粗炼、LF 精炼炉精炼、真空脱气的冶炼工艺。对采用钢锭生产，且材料纯净度和均匀致密度要求更高的大厚度钢板，舞钢公司等钢厂采用了电渣重熔技术进行冶炼，获得了很好的效果并已应用到实际产品上。

2. 锻造技术及装备

1）锻造装备

反应器用大型筒节锻件材料采用自由锻造水压机或油压机进行锻

造，目前中国第一重型机械集团公司装备有 15000t 水压机，中国第二重型机械集团公司装备有 16000t 水压机，中信重工机械股份有限公司装备有 18500t 油压机，上海重型机器厂有限公司装备有 16500t 油压机。综合比较，国内锻造水压机/油压机的装备水平处于世界领先水平，大大提高了锻造质量和生产效率。为了控制筒节椭圆度降低加工余量，一重公司还自主研发了筒节整形设备，筒节毛坯经过精整加工余量单侧可控制在 15mm 以内。

2）缩口锻造技术

国内外锻件标准均要求锻件尽可能锻造接近成品零件的形状和尺寸。因此，热壁加氢反应器研发初期，对于上下封头的过渡段，制造单位攻克了采用芯棒制作缩口锻件技术的难关，实现筒节缩口部位锻造纤维的连续性，从而提高了产品质量。随着设备的大型化，芯棒缩口技术难以适应。21 世纪初，由于锻造设备能力的提高，又研发成功了缩口筒节仿形锻造技术（见图 1－17），还开发了具有可以同时合锻两个“Y”形下过渡段筒节的专有技术。

图 1－17　反应器筒节锻造及缩口锻造

3）锻件热处理冷却装置

长期试验证明，筒体锻件正火（奥氏体化）的冷却速度直接影响锻件的力学性能的优劣。国内反应器锻件生产厂商不断对热处理装置进行改进，通过合理设计循环水冷却装置加大锻件冷却速度，使得厚壁锻件仍能冷却均匀。一重公司还自主设计制造了筒体锻件性能热处理用喷淋装置，用高压水对筒节内外壁同时喷淋冷却，提高冷却速度，并可迅速去除氧化皮，消除激冷瞬间产生的水蒸气隔膜，提高了冷却效果。

3. 焊接技术

1）壳体焊缝窄间隙自动焊接技术

目前国内窄间隙自动焊接（见图1－18）技术已十分成熟，窄间隙焊机配有水平和高度跟踪系统，保证整个焊接过程中焊丝的距边量相同，焊缝成形规则，不容易出现咬边和夹渣。一重公司等继续探索采用双丝窄间隙焊接方法进行了400mm厚2.25Cr-1Mo-0.25V模拟环焊接试验。

图1－18 反应器环焊缝窄间隙自动焊接

2）马鞍形接管自动焊接技术

反应器与筒体焊接的接头，其焊缝呈空间马鞍形曲线，焊接难度较大。反应器技术开发初期均采用手工焊接，经过不断努力研发，现已发展为成熟的大厚度工件自动焊技术。目前，国内主要加氢反应器制造厂均配备有马鞍型接管自动焊机。接管焊接深度最大可达320mm，坡口宽度仅为32mm左右。马鞍形接管自动焊接技术具有焊接质量高、性能均匀、自动化程度和生产率高等优点。

3）带极堆焊技术

目前，反应器内壁堆焊均采用宽带极自动电渣堆焊或埋弧焊 + 电渣焊技术，电渣堆焊技术具有堆焊层表面光滑、平整，化学成分和铁素体含量均匀，抗剥离性能好等优点，国内常用焊带的钢带规格为 0.4mm × 75mm 和 0.4mm × 90mm。

首台国产化锻焊热壁反应器研制时采用的是难度极大的单层堆焊技术，对于当时国外报道的单层堆焊的反应器出现了氢致剥离现象，国外经过研究发现浅熔深单层堆焊对抗剥离不利，在攻关过程中进行了大量研究，加大熔深，并取得了成功。随后制造的加氢反应器因市场原因基本上采用的是 TP309L + TP347 的双层堆焊（见图 1－19）。但随着市场对反应器的大型化、交货周期的更高要求，以及单层堆焊具有经济性好、制造周期短的优势，近年来慢慢地在国外的加氢反应器建造市场中已发展成为主流。因此，扩大单层堆焊技术的应用是目前国内堆焊技术的发展方向。

图 1－19　反应器筒节宽带极堆焊

球形封头堆焊是在变位机工作台上实施的，通过变位器的旋转及翻转运动，使工件处于有利于焊接的理想的位置，与重型焊接操作机、焊接控制系统配合使用，组成自动焊接设备，进行自动堆焊，从而获得良好质量的堆焊层。

4）接管内壁堆焊技术

目前，国内加氢反应器的接管、卸料管等内壁的堆焊一般采用自动 TIG 或自动 MIG 小管堆焊机来进行，最小内孔可堆焊 ϕ50mm，堆焊过程可一次完成。

5）整体弯管内壁堆焊技术

传统的90°弯管焊接，一般均采用 3 个 30°弯管节堆焊后再进行拼接组焊的工艺。采用整体弯管可以减少弯管拼接焊缝数量，提高弯管制造效率，制造难点在于整体弯管的堆焊技术。国内主要反应器制造厂已成功研发了整体弯管内壁堆焊层自动焊接技术，某厂采用哈焊所研制的弯管内壁自动堆焊设备，见图 1－20。90°弯管参数为：内径范围 ϕ250 ~ 800mm，弯管弯曲半径范围 450 ~ 1000mm，工件最大重量 1.5t。

6）现场组焊技术

图 1－20　整体 90°弯管内壁堆焊设备

受我国境内公路、桥梁、涵洞的限重、限高和限宽条件的制约，尺寸、重量超限的反应器，无法实现制造厂内整体制造、整体发运。我国幅员辽阔，随着经济的不断发展，为解决内陆省份对油品的需求及煤化工等新兴产业的发展需要，发展反应器现场组焊技术变得十分迫切。

1996 年初，中国第一重型机械集团公司首次在中国石化总公司燕山石化公司现场成功组焊制造了 2 台内径 3400mm 的热壁加氢反应器。反应器主体材料为 2.25Cr-1Mo，锻焊结构，设计温度 450℃，设计压力 12MPa，反应器规格分别为 ϕ3400mm × 144mm × 17425mm，总重 338t 和 ϕ3400mm × 144mm × 12075mm，总重 242t。为解决现场组焊技术难题，一重公司研制了反应器升降用工装、组焊用活动基础、龙门式窄间隙焊机、环形热处理炉、密封面机加工动力头、射线检测现场防护等特殊装备。

随后，一重公司完成了多台现场组焊加氢反应器的制造，其中最具代表性的是世界首台2000t级的神华集团煤直接液化反应器，见图1－21。2010年，一重公司完成中东某炼油厂5台反应器的现场组焊，标志着国内的现场组焊技术走出国门。二重公司和兰石公司也相继完成了多台锻焊及板焊式加氢反应器的现场组焊。

图1－21　现场组焊的加氢反应器

4. 大型卷板机

板焊加氢反应器的大型化也促进了国内大型卷板装备的发展。兰州兰石重型装备股份有限公司和抚顺机械设备制造有限公司（简称抚机公司）等分别装备了重型卷板机，并已分别卷制了200mm左右厚度的2.25Cr-1Mo材料的反应器产品。抚机公司三辊重型卷板机参数如下：卷板最大宽度3000mm；卷板最小直径ϕ1600mm；244mm板厚最大板宽3000mm；最小卷筒直径ϕ4000mm；兰石公司重型四辊全液压卷板机（见图1－22）参数如下：设备宽度3200mm；卷板最小直径ϕ1800mm；225mm板厚最大板宽3000mm时的最小卷筒直径ϕ4000mm。国内大型卷板机的装备能力已经完全能够满足板焊加氢反应器的制造需求。

图 1－22　重型四辊全液压卷板机

5. TOFD（衍射时差法超声检测）技术的应用

由于运输条件的限制，超大型加氢反应器必须在用户现场进行组焊和无损检测。但对于厚度大于 100mm 的焊接接头，在施工现场难以实施射线检测；尤其是 200mm 以上的焊接接头，无法实施安全的射线检测。而且由于防护条件的限制，在现场实施射线检测还会对环境和人员的身体健康造成危害。

2001 年，中国第一重型机械集团公司与国家质量监督检验检疫总局特种设备检测研究院成立课题组，联合开展了“自动化超声波检测在Ⅲ类压力容器厚壁环焊缝无损检验中的应用”的课题研究。2002 年，在中国石油大连分公司引进加氢反应器时，业主和设计单位中国石化洛阳石油化工工程公司通过交流和考察，经国家质量监督局相关部门同意，最终同意日方制造厂在引进反应器上使用 TOFD 检测技术。2003 年，一重公司购买了美国 AIS 公司八通道超声波检测设备 NB2000-MC，该设备应用三种超声检测技术，即 TOFD 技术 + 爬波扫查 + 脉冲回波扫查（PE），其中以 TOFD 技术作为主体检测技术。2003 年 6 月，一重公司对大庆龙凤炼油厂厚度为 206mm 的反应器 B7 焊缝和 192mm 的反应器 B14 焊缝进行了现场组焊和检测，检测时采用 TOFD 检测替代射线检测。2003 年 7 月，中国锅炉压力容器检验协会组织专家对课题进行了技术鉴定。2006 年，TOFD 检测技术应用于神华煤液化项目加氢反应器，该反应器在当时属于国内外最大反应器，单个筒节运输到现场再进行组焊，壁厚达 334mm。

经研究和实际检测对比，TOFD 检测方法在缺陷的检出率及深度定位准确性方面要明显高于射线检测，且具有检测相对快捷和环保的特点，与射线相比，其局限性是存在检测盲区问题，检测结果不直观，其准确性与检测人员的水平和经验有关。接管部位及变径段部位的焊接接头的检测目前尚存在一定的困难。

目前，国内主要的加氢反应器制造商均掌握了 TOFD 检测技术，TOFD 检测技术已广泛应用于制造商厂内及现场的无损检测。

五、总结

我国热壁加氢反应器成套技术开发成功，除满足了国内石化行业快速发展的需要外，在国际市场上也具有相当大的竞争力。2006 年，中国第一重型机械集团公司与中国石油技术开发公司合作，先后与印度签订了 HALDIA、BINA、KOCHI 等项目热壁加氢反应器的制造合同，按照 ASME 标准设计、制造。其中 HALDIA 公司第一台反应器规格 ϕ3900mm × 225mm × 16035 （T. L）mm，2008 年首台印度 HALDIA 项目反应器成功出厂，标志着锻焊热壁反应器技术成功走出国门。同时，加氢反应器技术开发也具有很大的社会效益，对我国压力容器装备制造业发展具有很好的引导和推动作用，具体表现在：

• 促进了我国压力容器行业制造装备、制造能力、技术水平的大大提高；

• 促进了新的检验手段（TOFD）在厚壁压力容器上广泛地应用，解决了大型设备现场组装无损检测的难题，对保证设备质量和操作安全性起到了很好的作用；

• 成功地开发了普通的 2. 25Cr-1Mo 钢以及 3Cr-1Mo-0. 25V 和

2.25Cr-1Mo-0.25V 改进型 Cr-1Mo 钢，增加了压力容器用铬钼钢的种类；

• 促进了压力容器相关的设计、制造、检验标准规范的适用性方面的修订。

历经近 50 年的发展，经过几代人的共同努力，我国加氢反应器经历了一个从无到有、从小到大、从弱到强、从国内到国外的过程，取得了长足的进步和巨大的成就。目前我国大型加氢反应器在设计、制造、运输和安装等各个方面，均达到了世界先进水平。

目前，我国石油化工及煤化工事业正处于一个蓬勃、快速发展的高峰期，这也将对加氢设备的大型化和优质化提出更高的要求，新一代加氢设备的研发工程技术人员将针对目前尚存在的不足持续开展研发工作，努力为我国的石化行业和压力容器装备制造行业的发展做出新的贡献。

LPEC 赵勇　SEI 仇恩沧　尹青锋　撰写

第二章
重整反应器发展历程

一、概述

重整反应器是催化重整装置的核心设备，它一直伴随着催化重整工艺技术的发展而不断更新、完善和提高，中国石化重整反应器技术也取得了不断地进步与发展。从早期的催化重整装置的整体引进到前期阶段的工艺包技术引进，从购买专利使用权到完全自主技术的开发成功，从冷壁反应器到热壁反应器，从轴向反应器到径向反应器，从设备、部件或材料引进到完全国内设计制造，无不见证中国石化重整反应器技术从无到有、从弱到强的发展历程。

自 1940 年第一套临氢重整工艺装置投产以来，催化重整工艺技术至今已经历了 70 余年的发展历程，并根据市场的需要还将不断地优化、创新。催化重整工艺技术的发展主要包括两部分，即催化剂性能的改进和催化重整工艺水平的提高，二者相辅相成，缺一不可。

催化剂性能的改进主要分为 4 个阶段，即铬、钼、钴金属氧化物重整催化剂、铂重整催化剂、双（多）金属重整催化剂和高铂铼比、铂－铼和铂－锡系列双（多）金属重整催化剂。催化剂活性、芳构化选择性、稳定性、抗积炭能力、液体产品收益、芳烃产率和产氢量不断提高，操作周期加长，操作费用逐步降低。

催化重整工艺水平的发展主要分为6个阶段，即固定床临氢重整工艺、流化床临氢重整工艺、移动床催化重整工艺、半再生催化重整工艺、循环再生催化重整工艺和连续（再生）催化重整工艺。由早期的催化剂活性低、反应温度较高、工艺操作较复杂、反应效率低，工业上未得到广泛应用，到后来高苛刻条件下操作、压力、温度和氢油比较低、产品收率较高、操作稳定、运转周期长，满足不同产品的需要。

重整反应器的操作条件根据不同阶段的催化剂、重整工艺和催化剂再生技术的需要不断调整，总体来讲主要分为早期高温高压、半再生阶段的高温中压和连续（再生）重整阶段的高温低压三种情况，重整反应器各发展阶段的操作条件详见表2－1。

表2－1　重整反应器在各阶段的操作条件

发展阶段	操作温度/℃	操作压力/MPa	介质
早期重整	530～570	3.5	油气、氢气
半再生重整	480～530	1.5	油气、氢气
连续（再生）重整	480～550	0.7	油气、氢气

二、重整反应器的主要形式

催化重整的工艺目的是从低辛烷值的汽油馏分制取高辛烷值的车用汽油调和组分，或制取石油化工所需的芳烃原料，例如苯、甲苯、乙苯和二甲苯等轻质芳烃。

重整反应器是催化重整装置的核心设备，其主要反应是六元环烷烃脱氢、五元环烷烃脱氢异构化、链烷烃异构化和链烷烃脱氢环化反应，均为吸热反应。根据不同的阶段，重整反应器通常在操作压力0.35～3.5MPa，操作温度480～570℃，临氢条件下进行。装置通常设置3~5台重整反应器，采用绝热式，入口温度高，出口温度低。

不同的重整工艺对反应器的要求也不同。早期的催化重整，由于处理量低多采用轴向反应器，反应器的主要矛盾是如何解决高温高压临氢工况下壳体的材料、设计和制造问题。随着处理量的增加，特别是半再生重整技术的应用，径向反应器成为主流设备，内部结构和强度的设计成为主要任务。随着市场需求的变化，大处理量、低压降和高苛刻度的连续（再生）重整技术的出现，设备大型化、内件精细化等问题应运而出，对重整反应器的要求上升到一个新的水平。

重整反应器作为重整装置的核心设备，不同重整工艺技术的反应器结构均不尽相同。按器壁内部有无隔热衬里来分，有冷壁和热壁两类；按油气在反应器内的流动方向来分，有轴向和径向两类；按催化剂在反应器内是否流动来分，有固定床和移动床两类。重整反应器一般有3~5台，其布置形式有分列式和重叠式。

1. 冷壁、热壁重整反应器

重整反应器的操作温度较高，通常为480~570℃，临氢条件下进行。在高温氢环境下，会使碳钢发生氢腐蚀，导致设备破裂、失效。解决这个问题通常有两种方法：一种是选用含铬和钼的抗氢低合金钢作为反应器壳体，这种设计的反应器称为“热壁”反应器。在国外，由于铬钼低合金钢多，且“热壁”反应器结构简单，制造方便，安装容易，应用比较普遍。另一种是反应器内壁加隔热衬里，使反应器壁温降至200℃以下。由于温度降低，氢的活性下降，对碳钢基本没有腐蚀，反应器壳体可以选用碳钢，这种结构的反应器称为“冷壁”反应器。“冷壁”反应器隔热层施工难度大，质量不易保证，操作时如有损坏会形成局部超温。长期在超温下运行时，用碳钢制造的壳体将会受到氢的腐蚀，最终可能导致器壁破裂。

我国在20世纪60~70年代建设的重整装置，因缺乏耐高温、抗氢腐蚀的铬钼低合金钢材料，而且又无法进口，反应器壳体多采用冷壁结构。80年代以后，从开始进口铬钼低合金钢材料，到国产化自行生产，耐高温抗氢钢的材料问题得到解决，反应器壳体均采用热壁结构。

冷壁反应器的结构见图2-1，将隔热衬里固定在反应器内壁上，以300℃作为器壁的设计温度，实际壁温控制在200℃以下，这样器壁可选取碳钢制造，以节省投资和解决合金钢材料短缺问题。同时，为了监测反应器壁温变化，一般在外壁涂高温变色漆，当器壁温度超过300℃时，涂漆颜色就会发生变化，说明内部衬里已经损坏，这也是冷壁反应器设计和使用中最为关注的问题。为了防止高温油气冲刷隔热衬里，降低衬里损坏的风险，反应器内一般还安装有不锈钢制作的内衬筒。

热壁反应器的结构见图2-2、图2-3和图2-4。热壁反应器既应用于固定床也应用于移动床，既有轴向结构也有径向结构。热壁反应器的壳体直接接触高温油气和氢气，材料需要具有优良的抗氢腐蚀和耐热性能。根据操作条件，受压件材料参照美国API RP941纳尔逊（Nelson）曲线《临氢作业用钢防止脱碳和微裂的操作极限》，可选用1Cr-0.5Mo（SA387 GR.12）、1.25Cr-0.5Mo-Si（SA387 GR.11）或2.25Cr-1Mo（SA387 GR.22）低合金钢，与之对应的国产钢板材料为15CrMoR、14Cr1MoR和12Cr2Mo1R。

2. 轴向、径向重整反应器

轴向式反应器结构见图2-1和图2-2，其原理是油气从顶部入口进入反应器，通过固定床催化剂进行反应，反应后的生成物及氢气自底部接管排出，整个油气和反应物沿设备轴向自上而下流动，其内件结构相对简单，一般进口设有入口分配器，出口设有出口收集器。其缺点是会引起较大的压降。

在装置规模较小，催化剂装填量较少的早期重整和半再生重整装置中，反应器床层高度较低，通常采用内构件结构简单、安装容易的轴向反应器。我国20世纪70年代以前的重整反应器多为轴向反应器。

随着装置规模的不断扩大（目前在建的重整装置规模已超过 300 × 10^4t/a)，重整反应器需要装填的催化剂量大、床层高。另外，随着超低压连续重整的运用，重整反应压力降低，要求反应系统的压降更小。为满足这些要求，径向重整反应器在现代重整装置中应运而生。

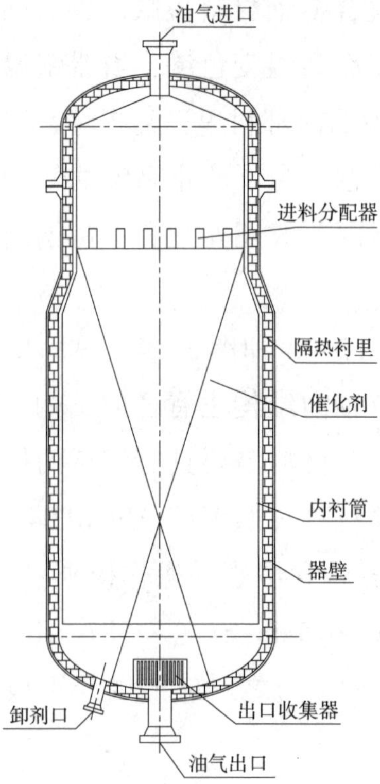

图 2－1　冷壁轴向反应器

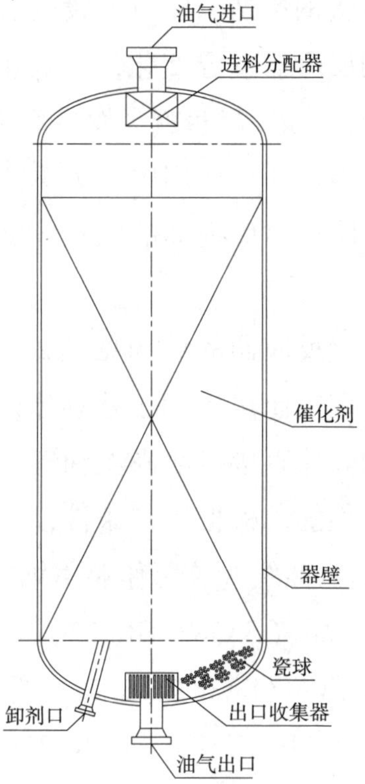

图 2－2　热壁轴向反应器

径向重整反应器结构见图 2－3 和图 2－4，有固定床和移动床两种形式。油气从上部（或侧面）进入反应器，通过周边的扇形筒（或外筛网）沿径向通过催化剂床层，与催化剂反应后进入中心管，最后经出口排出。由于油气通过催化剂床层时流动方向的改变，使油气流通面积加大，床层厚度减薄，使阻力和压降变小。

径向重整反应器与轴向的不同之处主要在于油气流动方向，油气流动方向由内构件的变化来实现。径向重整反应器内构件相对复杂，装配精度要求也更高，在中心设有中心管，靠近器壁处沿圆周方向设有若干根扇形筒（或一个大型外筛网），以实现油气径向流动和催化剂自上而下的轴向流动（仅对于连续重整），主要的内构件特点和功能简单介绍如下。

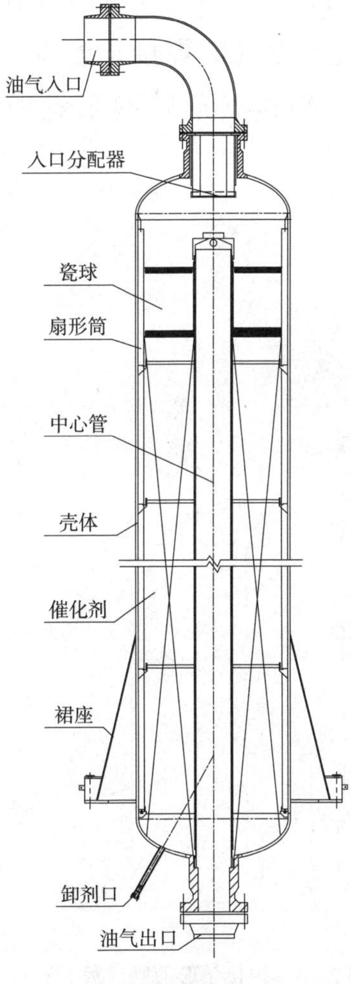

图2－3 热壁径向反应器（固定床）

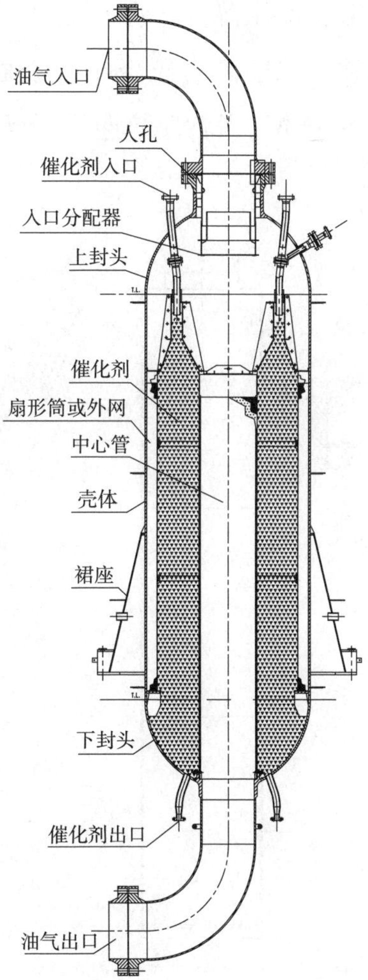

图2－4 热壁径向反应器（移动床）

1）中心管

各种形式的径向反应器都有一根中心管，它由开孔圆筒、外网和上下连接件（吊耳、盖板、支承座等）组成（见图2－5），材料均为不锈钢。内部圆筒根据工艺要求开设一定面积的小孔，孔的大小、数量和布置是实现油气在催化剂床层中流动是否均匀，反应效果好坏的关键。中心管开孔圆筒外可以包外网，主要目的是防止催化剂从中心管中流失。

早期外网选用不锈钢金属丝网，其特点是结构简单，制造容易，价格低，但压降大、强度低，易损坏漏剂。随着制造技术的日益提高和成熟，强度高、压降小、表面平整、光洁度高的焊接条形筛网已取代金属丝网，特别是连续重整反应器。焊接条形筛网示意图详见图2－6。

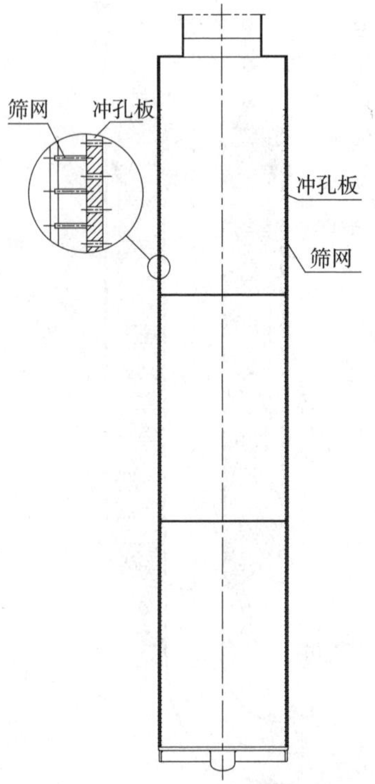

图2－5　中心管筒图

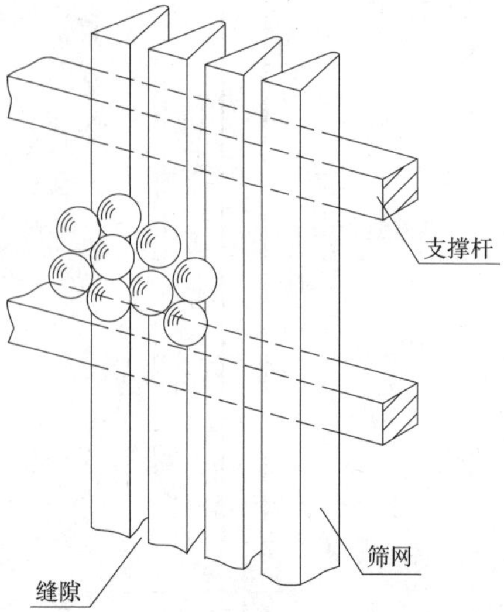

图2－6　焊接条形筛网（放大）

2）扇形筒和大直径外筛网

径向反应器的周边有均匀布置若干扇形筒或安装一个大直径外筛网两种形式。扇形筒有两种结构形式，一是用薄钢板（厚度1.2mm，1.5mm或2mm）冲孔后卷制而成，另一是用焊接条形筛网制成。薄板制扇形筒，应用得较普遍，但强度低，刚性差。而焊接条形筛网制扇形筒强度高，刚性好、开孔率大，可减少催化剂磨损和流动阻力，有后来居上之势。图2－7为一种焊接条形筛网扇形筒结构简图。

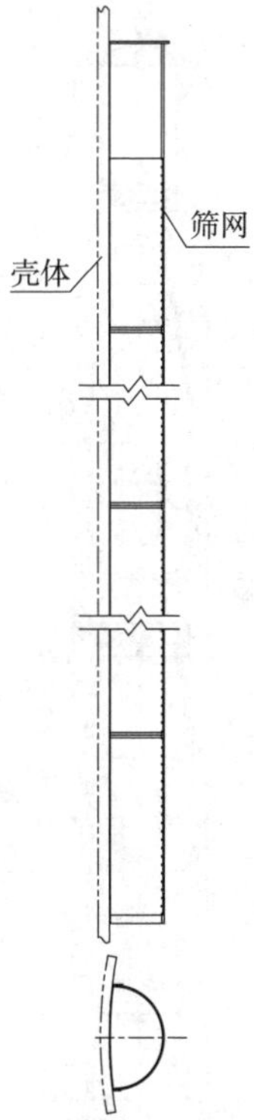

图2－7　扇形筒简图

大直径外筛网的基本构件是圆筒形焊接条形筛网。外筛网缝隙均匀、死区小、与催化剂接触面光洁平整，筛网缝隙方向与催化剂流动方向一致，有利于催化剂流动，可减少催化剂磨损。大直径外筛网由于直径大，强度低、刚度相对较弱，成形组装困难，尺寸公差不好控制，制造难度大，不易更换，目前应用较少。

3. 半再生、循环再生、连续重整反应器

半再生重整（固定床）的催化剂在反应器内不流动，催化剂再生时将反应系统置换干净，依次进行烧焦、氧氯化、干燥、还原等过程，反应器也同时是催化剂的再生器。催化剂也可进行“器外再生”，但须将催化剂从反应器卸出后送往催化剂厂再生处理。

循环再生反应器也采用固定床结构，但多设一台反应器，在操作过程中，轮流有一台反应器切换出来，原位对催化剂进行再生，其他反应器照常运行，每台反应器运行的间隔时间从不到一周到一个月不等，以保持系统中的催化剂具有较好的活性和选择性。因此，反应器都要频繁地在正常操作的氢烃环境和催化剂再生时的含氧环境之间变换，要考虑疲劳设计。

连续（再生）重整，即催化剂连续再生的重整工艺，采用移动床反应器，一般采用径向结构，且均为热壁反应器，图2－4所示就是一台连续重整反应器。催化剂在反应器内依靠重力自上而下流动，油气从反应器外侧环形空间（扇形筒或外筛网）横向穿过催化剂床层，进

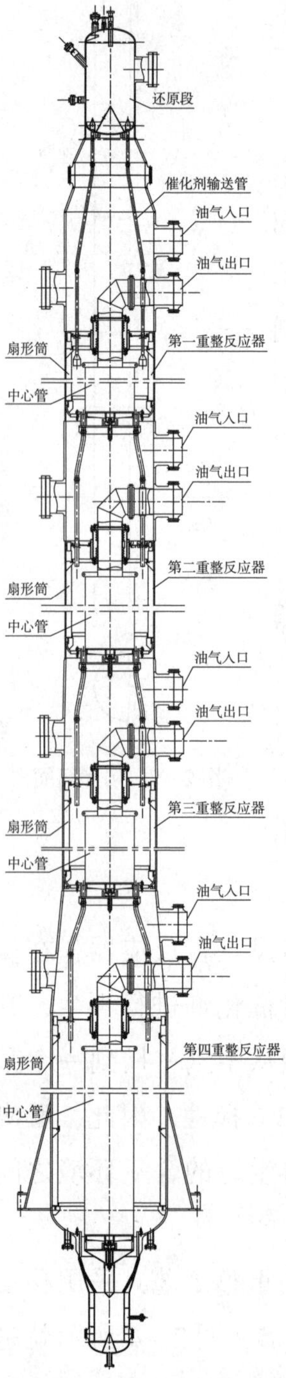

图2-8　四合一重整反应器

入中心管内。由于采用催化剂连续再生技术，催化剂生焦过快、失活的问题得到解决，重整反应器可不停工长周期稳定运行，因此在全世界范围内迅速被推广使用。

连续（再生）重整反应器采用移动床径向结构，要考虑催化剂流动和油气密封问题，因此，结构比较复杂，制造难度大，安装要求高。

4. 分列、重叠布置

早期，半再生和循环再生工艺技术的重整反应器均为并列布置，连续重整装置反应器的布置形式根据不同的重整工艺技术而不同。一种是四台重整反应器重叠布置，近年来，规模大的连续重整装置（200×10^4t/a以上）多采用两两重叠布置，可降低框架总高度，并有利于反应器稳定核算，降低投资。另一种为四台重整反应器并列布置。图2-4为并列式布置的其中一台反应器简图，图2-8为四合一重整反应器简图。

重叠布置的反应器具有占地面积比较小，反应效率高，节省能源，反应器间催化剂靠重力流动，催化剂提升次数少和流程简单等优点，但内部结构复杂，尺寸公差和装配精度要求严格，设备比较高，反应器长径比较大，尤其需要注意稳定性核算。

并列式布置的反应器，催化剂在反应器间的输送用气体提升，设备高度较低，维修比较方便，但占地相对较大，与其相关联的设备数量较多。

以一套 100×10^4t/a 连续重整装置为例，四台反应器重叠布置的总高度约为68.5m，而并列式布置的反应器最大高度约为16.4m。采用并列式，反应器金属总质量可节省约15%。

三、重整反应器研发内容

国内重整反应器的发展如其他装备一样，经历了整体引进、部分引进、国内产品改造代替进口产品、全部国产，到重整工艺技术和设备整体国产的历程。

早期，由于重整工艺技术由国外垄断，加上国内材料研发和制造水平的限制，作为核心设备的重整反应器被迫整体引进。随着国家整体技术水平和经济实力的提高，已经完全掌握了重整反应器的设计和制造。回首重整反应器的发展历程，我们的研发工作主要攻克了以下方面的技术难点：

（1）从原始的手工计算到采用计算机计算软件，从单一载荷到多项载荷组合计算，设计水平大大提高，设备安全性越来越高。对于特殊设备，如四合一重整反应器，由于“长径比”较大，根据强度和稳定核算结果进行厚度分段考虑，提高经济性。采用有限元应力分析方法，对局部载荷较大或结构不连续处（如底封头、油气进出口、变径段等）进行核算，做到精确计算，提高了设备的可靠性。

（2）重整反应器在高温临氢工况下操作，受压件材料通常选用1Cr-0.5Mo（SA387 GR.12）、1.25Cr-0.5Mo-Si（SA387 GR.11）或2.25Cr-1Mo（SA387 GR.22）三种低合金钢。但1Cr-0.5Mo（SA387 GR.12）钢长期在500℃以上使用时，在反应器开口和结构不连续等应力集中区会发生蠕变裂纹，因而不宜使用。1.25Cr-0.5Mo-Si（SA387 GR.11）钢高温强度高、抗氢性能好，且回火脆化不敏感，虽然抗高温性能不如2.25Cr-1Mo（SA387 GR.22），在重整反应器上应用还是很普遍的，但考虑到抗高温蠕变性能，宜选用SA387 GR. 11 CL. 1，而不是常用的2. 25Cr-1Mo。当反应器壁厚较大时，宜选用2. 25Cr-1Mo（SA387 GR. 22）钢，其抗高温蠕变裂纹能力好，且在>500℃时的许用应力比1. 25Cr-0. 5Mo-Si（SA387 GR. 11）高。但2. 25Cr-1Mo（SA387 GR. 22）钢的回火脆性较大，对材料中杂质元素和微量元素含量限制严格，制造要求也比较高，需要从设计、钢材冶炼、制造、热处理、无损检测等各个方面进行考虑，提出详细的技术要求。

受当时炼钢水平所限，国内无法提供1. 25Cr-0. 5Mo-Si（SA387 GR. 11）和2. 25Cr-1Mo（SA387 GR. 22）钢板材料，需长期依靠进口，无论是价格还是交货期均受制于国外供货商，这制约了我国重整反应器的发展。随着国内炼钢技术的日益提高，与1. 25Cr-0. 5Mo-Si（SA387 GR. 11）和2. 25Cr-1Mo（SA387 GR. 22）对应的国产钢板材料14Cr1MoR和12Cr2Mo1R陆续开发成功，其性能相当、供货周期短、价格便宜，已逐步取代了进口产品。目前，与14Cr1MoR和12Cr2Mo1R配套的焊接材料也取得了很大进步，正陆续取代进口产品。

（3）重整反应器内构件数量较多，装配精度高于一般压力容器，其制造质量和精度会影响到现场内件安装和操作稳定。从原来手工切割、打磨、焊接，到现在计算机控制的数控车、铣、钻床和自动焊机的应用，使不规则马鞍形开口接管的整体加工、法兰密封面在设备最终热处理以后的加工、裙座与反应器筒体的局部堆焊结构，在国产化进程中，逐步从不可能实现、逐步掌握关键技术、最后变为技术可行可靠。另外，衍射时差法超声检测（以下简称TOFD）和相控阵检测技术的逐步推广，减轻了现场无损检测的劳动强度、缩短了工期，同时增加了异形结构焊接接头检测的可靠性。制造装备和能力的提高，缩短了设备交货期、增加了设备安全性和可靠性，为装置长周期安全、稳定操作提供了保证。

(4) 随着反应器结构的变化和处理量的增加，内构件的要求越来越高。作为重整反应器主要内构件的扇形筒和中心管，也经过多次调整和变化，主要表现为冲孔技术的提高和焊接条形筛网制造技术的应用。

扇形筒最初为1mm厚不锈钢板冲1mm左右的长圆孔，厚径比1∶1，这对一般冲孔技术不是很大问题，关键是要保证冲孔的一致性和稳定性。随着要求的提高，钢板厚逐步增加，1.2mm、1.5mm甚至到2mm，厚径比达到了2∶1，这已经突破了常规冲孔加工技术的极限。开始出现孔径尺寸不稳定、冲头折断、冲孔速度降低等问题，给扇形筒制造带来很大困难。通过调整冲床、冲头形状和冲孔速度等多项整改措施，很快达到专利商的要求。

焊接条形筛网制造扇形筒和中心管。早期国内焊接条形筛网制造的水平不高，缝隙不均匀，连接强度低，表面质量差，甚至出现尚未开工就开焊现象，大大影响了国产部件使用和推广，特别是连续重整反应器焊接条形筛网部件之前都是依靠进口。随着科研开发工作的深入进行和加工工艺的不断改进，目前条形筛网部件已经完全达到国外产品的水平，且价格低、供货周期短、售后服务好，逐步取代了进口产品。近期又开发了与传统接触焊接不同的激光焊接条形筛网，使筛网连接强度更高，中心管没有纵缝，这项技术超过了国外供货商的技术水平。

四、重整反应器的发展历程

重整反应器的发展取决于国家整体技术水平和经济实力，随着重整工艺技术、材料、设计、制造和检验水平的循序渐进、螺旋式上升，重整反应器的建造技术水平也在不断提高。

1. 首台轴向冷壁重整反应器

1965年被誉为五朵金花之一的大庆 10×10^4t/a 催化重整装置建成

投产，该装置采用固定床半再生重整工艺，反应器为操作压力2.0MPa，操作温度530～570℃，临氢操作的轴向反应器，由我国自行设计和制造。由于当时我国铬钼钢材料缺乏，外汇短缺，反应器采用冷壁结构，大大节省了投资，实现了最初级的重整反应器国产化。

2. 首台径向冷壁重整反应器

1970年我国自主设计的燕山15×10^4t/a重整装置投产，部分重整反应器开始采用了压降较小、气流分布较好的径向冷壁反应器。反应器由碳钢壳体、不锈钢扇形筒、中心管及帽罩等内件组成，中心管与扇形筒直径的环形空间装入催化剂，油气由反应器顶部经扇形筒进入催化剂床层，经中心管流出。通过学习国外的经验，结合国情，最终完成反应器的结构设计，为以后逐步推广使用打下了基础。

3. 首台径向热壁重整反应器

1977年我国自主设计的大连石油七厂15×10^4t/a重整装置投产，重整反应器均采用了压降较小、气流分布较好的径向热壁反应器。反应器原设计为轴向结构，但达不到循环氢系统低压降的要求，最终采用了径向热壁反应器。反应器由低合金钢壳体、不锈钢扇形筒、中心管及帽罩等内件组成，扇形筒开有1mm×12mm的长孔，中心管由内外两层套筒组成，内筒开有6mm直径圆孔，外筒密布1mm×12mm长孔。

4. 首台分置式连续重整反应器

抚顺石油三厂40×10^4t/a连续重整装置于1987年10月动工，采用国外重整工艺技术，是1985年国家正式批准的中国石油化工总公司“三二九”方案中的重点建设项目。该装置1990年建成投产，是我国首次不用国外承包商，自行完成包括重整反应器在内的全部工程设计的连续重整装置。重整反应器采用内、外筛网式径向移动床热壁反应器，三台反应器并列布置。壳体选用2.25Cr-1Mo（SA387 GR.22）低合金钢，内件选用TP321不锈钢。由于当时我国炼钢水平有限，壳体材质和内构件进口，壳体国内制造。

5. 首台重叠式连续重整反应器

1997 年，北京燕山 60×10^4 t/a 连续重整装置建成投产，该装置采用国外公司的连续重整专利技术，其中一个主要特点是采用了 4 台反应器重叠设置布局。以往，国内引进的连续重整装置使用的这种形式的反应器都是从国外引进，而该装置的重整反应器由中国石化工程建设公司负责设计，兰州兰石重型装备股份有限公司负责制造，大大地推进了我国连续重整装置国产化的进程。该重整反应器设计参数见表 2－2，图 2－9 为该反应器发货时的照片。

表 2－2　燕山重整反应器设计参数

设计压力/MPa	设计温度/℃	操作介质	设备规格/mm	主体材质
0.78	549	氢气、烃	ϕ1950/2000/2100/2600 × 39908	壳体：1.25Cr-0.5Mo-Si 内件：TP321

图 2－9　首台重叠式连续重整反应器

在国产化的进程中，克服了许多困难，攻克了许多技术难关，主要关键点如下：

1）油气进出口整体补强接管的加工

每台四合一重叠式反应器有 8 个 *DN*550 油气进出口和 4 个 *DN*600 人孔。这些开口均位于锥形壳体上，采用嵌入式补强结构，接管外边缘为一个不规则的马鞍形接口，加工难度大，需要采用一种专用的加工机床和特殊的加工方法方能保证外边缘的加工精度和补强元件与壳体的平滑对接，确保焊接质量，降低使用时的应力集中。在此之前，国内还未曾见过用机械加工这样大型的马鞍形接管的先例，从而需要技术攻关，解决加工工艺难题。

2）反应器的垂直度、圆度和同轴度

为了实现在反应器床层中油气的均匀分配，除了控制扇形筒和中心管的结构尺寸及其开孔率外，还必须控制催化剂床层厚度的均匀性，保持油气在催化剂床层中的压降均衡。为此设计上对反应器壳体的圆度和垂直度提出了严格的要求。

3）扇形筒的设计与加工

扇形筒是一个壁厚仅 1.2mm，当量直径约 100mm，长度达 10m 的管状扁平装零部件，其加工制造难度主要有以下三个方面：

（1）几何形状偏差。扇形筒环焊缝接头处任意一点的最大错边量不得大于 0.6mm，扇形筒在整个长度上的直线度偏差值不得大于 5mm，扇形筒整个长度上的扭曲度应小于 5mm。要达到上述直线度和扭曲度要求，没有高度的加工技术和责任心是无法做到的。

（2）升气管与密封板的加工制造。重整反应器内有各种规格的扇形筒 100 根。升气管与密封板四周的间隙公差均为 ±0.1mm，配合精度要求高，还要有互换性，必须拥有特殊的加工装备并在加工工艺上采取特殊的措施，方能满足要求。

（3）扇形筒与催化剂的接触面须均匀布满 1mm 左右宽的长圆孔，而且冲孔加工不得有凹凸不平、毛刺等明显的缺陷。在这台反应器 100 根扇形筒上总共需要冲 280 多万个长圆孔，数量之多而公差要求又如此严格的长圆孔，没有特殊的专用精密装备和特殊的加工技巧，是难以满足设计要求的。

6. 连续重整反应器内构件国产化

2003 年金陵石化公司 60×10^4t/a 催化重整装置第四重整反应器

（R-204），由于进口外网损坏严重，以至不能正常生产，急需更换。于是，价格较低、交货期短的国产外网作为替换件首次用于国外专利技术的工业装置上。图 2－10 为唐山丰南区世嘉筛网厂负责制作的外筛网。

图 2－10　金陵石化第四重整反应器更换用外网

重整反应器内件由中心管、外网和催化剂输送管及盖板等部件组成。油气从顶部油气入口进入，经外网外部径向流经催化剂床层进入中心管，从下部油气出口流出。催化剂从上部催化剂输送管进入，在催化剂床层中以约 10mm/min 的速度缓慢地通过床层，从下部催化剂输送管流出。

内构件材料为 0Cr18Ni10Ti，外网规格为 ϕ2350mm × 6941mm，采用焊接条形筛网结构。在设计外筛网之前，充分研究了进口外筛网的结构，分析了外筛网损坏的原因，并针对外筛网强度低、承受外压能力和抗冲击能力差的弱点，在改进的设计中采取了相应的加强措施，提高了外网的强度、承受外压和抗冲击的能力。在一年多的工业运转考核中，经受了两次非正常停车的考验，仍保持完好无损，完全满足生产的需要，实现了连续重整反应器内构件国产化。除此之外，焊接条形筛网制中心管也逐步实现了国产化，图 2－11 为国产化中心管试验产品中间检查的照片。

7. 连续重整反应器内构件改进研究

针对重整反应器中心管在使用过程中易出现不同程度的开裂或损

坏，造成催化剂跑损，装置被迫停工，影响和制约重整装置长周期安全平稳运行的问题，中国石化采用先进的激光焊接工艺技术，避免了传统接触焊工艺制造的焊接条形筛网筒体必有纵向焊接接头的问题（图2－12），提高了内构件运行的安全性、可靠性。2011年，辽宁裕通生产的无纵向焊接接头焊接条形筛网内构件首次成功用于中国石化九江分公司连续重整反应器，取得了良好效果。

图2－11　专家检查国产化中心管产品

图2－12　激光焊接的无纵缝中心筒

8. 首台自主设计制造、出口国外的连续重整反应器

2006年苏丹喀土穆炼油厂引进国外公司专利技术的40×10^4t/a连续重整装置建成投产，这是我国首次承包国外连续重整项目，自行设计和制造的径向移动床热壁重整反应器，内构件主要有内、外套筒、催化剂输送管盖板、中心管和扇形筒。但由于受专利商限制，重整反应器内构件仍由国外采购。

此装置反应器设计制造成功，为重整反应器出口打下了良好的基础，以后陆续有多台反应器出口，赢得了国外用户的认可。

9. 首台中国石化技术移动床连续重整反应器

2009年4月，中国石化广州分公司100×10^4t/a连续重整装置开车成功，标志着中国石化拥有了完全自主知识产权、达到世界先进水平的连续重整工艺技术。与传统工艺不同，中国石化技术的重整反应器采用两两重叠布置、“Z”形流道物流为上进下出。重整第一、第二反应器重叠，重整第三、第四反应器重叠（图2-13）。反应器均为径向下流式移动床结构，内构件采用焊接条形筛网中心管和冲孔板扇形筒。开发出新型反应器的顶部结构形式，既满足工艺过程需要、又具备实用性，兼顾了管道布置方便性。另外围绕中心管顶部密封结构、底部支承结构，还开展了大量改进性和创新性工作。

图2-13　2加2配置的重整反应器

10. 首台逆流移动床连续重整反应器

2013年9月，中国石化济南分公司60×10^4t/a逆流移动床连续重整装置开车成功，标志着中国石化在世界范围内拥有了完全自主知识产权、达到世界先进水平的成套逆流连续重整工艺技术。该项目是中国石化2011年度科技攻关“十条龙”项目之一，成为世界首套逆流连续重整装置。

常规连续重整工艺，即所谓的“顺流”连续重整，催化剂在反应器间的输送方向与反应物料的流动方向是一致的。高活性的新鲜催化剂在一反、二反内与新鲜原料接触，进行环烷脱氢等容易进行的反应。

而活性较差的积炭催化剂则在三反、四反内与反应过的物料接触，进行烷烃环化脱氢等难于进行的反应。在反应器中进行的反应难易程度与其中催化剂的活性不相匹配。

“逆流”重整工艺，催化剂的流动方向与反应物流流动方向相反，即催化剂的逆流输送。再生催化剂先提升输送至最后一个重整反应器，再依次输送至前面的反应器，最后至第一重整反应器。容易进行的反应在前面的低活性催化剂的反应器中进行，难进行的反应在后面的有高活性催化剂的反应器中进行，反应器中进行的反应难易程度与其中催化剂的活性状态相匹配。“逆流”重整的总转化率（环烷烃+烷烃的转化率）、芳烃产率、芳烃选择性高于“顺流”重整。

“逆流”重整工艺，4 台重整反应器并列布置，均为径向热壁结构，内装焊接条形筛网扇形筒和中心管、内外套筒和入口分配器等不锈钢内件，反应器壳体和内件均国内供货。图 2－14 为正在施工中的重整装置反再框架，图 2－15 为专家在检查重整反应器的内构件。

图 2－14　连续重整反再框架

图 2－15　专家检查重整反应器内件

继中国石化济南分公司重整装置成功开工和稳定运行后，泰州石

化和燕山石化的 100×10^4t/a 重整装置也相继采用了逆流连续重整工艺。逆流连续重整工艺逐渐被市场接受和认可，装置规模也在不断扩大，反应器结构和内构件也在不断进行设计优化。

五、结语

自第一台重整反应器自行研发成功，至今已有50余年。无论是我国炼钢技术水平和国产材料类别和品种的多样性，还是设计技术手段和技术人员能力，以及制造装备、能力和检测技术水平都有了巨大的提高。从满足国内需要到出口国外，我国重整反应器技术已经达到国际先进水平，特别是中国石化自主知识产权的逆流床连续重整技术的研发成功，摆脱了国外专利商的束缚，中国石化重整反应器势必大量走向国际市场。

参考文献

[1] 徐承恩．催化重整工艺与工程．北京：中国石化出版社，2006.

[2] 张红光．600kt/a 连续重整反应器试制简介．化工机械，2005.

SEI 李啸东　许伟　LPEC 冯勇　撰写

第三章 重整板壳式换热器发展历程

一、概述

重整装置是炼油化工厂生产清洁汽油、芳烃基本化工原料的一个核心装置。主要是将石脑油转变为富含芳烃的重整生成油，可直接用于车用汽油的调和组分，也可制取轻质芳烃，如苯、甲苯和二甲苯，副产的氢气可作为炼油厂加氢装置用氢的来源之一。

20 世纪 70 年代初美国和法国先后开发了催化剂连续再生技术，催化剂可以在不停工的条件下在反应器与再生器间移动，持续参加反应、再生。1988 年，国外出现了第二代连续重整技术，反应系统压力由 0.88MPa 降至 0.35MPa。90 年代又推出了第三代连续重整技术，主要在反应催化剂、反应器内部结构和再生器循环系统等方面进行了改进。

我国的催化重整发展起步较晚，80 年代前国内的催化重整装置采用的工艺技术属于固定床半再生反应技术，这时的装置基本上都在 $(10\sim15)\times10^4$t/a 的规模，后来通过装置扩能改造逐渐增加到 $(30\sim40)\times10^4$t/a 的规模。我国在 1985 年引进了第一代 40×10^4t/a 连续重整技术，在金山石化、扬子石化和广州石化开工运行；1989 年广州石化从南斯拉夫引进连续重整闲置设备，采用 UOP 连续重整技术，建设了 40×10^4t/a 连续重整装置。1996 年和 1997 年引进了第二代 100×10^4t/a 和 60×10^4t/a 连续重整技术，分别在镇海和燕山石化、辽化和吉化开工运行；1998 ~2001 年又引进了第三代 60×10^4t/a 连续重整技术分别在兰州石化、大连石化、高桥石化和天津石化开工运行。工艺装置的大型化、工艺技术的不断进步，都会伴随着相关压力容器及其装备制造业的大型化、国产化、技术创新和技术进步。

重整装置中最大的换热器就是重整反应器进出料换热器（见图 3 –1 中的重整进料换热器），也是该装置的关键设备之一。在装置生产过程中，重整进料与反应产物换热器对临氢系统压降和热能的高效利用影响较大。重整反应系统进料换热器热负荷占加热进料总热负荷的 80% ~85%，而进料加热炉热负荷仅占 15% ~20%，因此该换热器换热效率高低对装置的能耗影响较大，是该装置的关键性节能设备。

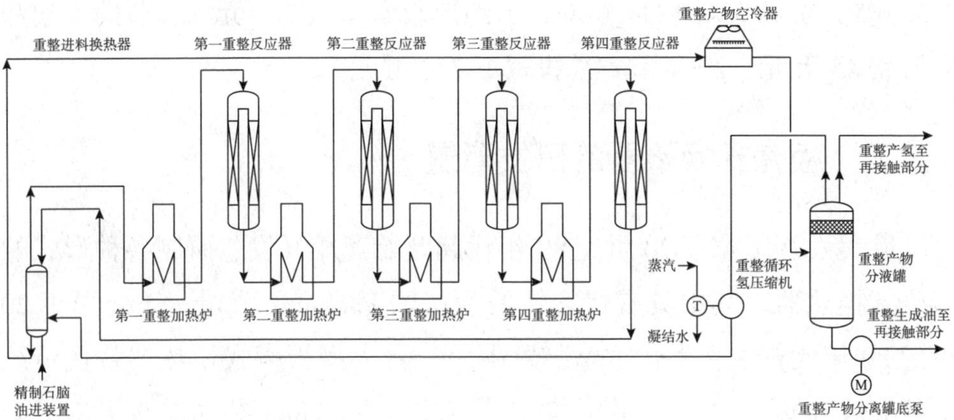

图 3 –1　重整典型工艺流程

80 年代之前的半再生重整装置规模较小，大多不超过 30×10^4t/a，反应产物换热器采用的都是立式管壳式换热器，具有阻力降小、结构及制造简单等优势，但其传热效果差，所需传热面积大，又受其结构和大法兰密封限制，单台传热面积仅为 $3800m^2$，壳体内径不超过 2m，对于规模较大的重整装置就不得不采用双台并联的方式。但由于系统压降小，必须采取一系列措施保证并联两路物流均匀分配，且不能有偏流，所以国外连续重整装置反应产物换热器均采用一台大型的板壳式换热器，而避免采用两台并联的立式管壳式换热器。

为解决列管式换热器存在的上述问题，从20世纪80年代起，欧美等国开始在重整进出物料换热器上使用高效换热的板壳式换热器。板壳式换热器板束的波纹板具有“静搅拌”作用，能在很低的雷诺数下形成湍流，冷热物流以纯逆流的方式在板束中进行换热，换热效率比普通管壳式换热器换热效率高1～3倍。以一台传热面积为6000m^2的歧化装置进出料换热器为例，按照年操作时间8000h、燃料油的热值41870kJ/kg、燃料油价格2500元/t、管壳式换热器10年更新一次计算，在相同的工况下，采用板壳式换热器设备重量178t，设备造价1450万元；管壳式换热器设备重量420t，设备造价3450万元。与管壳式进料换热器相比，采用板壳式换热器可节约占地面积30m^2，多回收热量2.69MW，节约燃料1847.6t/a，节约燃料费461.9万元/a，节约框架和安装费45万元，20年节省总投资14778万元。

二、板壳式换热器的研发背景

欧美发达国家于20世纪80年代起开始竞相开发、研制各种形式的板壳式换热器。其中具有代表性的为法国Packinox公司，该公司于20世纪80年代首次在催化重整装置中用一台大型板壳式换热器替代传统的管壳式换热器组。20世纪90年代末期，Packinox公司又将大型板壳式换热器用于加氢装置。该公司的产品得到UOP（美国联合油）公司的认证，其产品主要用于催化重整及加氢装置。

而板壳式换热器在中国的起步比较晚。石油工业部北京设计院自1974年就开始与当时的兰石所合作进行了焊接板壳式换热器研究，1993年研制的中试产品55.6m^2的板壳式换热器在兰州炼油化工总厂10$\times 10^4$t/a铂重整装置上投产成功，替代了原有的两台总传热面积110m^2

的U形管式换热器。但由于当时板壳式换热器的制造装备能力较差，没有用于波纹板片成形的大吨位油压机、没有专用自动氩弧焊机及组装机具等，另外科研手段也较差，没有CFD数值模拟技术和有限元分析技术，以及分布器的冷模拟测试装置，故难以承接面积更大的板壳式建造，也根本无法同国外厂商竞争。2000年以前大型板壳式换热器基本都是依赖引进。

1999年，北京设计院与兰石共同研制成功一台传热面积为350m^2板壳式换热器，用于克拉玛依石化分公司、玉门石化35×10^4t/a催化重整装置的二段混氢换热器。采用SR1顺人字板型，成为第一代产品。该产品于1999年5月8日通过中国石油化工集团公司鉴定。

第一代产品由于热膨胀和介质分布不均存在问题，相继在操作过程中失效。又组织进行了不断改进，为了避免与国外产品知识产权冲突，从板片成形、板管组对焊接、板束进出口结构、板束固定结构及板壳进出口结构等都进行了创新，其研制成功结束了重整大型板壳式换热器一直依赖进口的历史。在2000~2005年间形成了以SR2板型、中心直管分布器和板束上下膨胀节为改进结构的第二代技术。其标志性产品为乌鲁木齐石化40×10^4t/a重整装置的传热面积为3000m^2的进料换热器，2001年“3000m^2板壳式换热器研制”被列入“十五”国家重大技术装备研制项目计划（编号ZZ01－10－01－03），并于2002年通过了中国石油天然气集团公司组织的鉴定（中油科验字〔2002〕第30号）。为尽快将板壳式换热器产品转入工业化生产，兰石投资数百万元研制了两台板管长焊缝和板束端头板管间横向焊缝的专用氩弧焊机，初步建成了大型的板壳式换热器生产线。图3－2为国产板壳式换热器结构简图。

2006~2007年，针对第二代产品的技术缺陷：传热效果不佳、梳齿板易错位变形、板束压紧板无柔性连接结构、中心直管分布器不能满足大型化要求并分布不均以及自动氩弧焊机落地支承地基下陷等问题，以及2/5部分产品失效问题，又改进形成了以RZ2、RZ3软硬人字形波纹板型、梳齿板镶块结构和板束压紧板柔性连接结构为代表的第三代技术，并配套建设了 20×10^4t 波纹板片专用油压机。

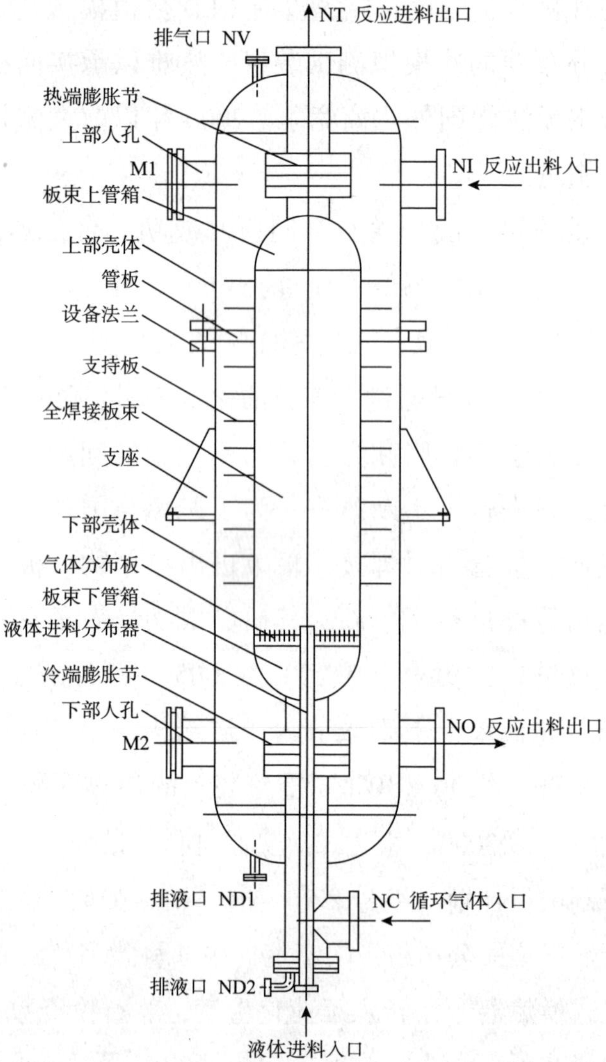

图 3－2　国产板壳式换热器结构简图

2008～2009 年，针对第三代产品的技术缺陷：传热效果好但压降过高、介质分布不均、板束柔性连接元件设置不合理以及 2/4 部分板束失效等问题，又改进形成了以 RZ4 板型、T 形分布器、下部圆拱管箱改为天方地圆结构、改进的镶块结构、板片焊接升级为电阻焊＋氩弧焊以及板片覆膜压制等为代表的第四代技术。并完善了板壳式进料换热器操作使用手册，严控开停车程序，使大型板壳式换热器的可靠性得到了大大提高。

2010 年之后，随着第四代产品的应用，针对随装置操作波动，设备随机性整体刚性偏低，导致微泄漏问题，再次进行了改进：管束长边整体镶条、T 形分布器改为 L 形、降板束上圆拱改为天圆地方结构，使板束整体刚性得到了大幅提高，可有效地承受热冲击及温差引起的应力，大幅度提高了板束的抗操作波动可靠性，正在逐件形成第五代技术。

甲苯歧化及烷基转移装置（简称歧化装置）是大型芳烃联合装置中的核心单元，其中的进料换热器则是该单元中承担回收装置热量的核心设备。该换热器热流进出口温差大、流量大、热负荷高、阻力降要求严格，传统的管壳式换热器很难同时满足这些要求。而板壳式换热器由于其具有传热效率高、端温差小、压降低、重量轻、占地面积小等优点，在国外多用于歧化装置进料换热器。2008 年首台国产板壳式换热器应用于金陵石化 60×10^4t/a 芳烃联合装置中歧化装置传热面积为 6000m^{2}的歧化反应进出料换热器。2014 年3 月传热面积为10000m^{2}海南炼化 60×10^4t/a 芳烃联合装置异构化装置进料/反应产物换热器开工，使国产板壳式换热器在连续重整装置之外得到了推广应用。图3－3 为正在吊装的传热面积为 10500m^2 乌鲁木齐石化异构化装置异构化进料换热器。

图3－3 正在吊装的传热面积为 10500m^{2}乌鲁木齐石化异构化装置异构化进料换热器

图片选自：陈永东．我国大型换热器的技术进展．机械工程学报，2013，5.

三、催化重整立式和板壳式换热器发展历程

1993 年国产化研发的第一代板壳式换热器，采用 SR1 板型，传热面积为 $55m^2$ 板壳式进料换热器用于兰州石化 $10\times10^4t/a$ 铂重整装置。

1999 年传热面积为 $350m^2$ 管壳式换热器 E－216 用于乌鲁木齐石化 $35\times10^4t/a$ 催化重整装置的二段混氢/反应产物换热器。

1999 年研制成功 $350m^2$ 板壳式换热器用于克拉玛依石化 $35\times10^4t/a$ 催化重整装置的二段混氢/反应产物换热器，采用第一代技术，SR1 顺人字形波纹板，板束吊在壳体上部。

2000 年研制成功传热面积为 $350m^2$ 板壳式换热器用于克拉玛依炼油厂 $30\times10^4t/a$ 催化重整装置的二段混氢/重整产物换热器。采用第二代技术，600mm×6000（长）mm 的板片在万吨油压机上分次步进压制,SR2 板型，无镶条的板束长边采用专用自动氩弧机焊接，板束上下均设置膨胀节，底部设置中心管分布器。同时大型板壳式换热器被国家经贸委认定为“二零零一年度国家重点新产品（证字第 2001J026002 号）”

2002 年研制成功传热面积为 $3000m^2$ 板壳式换热器 E－201，用于中国石油乌鲁木齐石化分公司 $60\times10^4t/a$ 催化重整装置（由 $40\times10^4t/a$ 扩建）的二段混氢/重整产物换热器（E－201），采用第二代技术。但在运行中发现板束短边梳齿板开裂，由此提出了梳齿板改为镶块结构的全新设计结构。

2002 年大型板壳式换热器研制被列入“十五”国家重大技术装备研制项目计划（编号 ZZ01－10－01－03）。

2002 年中国石油锦西石化公司传热面积为 $5000m^2$ 板壳式换热器用于 $60\times10^4t/a$ 连续重整装置开车。

2003 年 4 月华北石化公司传热面积为 $350m^2$ 板壳式换热器用于 $30\times10^4t/a$ 催化重整装置的二段混氢进料/反应产物换热器（E202），有效

热负荷达 5MW。

2004 年中国石化洛阳石化传热面积为 $2704m^2$ 管壳式换热器用于 $70\times10^4t/a$ 催化重整装置的重整进料/反应产物换热器。

2004 年 $3000m^2$ 板壳式换热器研制荣获中国石油天然气股份有限公司科技进步奖三等奖。

2006 年 8 月 24 日中国石化海南炼油厂 $120\times10^4t/a$ 连续重整装置开车，标志着以 RZ2、RZ3 新板型为代表的大型板壳式换热器第三代技术得到成功应用。

2006 年 10 月苏丹喀土穆炼油厂传热面积为 $2000m^2$ 板壳式换热器用于 $40\times10^4t/a$ 连续重整装置开车，其规格为 $\phi1700\times14849$；壳体材料：1.25Cr0.5MoSi；总重量 38380kg。

2006 年国产首台传热面积为 $2000m^2$ 板壳式换热器用于中国石油抚顺石油三厂 $60\times10^4t/a$ 连续重整装置开车。

2007 年中国石化福建炼油厂传热面积为 $1200m^2$ 板壳式换热器用于 $30\times10^4t/a$ 连续重整装置开车。

2007 年中国石化上海石化 $1650m^2$ 板壳式换热器用于 $20\times10^4t/a$ 连续重整装置开车。

2007 年中国石油抚顺石油三厂传热面积为 $2000m^2$ 板壳式换热器用于 $60\times10^4t/a$ 连续重整装置开车。

2008 年 12 月国产传热面积为 $5000m^2$ 重整进料换热器在高桥石化 $80\times10^4t/a$ 连续重整装置（由 $60\times10^4t/a$ 能力扩建而成）上投产，管板由吊装结构改为设备法兰加持结构，板束上下端均设置膨胀节。

2008 年首台国产板壳式换热器应用于金陵石化 $60\times10^4t/a$ 芳烃联合装置中甲苯歧化和烷基化转移装置传热面积为 $6000m^2$ 的歧化反应进出料换热器，热负荷达 72.08MW。

2009 年中国石化北京燕山石化传热面积为 $5400m^2$ 板壳式换热器用于 $80\times10^4t/a$ 连续重整装置，热负荷达 35.92MW，设备重量 121t。如果采用管壳式换热器来完成同样的换热任务则需要传热面积为7800m^2，设备重量达420t。

2009年中国石化上海石化传热面积为7700m^2板壳式换热器用于60×10^4t/a芳烃1Mt/a连续重整装置。

2009年5月中国石化福建炼化传热面积为10600m^2板壳式换热器用于1.4Mt/a连续重整装置顺利投用，热负荷达93MW。

2009年7月5日乌鲁木齐石化传热面积为10500m^2板壳式换热器用于100×10^4t/a芳烃联合装置330×10^4t/a异构化装置异构化进料换热器，通过了中国石油天然气股份有限公司验收。板片采用了RZ4板型，板束采用了专用自动程控焊机焊接。

2010年传热面积为10500m^2超大型板壳式换热器荣获甘肃省政府科技进步奖三等奖。

2011年福建炼化传热面积为9200m^2连续重整超大型板壳式换热器的开发应用荣获中国石油化工集团科技进步奖二等奖。具有如下创新点：优化的RZ4板型，独创的整板分次步进模压成形技术，独特的无泄漏密封整体可拆结构，新型进料分布器及独特的热膨胀保护结构。

2011年中国石油宁夏石化公司传热面积为5000m^2板壳式换热器用于60×10^4t/a连续重整装置开车。

2011年中国石油锦州石化公司传热面积为5000m^2板壳式换热器用于80×10^4t/a连续重整装置开车。

2011年中国石油兰州石化公司传热面积为5000m^2板壳式换热器用于80×10^4t/a连续重整装置开车。

2011年哈萨克斯坦奇姆肯特炼油厂传热面积为4600m^2板壳式换热器用于100×10^4t/a连续重整装置开车。

2011年中国石化荆门石化公司传热面积为8000m^2板壳式换热器用于60×10^4t/a连续重整装置开车。

2011年中国石油广西北海石化传热面积为4200m^2板壳式换热器用

于 $60\times10^4 t/a$ 催化重整装置。

2011 年中国石油克拉玛依石化分公司传热面积为 $4400m^2$ 板壳式换热器用于 $60\times10^4 t/a$ 催化重整装置。

2011 年中国石化洛阳分公司传热面积为 $4400m^2$，管壳式换热器用于 $70\times10^4 t/a$ 催化重整装置扩能改造的重整进料/反应产物换热器，板型改为了第四代 RZ4 型。

2011 年 3 月庆阳石化公司传热面积为 $4000m^2$ 板壳式换热器（重整进料/反应产物换热器 203 – E – 201）用于 $60\times10^4 t/a$ 连续重整装置开车。

2013 年 12 月 27 日中国石化国产化研制专项的传热面积为 $10300m^2$ 异构化超大板壳式换热器在海南炼化 $60\times10^4 t/a$ 芳烃联合装置投入运行，首次采用了改进的“L”形进料分布器，单台热负荷达 107MW。

2017 年 6 月中国石油云南石化传热面积为 $12800m^2$ 国产超大型板壳式换热器用于 $240\times10^4 t/a$ 连续重整装置开工；该板片采用了改进的 RZ4 型。

2017 年中国石化安庆石化传热面积为 $6600m^2$ 板壳式换热器用于 $100\times10^4 t/a$ 连续重整装置已开车运行。

2017 年山东昌邑石化公司传热面积为 $7500m^2$ 板壳式换热器用于 $100\times10^4 t/a$ 连续重整装置已开车运行。

四、结语

国产大型板壳式换热器的研发历经失败、坎坷。曾经有一个开发团队，他们选择的技术路线是与国外相同的水下爆炸成形板片、板束镶条技术，但在水下爆炸成形板片的第一步就以失败告终，现在反思，这个技术路线在当时的条件下难度过大，难于在短期内突破。另外，如果该技术路线研制产品真的成功了，必定会被国外厂商提出知识产权诉讼。而我们走的完全是不同于国外厂商的技术路线，实际上国外厂商的知识产权保护，相当于已经占领了技术制高点，我们必须绕着走，并且失去了最佳技术方案的选择权，历经坎坷是必然的。但我们的国产板壳与国外技术从换热器整体结构、板片成形、板束焊接结构、管壳程介质进出结构和管板支承方式等方面完全不同，所以国外厂家的三次知识产权诉讼也以失败告终。

国产大型板壳式换热器的大型化发展历程，可谓屡败屡战，尤其是在研发项目带头人——兰州石油机械研究所所长张延丰的带领下，以坚韧不拔的力量和信念持续研发，才取得今天的单台超大型板壳式换热器传热面积达 12000m^{2}的成就。已经接近国外单台超大型板壳式换热器传热面积 16000m^2，基本满足了国内大型化连续重整、歧化、异构化对大型板壳式换热器的需求，而且已经在哈萨克斯坦等“一带一路”沿线国家得到了应用。

但毕竟板壳式换热器的发展历程短暂，无法与国外厂商 40 多年的发展历程相比拟。并且因为起步晚，又赶上国家重整工艺技术大发展期，使我们国产大型化板壳式换热器发展步子太快，在大型化国产中难免出现一些问题。这就要求参与研制的单位，不应仅仅满足规模、大型化的发展要求，更应潜心研究，找出产品的内在规律，提高产品的可靠性。

从我国第一台板壳式换热器工业化开始计算，在中国石化科研开发、国产化和大型化的持续引领和资金支持下，历经 20 余年的不懈努力、持续地进行技术攻关、改进，国产大型板壳式换热器现已实现大型化目标，各项技术在不断改进中也日趋成熟，取得了许多宝贵的经验，可完全替代进口产品，并且可以在国际市场上与国外厂商展开同台竞争。它的开发成功与应用，对于打破国外技术封锁，提升民族品牌，振兴装备制造业具有重要意义，可以载入中国石化压力容器发展史册。

SEI 张迎恺　LPEC 郭为民　补充

第四章
大型塔式容器发展历程

一、概述

塔式容器是化工、石油化工和炼油等生产中最重要的设备之一。塔式容器能够为气、液或液、液两相进行充分接触提供适宜的条件：充分的接触时间、分离空间和传质传热的面积，从而达到相际间质量和热量交换的目的，实现工艺所要求的生产过程，生产出合格的产品。所以塔式容器的性能对整个装置的产品产量、质量、生产能力和消耗定额，以及“三废”处理和环境保护等方面部有着重大的影响。

一般来说，塔式容器的投资费用及钢材耗量仅次于换热设备。据相关资料统计，在化工和石油化工生产装置中，塔式容器的投资费用占全部工艺设备总投资的25%左右，在炼油和煤化工生产装置中约占35%；其所消耗的钢材重量在各类工艺设备中所占比例也是比较高的，如1000×10^4t/a常减压蒸馏装置中，在除油罐以外的静设备中，塔式容器耗用钢材重量约占45%，其中减压塔耗用钢材重量就占到约20%；60×10^4t/a对二甲苯装置，塔式容器耗用钢材重量占比高达70%左右，其中超过6m直径的大塔耗材重量占比约55%；120×10^4t/a催化裂化装置中重量占比50%；100×10^4t/a乙烯装置中占约45%，其中大塔重量占比约

33%。由此可见，塔式容器是炼油、化工生产中最重要的工艺设备之一，它的设计、研究、使用对化工、炼油等工艺的发展起着重大的作用。

塔器具有体形高、高径比大、载荷重等特点。塔式容器一般为裙座式支承，地脚螺栓又将裙座固定在基础之上。从塔内件结构上塔器可分为空塔、填料塔、板式塔和填料加塔盘的复合塔。塔器是实现气相-液相或液相-液相充分接触的重要设备，绝大多数塔器用于气-液两相间的传质与传热。大型塔器建造和使用技术体现为一整套综合技术，包括：先进的传质传热元件技术，塔的优化结构设计、精良的制造、检验技术和大型设备的整体运输、吊装技术，以及现场精确的流程控制与操作技术等。石油化工行业具有代表性的大型塔器有：

①高度最高的 60×10^4t/a PX 装置中的二甲苯塔（塔高 129.15m、塔径 7.2mm）和抽余液塔（塔高 90.15m、塔径 10.6m），单塔重量 4000 余 t；

②直径大而薄壁的（500～1000）$\times10^4$t/a 炼油行业中的常减压装置的减压塔（塔径 6400～ 13700mm）；

③直径大且高而重的（70～100）$\times10^4$t/a 乙烯行业中的丙烯蒸馏塔、汽油分馏塔（油洗塔）和水洗塔（塔径 8000～13200mm）。

二、常减压塔的发展历程

常减压蒸馏装置是原油加工的第一道粗加工工序，在炼油厂加工总流程中有着龙头作用，常减压蒸馏装置的处理量一般决定了一个炼油厂的原油加工能力。所以从新中国成立初期开始，我国常减压装置一直在不断地改、扩建，在单套装置处理能力逐步加大的同时，有些厂还同时建立多套常减压装置。原油蒸馏一般包括常压蒸馏和减压蒸馏，因为常压塔只能拔出实沸点约 360℃的馏分，若要进一步提高拔出率，则必须有更高的汽化温度。原油中的 350℃以上的高沸点馏分是润滑油馏分和催化裂化、加氢裂化原料，它们在高温下会发生裂解，在常压的操作条件下不能获得这些馏分，只能通过减压蒸馏在较低温度下取得。所以减压塔及其抽空系统在原油蒸馏装置中直接关系到减压产品的收率和质量，以及装置的安全、稳定运行。减压塔视其生产任务的不同，可分为润滑型油减压塔和燃料型减压塔两种类型。

我国最早的常减压装置是日伪时期建设的，新中国成立后在石油一厂于1953年恢复生产，常压塔直径仅1520mm，塔盘共有22层。

从20世纪50年代开始，老一辈常减压蒸馏装置的设计技术人员不畏技术封锁，克服重重困难，独立自主开始了原油常减压蒸馏装置塔器的设计工作。他们深入现场调查研究，与工人师傅同吃同住同劳动，边研究、边设计、边总结、边修改，建设并投产了若干座30×10^4t/a、50×10^4t/a、100×10^4t/a、150×10^4t/a的原油常减压蒸馏装置，实现了我国常减压蒸馏技术发展的一次次飞跃。大庆石化公司炼油厂100×10^4t/a常减压装置由当时的北京设计院设计，1963年10月投产，因为原料是含硫仅0.12%的大庆原油，腐蚀很轻，因此常减压塔体材料均采用普通的碳素钢A3R或20g，塔内件也是普通的泡帽、浮喷或网孔型塔盘。那时减压塔直径大约为3000mm。

70年代以前，常减压装置中的减压塔内件采用的是塔盘形式；70年代中后期，开始将减压塔顶部的塔盘用填料取代，其他部位内件还是采用塔盘；80、90年代，南京炼油厂二套常减压装置和胜利炼油厂北常减压装置（250×10^4t/a）的减压塔（ϕ4200mm/ϕ6400mm/ϕ4200mm）先后进行了改造，将塔内塔盘全部用金属填料取代，称之为全填料“干式”减压塔。在此之后国内250×10^4t/a常减压装置的减压塔陆续进行了改造、扩建，这一时期减压塔最大塔径处直径普遍为ϕ6400，且采用填料取代了塔盘。改革开放之后，大庆原油已经无法满足国内需求，我国开始从国外引进含硫原油，首先受到高温硫腐蚀的就是常减压塔，南京石油化工厂和胜利炼油厂的减压塔壁纷纷升级材质改为上海钢铁二厂生产的12Cr2AlMoV，俗称“上104”。塔盘、塔内件也升级为 0Cr13。

1973 年，国家计委决定在东方红炼油厂增建一套加工原油能力为 250×10^4t/a 的常减压装置，为 300×10^4t/a 乙烯装置提供轻柴油裂解原料。1974 年 4 月 26 日开工建设，1976 年 5 月建成。图 4－1 为 1976 年东方红炼油厂减压塔即将吊装就位。

图 4－1　1976 年东方红炼油厂减压塔即将吊装就位

我国从“七五”开始，就投巨资进行高硫原油加工能力的扩建和改造，到 2002 年已经形成 3600×10^4t/a 的加工能力。为了抵抗高温高硫的腐蚀，这一时期新建的常减压塔壁均采用 0Cr13 复合钢板，填料则为 0Cr18Ni9。

为了加工高酸达混原油，2007 年中国石化分别对镇海炼化、茂名石化、广州石化、金陵石化等企业的部分常减压装置进行了适应性改造。常压塔和减压塔 270℃ 以上的塔壁均升级为 316L 或 317L 复合钢板，塔内填料也做了相应升级。高酸原油的加工给中国石化创造丰厚效益的同时，也丰富了减压塔的材料选择。

进入到 2000 年以后，常减压蒸馏装置的单套加工规模从以往的 200×10^4t/a、300×10^4t/a 扩大到 500×10^4t/a、800×10^4t/a、1000×10^4t/a、1200×10^4t/a、1300×10^4t/a，减压塔的直径也从 ϕ6400mm、

ϕ7800mm、ϕ8800mm、ϕ9000mm、ϕ9800mm 增加到 ϕ10000mm、ϕ10200mm、ϕ10800mm、ϕ11600mm、ϕ13700mm。减压塔直径的不断增大，给内件设计带来极大挑战。相比 6m 直径以下的塔来说，在要求内件高效传质传热的前提下，塔器内件结构设计也发生了巨大变化，使得内件的支承由原来的型钢梁改为桁架梁。桁架梁的特点是：在保证支承作用、确保挠度、水平度要求的同时，可以大大减小为检修、安装提供的预留空间，降低塔的高度，减轻支承梁自身的重量，并且可以保证塔内气液的流通面积，增加塔内气液的横向混合，减少气相流动阻力，降低塔内阻力降。大型塔盘的整体结构优化设计主要是指塔盘主梁和塔盘板的优化设计。主梁的优化设计是桁架梁和空间网架梁。

从大型化的塔器吊装的一个侧面，也能够反映出我国炼油常减压装置常减压塔器的逐步发展。1956 年兰州炼油厂更换新的减压塔（K－5），总重 158t 分三段（每段 10m 左右）起吊，上段 47t，中段 52t，下段 59t，而且都是采用拔杆加卷扬机的方式吊装。到了 2008 年，以中国石化洛阳石化 ϕ5400mm/ϕ9000mm/ϕ5400mm × 39062mm ×（18＋3）mm/（28＋3）mm/（24＋3）mm、总重 453t 的减压塔为例，吊装单位采用 1600t 吊车分两段将减压塔吊装在 12m 高的混凝土框架基础上。2018 年 4 月 22 日，浙江石化 1000×10^4t/a 常减压装置空重达 528t、高 58.06m 的减压塔采用两台履带起重机（主吊 2000t）整体吊装到 22.05m 高的基础之上。详见图 4－2。

图 4－2　浙江石化 1000×10^4t/a 常减压装置的减压塔整体吊装

减压塔发展历程：

➢1963年10月，由北京设计院设计的大庆石化公司炼油厂$100 \times 10^4 t/a$常减压装置投产，减压塔最大塔径大约为$\phi 3000mm$。

➢1978年，洛阳石油化工总厂设计院设计了我国第一套单系列$500 \times 10^4 t/a$大型化蒸馏装置——洛阳炼油厂减压装置，减压塔最大塔径$\phi 5000mm$，高56m；

➢2000年，镇海炼化股份公司$800 \times 10^4 t/a$常减压装置投产标志我国大型化蒸馏装置技术历史性的突破，减压塔塔径$\phi 5400mm/\phi 9000mm/\phi 6000mm$。

➢2001年，由中国石化工程建设公司（以下简称SEI）设计的全国第1套国产化高桥$800 \times 10^4 t/a$润滑油型常减压蒸馏装置在上海成功投产，其中润滑油型减压塔是当时国内最大塔径$\phi 10200mm$的减压塔，也是国内首次对大型化减压塔内件大量采用桁架支承设计，并以此为契机确立了大型化塔式容器内件支承的可靠计算方法和合理的结构形式，为今后各类装置的塔类设备大型化设计解决了一大难题。从此，全国多套$800 \sim 1000 \times 10^4 t/a$常减压蒸馏装置相继实现了国产化，并取得了突破性进展。

➢2003年，中国石化洛阳工程公司设计了我国当时规模最大的大连西太平洋$1000 \times 10^4 t/a$常减压装置，使我国单套原油加工首次跃上千万吨级规模。2004年，大连西太平洋$1000 \times 10^4 t/a$常减压装置投产。减压塔塔径$\phi 5400mm/\phi 7800mm/\phi 9800mm/\phi 5000mm$。

➢2007年神华煤直接液化项目（先期工程）直径最大的［规格：$\phi 7700mm/9200mm/11200mm/1525mm \times 42677mm$（切线）］煤直接液化减压塔，由SEI设计，该减压塔操作介质为含煤浆的油浆，为此该减压塔下部壳体设置由Dramicom公司提供的耐磨衬里，塔内件由北洋国家精馏技术工程发展有限公司负责设计，该塔的设计标志着煤化工领域内减压塔的设计进入新的里程碑阶段。

➢2009 年 3 月，中海油惠州炼油一期 $1200\times10^4t/a$ 常减压蒸馏装置建成投产。减压塔塔径 ϕ4400mm/6400mm/12800mm/6400mm，高度 53m，总重约 600.1t。

➢2011 年 11 月，百万吨级煤直接液化关键技术与示范项目获中国煤炭工业协会科学技术特等奖。

➢2014 年，中化泉州 $1200\times10^4t/a$ 常减压蒸馏装置投产，减压塔最大塔径 ϕ10800mm。

➢2017 年 8 月，中国石油云南石化 $1300\times10^4t/a$ 炼油项目一次开车成功。减压塔塔径 ϕ6000mm/10800mm/5400mm，高度 57.14m，总重约 556t。

➢2017 年 12 月，煤制油品/烯烃大型现代煤化工成套技术开发及应用获 2017 年度国家科学技术进步奖一等奖。

➢2019 年 6 月，国内单套规模最大的盛虹炼化一体化 $1600\times10^4t/a$ 常减压联合装置建设全面铺开。

三、二甲苯塔和吸附塔发展历程

二甲苯塔的作用是从重整 C_8^+ 芳烃、异构化 C_8^+ 芳烃和歧化 C_8^+ 芳烃中分离出 C_8 芳烃作为吸附分离装置原料，塔底的 C_9^+ 芳烃送至重芳烃塔进一步处理。二甲苯塔由于处理物料多，设备规格大，尤其是生产邻二甲苯时，需要将部分邻二甲苯压到塔底，造成分离难度加大，回流量增加、塔板数量增加，因此二甲苯塔高度和塔径都很大。重整-芳烃联合装置工艺流程见图 4-3。2010 年前芳烃成套技术一直由国外两家公司所垄断，2011 年后我国自主知识产权的芳烃成套技术取得突破，并且芳烃装置中的大型塔器的发展始终承载我国自主知识产权的芳烃成套技术发展和进步。

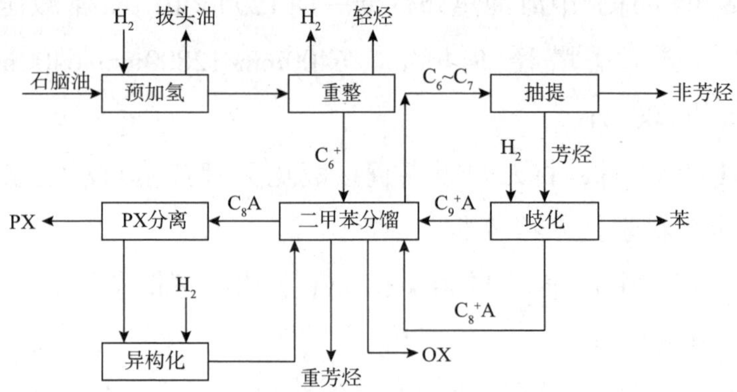

图 4－3　重整－芳烃联合装置工艺流程图

2009 年 7 月 18 日由 SEI 负责设计的大连福佳大化石油化工有限公司大化芳烃项目实现投产一次成功。装置中最高点是二甲苯分馏装置中二甲苯塔（C－803），它以约 130m 的高度列为当时国内同类设备中第一高塔，至今鲜有能及，在世界上也是罕见的。大连福佳大化 PX 芳烃项目二甲苯塔（C－803）公称直径 7.2m，切线高度 113m，总高 129.15t，净重量约 1340t（不含塔内件重 690t），高径比 $H/D \approx 18$；该塔采用工厂分段预制好筒节，现场分段热处理，现场组焊的施工方案和相应的防风振等技术措施。图 4－4 为二甲苯塔在装置中的图片。

图 4－4　当年世界第一高塔——二甲苯塔的雄姿（2008 年）

2009 年 8 月 28 日中国石油化工集团公司工程部组织召开的“直属设计单位设备设计专题研讨会”，专门讨论了近来在不同装置中高径比较大的塔器上出现的共振问题，例如：福建炼化乙烯项目中的脱甲烷塔、上海石化 C_5 装置的 6 台塔等设备的下封头与裙座连接焊缝出现了裂纹、封头母材开裂，甚至泄漏事故，并提出塔横风向共振失效的防范措施。而在两年前，SEI就注意到此问题并采取了相应措施，实践证明当时的设计和采取的措施是可靠的、成功的和具有前瞻性的。通过该塔的设计使中国石化设计单位在塔器横风共振、大型塔器的运输、热处理、现场组焊等方面积累了工程经验，这也为后续进行中国石化海南炼油化工有限公司 60×10^4t/a 对二甲苯项目的大型高塔的工程设计提供了宝贵经验。

海南炼化 60×10^4t/a 对二甲苯项目是中国石化自主知识产权的芳烃成套技术在大型工业化装置中首次应用。SEI负责该套装置工程设计工作。海南炼化芳烃项目中二甲苯塔（106－C－802）为多溢流板式芳烃精馏塔。其主体材料为Q345R，内装175层多溢流高效浮阀塔盘。该塔的特点是直径大，高度高［规格 ϕ9800mm/10600mm/11800mm × 110550（切）mm，总高126.6m］，它是目前亚洲最大吨位的炼油化工装置特大型非标设备，也是海南炼化 60×10^4t/a 对二甲苯项目的关键核心设备之一。这台特大型超限设备是由SEI进行工程设计，并由中石化宁波天翼石化重型设备制造有限公司承制的，制造加工总重量达5005t。这台设备超大、超厚、超重，均刷新了国内同类装置的制造加工纪录。

吸附塔是对二甲苯装置的核心设备。该设备通过使用一种固体吸附剂和一种液相解析剂以及流体分配装置，从混合进料中以高收率获得高纯度对二甲苯抽出液。恒力石化 $2\times225\times10^4$t/a 对二甲苯装置是 2000×10^4t/a 炼化一体化项目重要组成部分。该对二甲苯装置中有4台吸附塔，设备壁厚84mm、直径9.7m、长度38.5m，单台重850t，采用法国Axens公司专利技术。

吸附塔的主要制造难点在于满足专利商对清洁度和内部流体分配装置安装的要求。特殊的工艺流程决定了吸附塔内部结构的复杂性和超高的质量要求。2017年5月中油七建承接该吸附塔制造项目，4台吸附塔制造历时1年，攻克了一系列难关。在前期技术论证中，该公司确定了吸附塔环形室安装、焊接及接管方位的保证，中心管同轴度保证、壳体支持圈与中心管支持圈最终组焊后平面度保证为施工的重点及难点，编制了20项详尽的技术方案。吸附塔内部结构错综复杂，每台吸附塔环形室有448个接管，方位全部是不规则的角度，极难控制。此次施工人员采取工装定位和空中布线精确测量的方式，将所有接管方位偏差控制在2mm以内，达到国内相关产品制造的最高水平。

芳烃大型塔器发展历程：

➢2009年7月，由SEI完成全部工程设计的大连福佳大化石油化工有限公司大化芳烃项目中的世界第一高塔二甲苯塔（塔高近130m）投入正常使用。

➢2009年11月，中国石油化工集团公司决定开发拥有自主知识产权的芳烃成套技术；中国石化成立了以戴厚良高级副总裁为组长的芳烃成套技术攻关领导小组，依托石油化工科学研究院和工程建设公司等单位，组织发起芳烃成套技术攻关，PX吸附分离技术进入中国石化“十条龙”攻关项目，正式开启了自主PX吸附分离工艺技术攻坚战的序幕。

➢2010年10月，在扬子石化进行芳烃吸附分离技术开发及建设工业示范装置。

➢2011年10月，扬子石化承建的中国石化重大科研项——芳烃吸附分离技术开发及工业示范装置产出合格产品。这标志着芳烃成套技术的最后一个技术堡垒取得重大突破，中国石化全面掌握了包括成套技术设计、工程建设、高效吸附剂生产技术在内的全套芳烃生产技术。

➢2013年12月，海南炼化60×10^4t/a对二甲苯工程一次投料试车成功。这标志着中国石化芳烃成套技术大型工业化装置应用成功。中国石化从此掌握了成套技术设计、工程建设等全套芳烃生产技术，成为全球第三个具有完全自主知识产权的大型化芳烃生产技术专利商和工程承包商，打破了国外公司在全球的长期垄断局面。其中，由中国石化自主制造的二甲苯塔设计重量5084t（含内件重）、长126.6m，筒体内直径最大为 11.8m，筒体壁厚最厚处达 138mm，设备超大、超厚和超重，打破了国内同类装置的设备制造加工纪录。

➢2015 年 1 月，芳烃关键技术开发及应用（由中国石化石油化工科学研究院与中国石化工程建设有限公司、中国石化海南炼油化工有限公司、中国石化扬子石油化工有限公司、中国石化上海石油化工研究院、中石化洛阳工程有限公司等单位共同承担项目）获中国石油化工集团公司科学技术进步奖特等奖。

➢2015 年 2 月，海南炼化 60×10^4t/a 对二甲苯项目被评为中国石油化工集团公司 2014 年度优质工程奖。

➢2015 年 12 月，高效环保芳烃成套技术开发及应用获国家科学技术进步奖特等奖。

➢2016 年 2 月，海南炼化 60×10^4t/a 对二甲苯项目荣获中国石油化工集团公司 2012～2013 年度优秀工程设计特等奖。

➢2017 年 8 月，海南炼化第二套 100×10^4t/a 对二甲苯装置二甲苯塔土建基础工程开工，标志着该项目正式进入施工阶段。装置于 2019 年建成投产后，海南炼化对二甲苯总产能将达 160×10^4t/a，成为中国石化最大的芳烃生产基地。

➢2018 年 6 月恒力石化 $2\times225\times10^4$t/a 对二甲苯装置吸附塔在黄岛码头装船发运。这是目前世界上同类型产品中年生产能力最大、设计最先进的设备，见图 4－5。

图 4－5 恒力石化 $2\times225\times10^4$t/a 对二甲苯装置吸附塔整装发运

如今具有完全自主知识产权的中国石化大型化高效环保芳烃成套技术不仅在海南成功应用，而且多项单元技术已推广至东南亚、东欧等地区。融合了芳烃成套技术的中国炼油和化工技术带动着国内相关制造产业的发展，未来将沿着“一带一路”走出去，成为一张亮丽的中国名片。

四、丙烯精馏塔

乙烯装置是石油化工的核心装置。我国乙烯工业从20世纪60年代起步，从最初的兰州化学工业公司的16t/a乙烯装置，到数十套（18～22）×10^4t/a小乙烯，到70年代燕山石化引进第一套30×10^4t/a乙烯装置及经过改造达到（65～70）×10^4t/a的大乙烯，再后来是新建大型乙烯合资项目扬巴一体化70×10^4t/a，赛科90×10^4t/a，壳牌和中海油的南海80×10^4t/a乙烯装置，天津、镇海100×10^4t/a乙烯装置，中海油惠州120×10^4t/a乙烯装置等，乙烯装置规模逐步大型化，丙烯塔的直径也随之增大。丙烯精馏塔作为最重要的产品塔之一为装置中最高、最重、塔盘数最多的塔器。新建的大型乙烯装置中，丙烯塔的直径均不小于6.5m。

2018年4月开车成功的中海油惠州炼化二期项目120×10^4t/a乙烯装置中的丙烯精馏塔被称为亚洲第一大丙烯精馏塔，它的设计、制造、运输和吊装堪称典范。

在项目启动之初，专利商Technip SW给出基于常规塔内件选型的丙烯精馏塔的工艺条件，要求塔器内直径为10.5m，切线高113.3m。若按照这一设计条件，对应塔体本身重量将达3000t，加上塔内件及外部附属件整台塔的净重量将接近4800t，这无疑给制造、运输、吊装造成很大的困难，并且成本巨大。SEI对外积极与业主、专利商协商，对内组织工艺、化学工程、设备专业开展专题讨论，进行方案优化可行性研究。经过与专利商UOP和塔内件供货商SULZER多轮技术谈判，设计技术人员经过反复计算，提出了不同设计方案的设备重量、概算对比结果；完成了全面细致的丙烯精馏塔设计方案对比报告，并对业主进行专题汇报。科学详尽的对比分析促使业主最终决定对丙烯精馏塔按照优化方案实施，为业主极大地节省了建造成本（仅设备费用节省约40%），为该塔器实现制造厂整体制造、整体运输、整体吊装创造了条件，从根本上保证了制造质量、施工进度和人员安全。

2016年2月22日11时50分，由SEI设计、宁波天翼制造的中海油惠州炼化二期 120×10^4t/a 乙烯装置中的丙烯精馏塔历经15h，由中石化第十建设有限公司顺利完成吊装。

惠州炼化二期项目 100×10^4t/a 乙烯装置中的丙烯精馏塔是目前全球石化行业“整体制造”“整体运输”的最高、最重的设备。该塔公称直径8.8m，切线高度102.15m，总高120.35m，容积达到6573m^3；净重量3200多t（其中塔内件约800t），吊装重量达到2550.6t。这一巨型塔器从设计到制造、从运输到吊装，倾注了大量工程技术人员的心血，体现出了我国一流的工程设计和建造水平。惠州乙烯丙烯精馏塔采用了108轴SPMT整体滚装登船的运输方法，见图4-6。

图4-6　整体滚装登船的惠州乙烯丙烯精馏塔

由于该塔吨位巨大，吊耳设计、吊装方案设计难度很大，需要考虑吊装载荷及吊装产生的局部应力、最大变形量、设备整体刚性等各种因素，而且当地风压很大，也给吊装增加了很多不确定因素。设计单位、业主、吊装单位进行了大量的工程计算和设计优化工作，做了充分的前期准备，最终拟定采用3600t液压顶升装置主吊，750t履带起重机溜尾递送的吊装方案，为安全、顺利、稳妥吊装就位提供了充分的保障，见图4-7～图4-8。

图4－7　丙烯精馏塔在中海油惠州现场吊装过程中

图4－8　丙烯精馏塔在中海油惠州现场吊装完毕

五、大型塔器设计制造相关技术发展

超高、超厚、超大直径等大型塔器面临的难题是大型塔器的运输、现场组焊及热处理、现场吊装及横风共振等问题。因此大型塔器运输、热处理、组焊、现场吊装、防止风振都是工程设计需要考虑的重要因素。

超声波衍射时差法（TOFD）焊缝无损检测技术是为了满足超高、超厚、超大直径等大型设备的焊接无损检测需要，解决射线探伤耗时长、对人体和环境有辐射危害问题而应运而生的一项新型技术。它依靠从待检试件内部结构（主要是指缺陷）的“端角”和“端点”处得到的衍射能量来检测缺陷，用于缺陷的检测、定量和定位。目前这项成熟技术已成功应用在大型塔器在制造厂和现场组焊的无损检测上。

大多数大型塔器整体运输到项目现场都很困难，一般都是分段运输到现场再分段组焊，现场整体交付。分段筒节可进行现场热处理也可在制造厂进行热处理，然后采用卧式组焊或立式组焊进行筒节组对焊接，最后局部热处理环缝，当然也可采用内燃法分段热处理组对的筒节，再局部热处理环缝。筒节的组对精度控制是大型塔器制造过程中的一个难点。目前国内采用合理施工工序技术和高精度测量工具等技术手段解决了大型塔器筒节组对难题。图4－9为现场搭建的塔器筒节热处理炉，图4－10为大型塔器的现场组焊施工，图4－11为现场施工时的海南炼化二甲苯塔。

图 4－9　现场搭建的塔热处理炉

图 4－10　塔现场组焊施工

图 4－11　现场施工的海南炼化二甲苯塔

对于设备大型化来说，起重技术是其中极为重要的一环。大型塔器的吊装，往往是制约整个工程的进度、成本和安全的关键因素。2014 年 12 月我国自主研发的 5000t 门式起重机研制成功。2018 年 3 月 28 日 5000t 门式起重机成功将重达 2638t 的二甲苯塔吊装就位，详见图 4 – 12。大型设备吊装采用集散控制技术的大型全液压门式起重机，标志着我国吊装技术站在了世界吊装技术的先进行列。

图 4 – 12　门式液压顶升吊装装置在大型塔器吊装中的应用

六、结语

以 PX 装置中的二甲苯塔和抽余液塔、常减压装置中常减压蒸馏塔、乙烯行业中丙烯蒸馏塔、汽油分馏塔（油洗塔）和水洗塔为典型代表的大型塔器一直推动着我国石油化工设备装备制造业跨越发展，是我国石油化工设备打破国外技术垄断进行自主创新的成功典范。与大型塔器相关的设备制造技术作为我国高端装备制造业的核心竞争力的代表必将借助国家“一带一路”倡议，推动我国制造装备业走向国际市场，为国内产业转型升级做出新的贡献。

SEI 张铁钢　杨良瑾　孔育红　撰写

第五章
高压螺纹锁紧环式换热器发展历程

一、概述

螺纹锁紧环式换热器是高压装置特别是高压加氢装置中的一种重要且极具特点的设备，主要用于加氢反应产物的换热，是加氢装置反应器系统中的关键设备之一。通常一套加氢装置会有多台高压换热器组成反应产物换热系统，反应产物从反应器出来经过高压换热器，冷却后进入分馏部分，同时经过换热被加热的原料进入反应炉再加热后送入反应器进行加氢反应。这些换热器的良好运行不仅对整个装置安全、长周期、稳定运行有着重要意义，同时这些换热器也对装置的节能降耗起着重要作用。从最早的国产化到近年来研制的具有国际先进水平的大直径螺纹锁紧环式换热器，中国石化的相关单位都主导并参与到这些研发工作中。

螺纹锁紧环式换热器改变了常规管壳式换热器的大法兰密封结构，管箱采用筒体锻件，高压密封为管箱端部的螺纹环密封结构，螺纹承压环与管箱内螺纹啮合以承受高压，再通过螺纹承压环上的外圈压紧螺栓压紧管箱密封垫片，管板密封垫片则由内部的顶压螺栓上紧密封，巧妙地将元件承压和上紧密封相对分开，尽可能地减少了外泄漏点，保证了换热器的安全可靠。通过多年的实践应用证明，具有良好的操作性能，可以在操作运行不降温不降压的情况下随时上紧压紧垫片的螺栓，排除垫片密封泄漏，达到密封可靠的要求。由于管箱内部结构巧妙，出入口管线可以与换热器直接焊接相连，仅机械拆装管端的承压环等内件，不需拆动高压管线（对于高压螺纹环式换热器），即可抽出管束进行检修。典型的高压螺纹锁紧环式换热器的结构见图 5 – 1。不过螺纹锁紧环式换热器制造装配要求很高，机加工件多，拆装时须使用专用工具，比一般焊接结构的换热器结构复杂程度高。

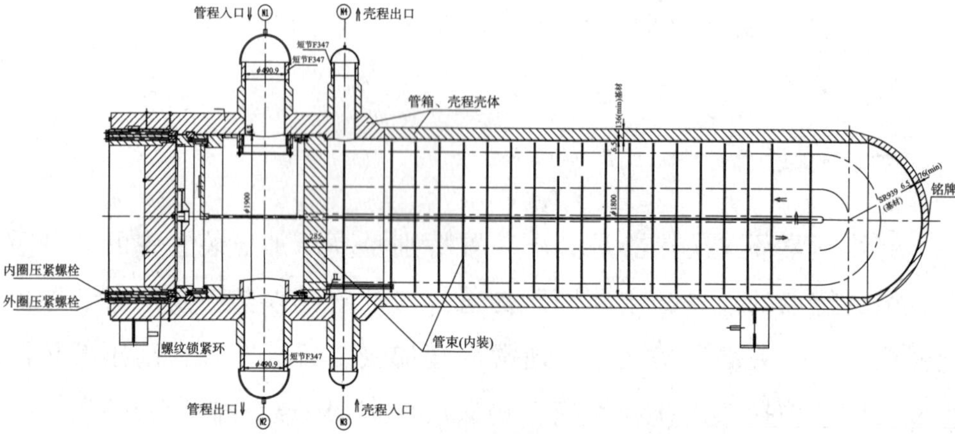

图 5 – 1　高压双壳程螺纹锁紧环式换热器

螺纹锁紧环式换热器最早由美国加州的“标准石油公司”于 1960 年完成技术开发，1966 年第一台螺纹锁紧环换热器投入使用。开始主要由美国和日本的厂家制造生产。20 世纪 70 年代末 80 年代初，我国引进国外加氢装置技术，开始陆续进口这种设备，最早用于茂名炼油厂加氢装置等数个成套引进技术的加氢装置。

当时的石油部组织国内相关专家 13 人组成的考察代表团赴法国、美国及日本等国家的十多个炼油厂进行考察学习，针对加氢装置中的高压设备，代表团认为国内装置的设备结构形式与国外有很大差距。

1979年石油工业部引进两套加氢裂化装置，工艺专利商为美国联合油公司，工程公司为日本日挥公司，其中的重要设备如高压热壁反应器、高压螺纹锁紧环换热器、高压空冷器等均从日本引进，一套建于茂名石化公司，另外一套建于金陵石化公司。随着项目的建设和投用，有机会对高压螺纹锁紧环换热器的技术特点、性能要求、结构布置及主体材料等进行深入的研究和认识。在充分分析我国技术与装备的水平后，为了缩短差距赶上国外先进的炼油设备技术发展水平，有必要实施重大关键设备的国产化。1986年，中国石化总公司决定在镇海石化总厂建设一套与茂名项目相当规模的加氢裂化装置，并且要求该项目设备尽可能实现国产化。根据这一精神，后经专家论证，1986年8月又确定将攻关项目列入国家"七五"重点科技项目之一进行攻关，并将高压换热器和高压空冷器并入到该攻关项目中，成立了"高压热壁反应器、换热器、空冷器的研制"课题攻关小组，明确该课题为国家"七五"重点科技项目第40项"重油轻质化技术研究"第5个课题(新型加氢裂化技术，编号75-40-05）的一个03号专题（专题编号75-40-05-03)，子项"换热器的研制"是03号专题中的06课题(子项编号75-40-05-03-06)，当时研制的背景情况如下：

攻关单位有：洛阳石化工程公司，组长单位［现为中石化洛阳(广州）工程有限公司]；

镇海石化总厂（现为中国石化镇海炼化公司)；

兰州石油化工机器总厂（现为兰州兰石重型装备股份有限公司，简称"兰石")。

攻关目标是：设计、制造一台特殊结构（螺纹锁紧环式）的高压换热器用于镇海石化总厂800×10^4t/a加氢裂化装置中，其主要技术指标达到或超过茂名石化公司1980年引进的相同设备所规定的技术性能。规格型号及技术参数见表5-1。

表5-1　镇海石化总厂 800 × 10^4t/a 加氢裂化装置高压换热器技术参数

设备名称	规格型号及技术参数
螺纹锁紧环式换热器	操作压力：壳程 18.7MPa/管程 17.0MPa 操作温度：壳程 202（max）℃/管程 276（max）℃ 设计压力：壳程 19.7MPa/管程 17.9MPa 设计温度：壳程 215℃/管程 290℃ 管束设计差压：3.6MPa 水压试验差压：控制壳程/管程单侧 5.4MPa 介质：壳程：原料油/管程：反应流出物 材质：壳程 BHW35/管程 20MnMoNb 1000mm（内径）×6525mm（总长）×82mm/210mm（壳体厚/管箱厚）

攻关课题牵头单位洛阳石化工程公司，负责技术大纲编制，包括攻关目标、内容、技术指标及控制节点等，负责设计文件审查与技术决策，参与攻关工作组织与协调及解决研制中的问题。

螺纹锁紧环式换热器密封结构复杂，尤其如大螺纹等管程内部元件的计算方法特殊，掌握特殊结构部分的计算和解决此部位包括大螺纹和管箱密封槽等的加工技术及其加工精度问题是取得研制成功的主要技术难点。

镇海石化总厂 80 × 10^4t/a 加氢裂化装置共有 7 台高压螺纹锁紧环换热器，其中 6 台采购于意大利 IMB 公司，1 台按照国产化进行攻关研制。

攻关组通过吸收引进技术，探索掌握了当时不公开的特殊部位的应力计算规律，并通过应力分析确定其特殊部位的几何尺寸，于 1987 年 11 月完成了施工图的设计，其技术指标与自日本引进的相类似换热器的技术要求相同。与此同时，开展了设备用材料的研制，并进行了许多试验和方案优选工作。意大利 IMB 公司到兰石考察后，认为其装备落后，尤其缺少大螺纹加工所用的数控镗铣床。但是在严重缺少经费的情况下，兰石技术人员发挥聪明才智，通过对卧式车床进行技术改造，成功完成了在废旧锻件上大螺纹的试制加工，经过反复摸索最终攻关组相继攻克了 1157mm 大螺纹加工技术、管箱密封槽加工技术、大平面金属垫片加工技术、筒体局部热处理技术等多项技术难题。并为保证不锈钢元件的制造质量和使用安全，在国内首次添置了U形弯管固溶化热处理专用设备，对U形管弯管部分单根实施固溶化热处理。

在中国石化总公司发展部、规划院主管部门的大力支持、关怀和协调下，攻关组根据各阶段的进度情况和问题，与主管部门及时地在有关制造厂或单位组织了多次协调工作会议，研究处理制造中的一些问题，密切配合完成了合同规定的每项设备攻关任务，首台高压螺纹锁紧环换热器在1990年底研制成功，填补了我国此类高压换热器设计、制造技术的空白。

1990年12月21日由中国石化总公司发展部组织攻关组成员并邀请全国压力容器标准化技术委员会换热设备分会和甘肃省锅检所有关领导和同志参加，在甘肃省劳动局的监督下对研制成的高压螺纹锁紧环换热器进行出厂验收，验收意见认为："攻关组的制造成员单位按课题子项合同所规定的攻关内容和制造中的难点，开展了科学试验和方案优选工作，攻克了直径1157mm大螺纹加工技术、管箱密封槽加工技术、安放式接管焊接坡口和管箱开孔坡口技术、厚管板管孔加工和堆焊技术、U形管固溶处理技术、爆炸胀管技术、大平面金属垫片加工技术、大弯管煨制工艺技术、局部热处理技术等难题"；"产品质量符合有关规范、标准和设计要求，质量合格。特别是有特殊要求的螺纹锁紧环部位密封性能通过水压试验一次成功，表明了制造质量是好的，加工精度是高的。"

首台国产高压螺纹锁紧环换热器于1993年9月在镇海石化总厂80×10^4t/a加氢裂化装置上投入使用。通过近3年安全平稳运行后，"换热器的研制"课题于1996年8月通过了中国石化总公司组织的专家鉴定，鉴定认为高压换热器技术指标达到了80年代末期的国际先进水平。首台国产高压螺纹锁紧环换热器还荣获1992年度国家级新产品证书、1994年度机械部科技进步二等奖及中国石化总公司科技进步二等奖。

随着用户对国产化设备技术水平和交货期要求的提升，不仅具备制造能力和制造业绩的国内制造厂数量在增加，而且用于螺纹锁紧环式换热器的制造加工装备也不断提升，相关制造加工经验越发成熟，制造技术水平和质量也越来越高。90 年代车床加工的大螺纹精度和光洁度都不够，这给拆卸带来很大困难。制造厂每次安装大螺纹环时都是“如临大敌”“小心翼翼”，生怕旋到中间螺纹卡死。为此，2005 年之后中国石化立项进行了国产化提升工程研究。通过更新改造，大大提升了大螺纹加工的精度和加工机具的承载能力，相继实现了 *DN*1600 和 *DN*1700 大直径螺纹锁紧环换热器的制造和成功应用；截至目前，国内已经成功制造了 *DN*1800 这样世界上最大尺寸之一的高压螺纹锁紧环式换热器，并投入了运行，情况良好，性能合格，实现了大螺纹环顺畅拆卸。

二、高压螺纹锁紧环换热器的发展历程

第一阶段（1986～1999 年）：国产化的起步与发展。

20 世纪 70 年代末 80 年代初，我国开始进口螺纹锁紧环换热器，最早用于茂名石化公司成套引进技术的加氢裂化装置。随着我国炼油加氢装置的增加，对高压换热器的需求也日益增长，为了节约外汇，实现国产化，在“七五”期间，高压螺纹锁紧环换热器的研制被列为国家重点科技攻关项目“加氢裂化高压空冷器、高温高压换热器研制”中的重要部分，由中国石化总公司和机械部组织洛阳石化工程公司、镇海石化总厂与兰州石油化工机器总厂联合攻关。从 1989 年开始与意大利的 IMB 公司采用分包合作生产的方式，兰石在国内成功地为镇海石化总厂 80×10^4t/a 加氢裂化装置制造生产了 2 台高高压式螺纹锁紧环换热器，这为独立制造积累经验打下了基础。之后，结合国产化设计，并对有关材料、制造工艺优化、螺纹加工以及装配工装进行了探

索、改进和完善，最终于1990年11月制造完成了1台高高压式压螺纹锁紧环换热器，并正式交付镇海石化总厂，这第一台国产化的螺纹锁紧环换热器的公称直径为1000mm，相关信息见表5－1和图5－1。这台高高压螺纹锁紧环换热器的成功制造交付，标志着从设计到制造，实现了国产化，填补了国内制造领域的空白。在“七五”期间，以镇海石化总厂80×10^4t/a加氢裂化装置为代表的天津石化炼油厂、辽化等7套加氢装置相继投产、正常运行，其中的高压螺纹锁紧环式换热器均实现了国产化。

为了提高传热效率，结合双壳程换热器，北京设计院（现为中国石化工程建设有限公司，简称SEI）于20世纪90年代中期研发了双壳程螺纹锁紧环式换热器，首台国产双壳程螺纹锁紧环换热器（*DN*1060）于1997年6月由兰石制造完成并交付天津石化炼油厂80×10^4t/a加氢裂化装置。1998年12月兰石制造完成*DN*1400双壳程螺纹锁紧环换热器（当时国内最大直径的螺纹锁紧环式换热器），并交付齐鲁石化炼油厂140×10^4t/a加氢裂化装置。首台国产螺纹锁紧式环换热器见图5－2。

图5－2　首台国产螺纹锁紧式环换热器

第二阶段（2000～2005年）：国产化的深入发展。

进入21世纪，伴随着国内石化行业的大发展，加氢装置也得到了迅猛高速的增长，加氢装置类型和装置规模也不断增加，螺纹锁紧环式高压换热器已经成为高压加氢装置中的“必备品”，同时对这种形式的高压换热器的需求也爆发式增长，国内具备这种高压换热器制造能力的制造厂家数量也逐渐增多。随着大量螺纹锁紧环换热器国产化设计、制造与推广应用，从产品性能上和交货期上极大地满足了国内加氢装置工程建设的需要，产品质量上也完全替代了进口产品。国产螺纹锁紧环换热器先后突破了 *DN*1500 和 *DN*1600 的规格尺寸，制造加工技术水平也进一步提高。

2000 年 6 月，兰石制造完成了 *DN*1400 双壳程螺纹锁紧环式换热器，交付燕山石化炼油厂 $130 \times 10^4 t/a$ 中压加氢裂化装置；

2001 年 6 月和 9 月，兰石和抚顺机械设备制造有限公司分别制造完成了 *DN*1400 螺纹锁紧环式换热器，交付镇海炼化；

2003 年 9 月，兰石制造完成了 *DN*1400 双壳程螺纹锁紧环式换热器，交付上海高桥石化 $140 \times 10^4 t/a$ 加氢裂化装置；

2004 年 6 月，抚顺机械设备制造有限公司制造完成了 *DN*1500 双壳程螺纹锁紧环式换热器，交付金陵石化；

2005 年 4 月，兰石制造完成了 *DN*1500 螺纹锁紧环式换热器，交付广州石化；

2005 年 5 月，兰石制造完成了 *DN*1600 螺纹锁紧环式换热器，交付齐鲁石化炼油厂 $260 \times 10^4 t/a$ 加氢精制装置。

第三阶段（2005～2014 年）：超大型螺纹环式换热器的研发和使用。

随着炼油厂高压加氢装置的大型化，装置中的高压换热器直径要求越来越大，对大直径高压换热器的需求日益迫切，但是螺纹锁紧环式换热器国产化以来，国内设计制造的高压换热器最大公称直径为 *DN*1600，对于更大直径的螺纹锁紧环式换热器，设计制造都面临许多新的课题。

2005 年中国石油化工集团公司立项开发研制大直径螺纹锁紧环式换热器，第一步是研制大直径螺纹模拟环，第二步是产品的试制和应用。SEI 相关的研制组成员首先对大直径螺纹环的主要参数进行了设计优化，包括大直径螺纹环设计参数的确定，螺纹模数的优化，螺纹环模拟环图纸的设计，螺纹环应力分析及比较等。螺纹锁紧环式换热器最早由国外研制开发，其中承压螺纹的设计制造均是按照ANSI/ASME B1.8《STUB ACME SCREW THREADS》梯形螺纹的相关要求，由于当时的制造机具所限，螺纹环的承压螺纹模数采用的螺距（pitch）是$^{15}/_{16}$″（相当于23.8125mm），而且在国内这一模数一直被沿用。但是23.8125mm模数的螺纹主要存在问题是螺纹的啮合高度h较小，理论值（不考虑公差）为7.14375mm，考虑螺纹公差和螺纹圆角，啮合高度h大约为5~6mm；操作时（特别是开停工时）螺纹承压环与螺纹筒节还存在温差，两者膨胀量不同，实际螺纹啮合高度h最小处可能仅为4mm左右。当换热器直径较大时，同样操作条件下，温差膨胀差造成螺纹啮合高度会更小，螺纹局部承载加大很可能会引起局部屈服。日本某炼油厂加氢装置螺纹环换热器事故就是由于螺纹承压环啮合高度不足，加上密封盘磨损以后造成气体泄漏至管箱筒体大螺纹段，高压气体使得原本不应承受内压力的管箱筒体大螺纹段向外侧变形，螺旋锁紧环与筒体大螺纹的啮合高度进一步降低，螺纹抗剪切能力不够，从而引起螺纹啮合失效导致承压环和压盖从管箱端部飞出。结合国外的经验和国内的制造情况，经过优化，SEI提出了大直径（公称直径大于*DN*1600）的承压螺纹模数采用螺距（pitch）为1¼″（相当于31.75mm）的大模数螺纹，相应的螺纹啮合高度h理论值（不考虑公差）为9.525mm，大大增加了螺纹环的啮合量，提高了其使用的安全性。

同时有关制造单位根据设计方案进行了大直径螺纹模拟环的研制工作。兰石主要进行了：①卧式镗铣床承重能力改造；②采用卧式镗铣床代替车床，精加工梯形螺纹，并于2005年12月完成了*DN*1900螺纹模拟环的研制工作，螺纹精度满足要求，能够保证螺纹轻松、顺利地旋合拆装。青岛炼化工程中的320×10^4t/a加氢处理装置中的*DN*1700热高分气与混合氢换热器（1102-E-103）是首次在国内采用了研制开发的大模数螺纹结构。2007年9月21日兰石对这台*DN*1700的螺纹锁紧环式换热器进行了出厂评审，2008年5月产品完成了试运，投用以来一直安全运行，操作平稳，见图5-3。*DN*1700螺纹锁紧环式换热器的成功研制荣获了中国石油化工集团公司2009年度科技进步奖二等奖。

继*DN*1700的大直径螺纹锁紧环式换热器的成功研制应用后，SEI于2012年设计了*DN*1800的大直径螺纹锁紧环式换热器，2013年3月在兰石出厂验收。2014年8月中化泉州120×10^4t/a炼油项目260×10^4t/a蜡油加氢裂化装置的第一段反应流出物/热原料油换热器（2314-E-102A/B）投入工业化运行，达到工艺操作需要，安全运行良好。这是国内首次设计、制造并使用*DN*1800的螺纹锁紧环式换热器，也是当时世界上同类换热器规格最大的产品之一，综合技术达到世界先进水平，见图5-4。

图5-3　青岛炼化*DN*1700螺纹锁紧环式高压换热器

图5-4　中化泉州*DN*1800螺纹锁紧环式换热器（右二）

图5-5　8m立式数控车床

螺纹锁紧环式换热器的发展，也推动了制造厂的相关装备的升级，加工装备能力和加工精度均显著提高。用于加工螺纹锁紧环式换热器的大型数控立式车床（见图5-5）、大型数控镗铣加工中心（见图5-6）、数控深孔钻床和多头数控钻床（见

图 5－7）等陆续装备各制造厂。

图 5－6　数控落地镗铣加工中心

图 5－7　六轴数控钻床

三、结语

从第一台高压螺纹锁紧环换热器的国产化至今，已经 30 多年了，近千台国产的螺纹锁紧环式换热器服役于全国众多加氢装置，保障着这些装置的安、稳、长的运行。经过多年的发展，以及攻关组不懈的努力，国内高压容器制造加工能力和设计水平已经有了巨大的进步，达到国外同类产品先进水平。随着国家鼓励装备制造业发展政策的落实，已经有更多的国内企业加入到了该设备的制造行列。

SEI 高晖　张迎恺　LPEC 李群生　撰写

第六章
高压加氢空冷式热交换器发展历程

一、概述

19世纪末，出于化工混合液体的分离需要，国外某公司成功研制出了工业冷却器（冷凝器），因冷却介质是水，所以操作能耗大、安全性差、劳动强度也大。后受到节能节水及提高劳动效率发展要求，德国GEA公司于1920年制造出世界第一台空冷式热交换器（简称“空冷器”），其主要优势为以取之不尽的空气作为冷却介质。随着经济的繁荣和工业技术的进步，空气制冷行业得到极大的发展，各种新工艺、新材料及新型结构不断涌现。在石油化工行业，20世纪60年代炼油厂高压加氢装置开始得到广泛工业化应用，由此催生高压加氢空冷器制造和使用技术的发展。

高压加氢空冷式热交换器（简称“高压空冷器”）是炼油加氢装置中的关键设备之一，在工艺流程中设置于高压加氢热交换器下游，承担着冷却反应产物或热高分气的作用，其所处位置见图6－1。高压空冷器操作条件十分苛刻，处于高压、硫化氢氨及氯化氢氨腐蚀环境下，介质易燃易爆，危害级别高，密封可靠性要求高，故其设计和制造难度较大，设备价格昂贵，是中国石化重大装备国产化办公室早期组织开发的国产化关键设备。

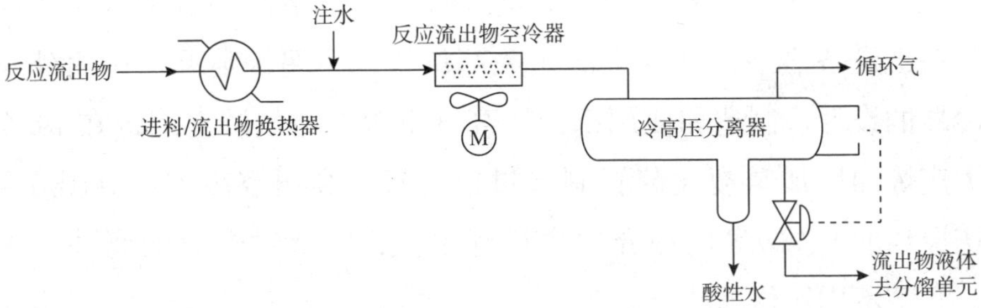

图6－1　炼油加氢装置高压空冷器位置示意图

1. 国家“七五”重点科技项目“空冷器的研制”

20世纪70年代末，随着我国对内经济体制改革和对外开放政策的实施，国民经济得到蓬勃发展，当时的石油部有意向从国外引进4套加氢裂化装置，组织了国内相关专家13人组成的考察代表团赴法国、美国及日本等国家的10多个炼油厂进行考察学习，针对加氢装置中的高压设备，代表团认为国内装置的设备结构形式与国外有很大差距，如国外加氢反应器普遍为热壁结构形式、高压换热器多为螺纹锁紧环结构、高压空冷器多为丝堵式管箱结构。1979年国家根据需要首先签订了引进2套加氢裂化装置的合同，2套装置工艺专利商为美国联合油公司，工程公司为日本日辉公司，其中重要设备如高压热壁反应器、高压螺纹锁紧环式换热器、高压空冷器均从日本引进，一套建于茂名石化公司，另外一套建于金陵石化公司。随着工程项目的建设和投用，相关技术人员对引进设备的操作环境、结构布置及主体材料等进行了多年大量的研究分析，逐步认识和了解了设备的技术特点和性能要求，并有了自主研发这些高压临氢设备的愿望。为了缩短差距或赶上国外先进的炼油设备技术发展水平，加快实施关键设备国产化的进程，在充分分析我国技术与装备水平的现状后，从1983年元月起，石油部和机械部有关主管部门组织相关研究、设计、制造等单位，以茂名引进的同类高压设备技术指标为验收标准，以它的实际水平为奋斗目标开展试验性研究工作。

在加氢裂化、加氢处理、加氢脱硫或加氢精制装置中，高压空冷器是关键设备之一，其管束的相关部位易发生腐蚀泄漏，国内外对此空冷器的设计、制造和使用都给予高度重视。哈尔滨空调曾在1966年为大庆炼油厂加氢裂化装置制造过集合管式高压空冷器，见图6－2。大庆原油的S、N等腐蚀介质含量都很低，因此对管束的腐蚀性很轻微，几乎不用检修。

图6－2　大庆炼油厂加氢裂化装置集合管式高压空冷器

随着多个油田的开发、进口原油多样性（尤其高硫高酸原油进口大幅增多）以及炼油深加工工艺的发展，使某些炼油厂所加工的原油品种发生较大变化，空冷器进料中的硫化氢氨等腐蚀介质含量比以前普遍增多，其使用条件要比炼大庆油苛刻得多，老式集合管式高压空冷器已经难以满足加氢裂化工艺的发展要求，人们的关注点越来越集中在丝堵式空冷器上了。丝堵式空冷器不仅可以避免集合管弯管焊接部位易冲蚀和振动破坏的缺点，能够提高设备长期运行的安全可靠性，而且方便维修。图6－3为炼制高硫原油加氢装置主要腐蚀部位流程示意图。

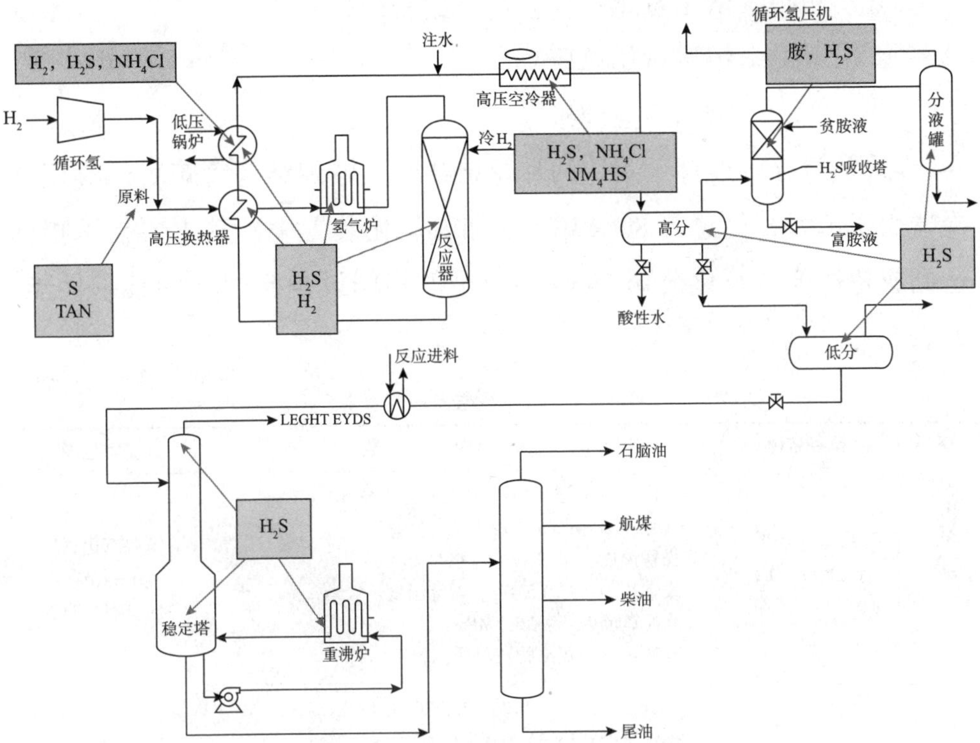

图6－3　炼制高硫原油加氢装置主要腐蚀部位流程示意图

在有关技术人员通过多年消化吸收茂名、金陵加氢裂化装置引进的高压丝堵式空冷器技术的基础上，中国石化提出了在镇海石化总厂80×10^4t/a加氢裂化装置上进行国产化立项研究，研制两片丝堵锻焊结构管箱的高压空冷器。1986年8月该项目列入国家“七五”重点科技项目之一进行攻关，并将热壁加氢反应器、高压换热器及高压空冷器一并列入该攻关项目中，成立了“高压热壁反应器、换热器、空冷器的研制”课题攻关小组，明确该课题为国家“七五”重点科技项目第40项“重油轻质化技术研究”第5个课题（新型加氢裂化技术，编号75－40－05）的一个03号专题（专题编号75－40－05－03），子项“空冷器的研制”是03号专题中的07课题（子项编号75－40－05－03－07）。

攻关课题总体情况如下：

➢攻关单位：洛阳石化工程公司（组长单位）
镇海石化总厂
哈尔滨空调机

➢攻关目标：设计、制造两片丝堵结构（锻焊结构管箱）的高压空冷器用于镇海石化总厂 80×10^4t/a 加氢裂化装置中，其主要技术指标达到或超过茂名石化公司 1980 年引进的相同设备所规定的技术性能，见表 6－1。

表 6－1　规格型号及技术参数

序号	设备名称	规格型号及技术参数	应用范围
1	高压空冷器 （A301E、F） （板焊结构管箱）	GP10.5×3－5－197－17.65－23.4S/KL－V 操作压力：16.33MPa 操作温度：进口 146℃/出口 49℃ 设计压力：17.65MPa；设计温度：175℃ 水压试验差压：26.7MPa 介质：反应流出物；材质：碳钢	镇海石化总厂 80×10^4t/a 加氢裂化装置
2	高压空冷器 （A301G、H） （锻制结构管箱）	GP10.5×3－5－197－17.65－23.4S/KL－V 操作压力：16.3MPa 操作温度：进口 146℃/出口 49℃ 设计压力：17.4MPa；设计温度：175℃ 水压试验差压：26.5MPa 介质：反应流出物；材质：碳钢	镇海石化总厂 80×10^4t/a 加氢裂化装置

镇海石化总厂 80×10^4t/a 加氢裂化装置有 8 片高压空冷器，介质为反应流出物，当时有专家建议管束采用 Monel 材料，但造价过于昂贵，后经设计分析，采用碳钢也是可以满足要求的，最终确定管束采用碳钢材料，并采取对称布置、基管加厚及管端加不锈钢衬管等措施。

为了确保高压空冷器国产化攻关成功并紧跟国际先进水平，采用两套攻关模式，其一是 A301G、H 两片按照茂名从日本引进的锻制管箱结构形式进行国产化攻关；其二是采用“技贸”结合的攻关模式，即与法国 BTT 公司签订 6 片高压空冷器的制造合同，同时要求 BTT 将其中两片 A301E、F 返包给哈空调进行联合制造，并负责技术指导、质量保证，管箱为丝堵式板焊结构，当时为世界上先进的制造结构方案。

1987 年 3 月签订此设备攻关子项合同后，攻关组立即对国内引进的高压加氢空冷器进行调查，针对反应流出物高压空冷器在国外加氢裂化、加氢脱硫等装置中使用过程易出现管子腐蚀穿孔的问题，几经讨论确定了适应使用要求和国内制造能力的空冷器结构方案。A301G、H 两片按照茂名从日本引进的锻制管箱结构形式，需要在锻制管箱上开 3 个分程圆孔，根据当时的装备情况，同时开 3 个孔并保证直线度要求难度很大，尺寸偏差控制不容易实现，经专家评议，决定采用分解管箱，仅在锻制管箱上开 1 个圆孔的制造方案，这样较为妥当。通过反复论证，并经过设计方案的技术审查，终于在 1989 年初完成了施工图的设计和技术指标与茂名引进的高压空冷器相当的技术要求文件的编制。在结构方案确定后，即着手对 85（95）mm × 3000mm 的管板深孔加工技术、管子与管箱深孔焊接技术及装备、防护衬套的制作技术、管箱开口接管特殊结构的无损探伤方法等开展针对性试验与攻关，并相继取得了预定的结果。攻关组主要工作包含如下 3 个方面：

（1）调查研究做分析，制定管箱结构形式。1987 年组织攻关组成员对国内引进的高压加氢空冷器进行调研后，针对国外使用中易出现冲蚀腐蚀的问题，并结合当时国内现有的装备与技术水平，经过充分讨论，决定采用分离的锻制管箱形式（茂名引进的为整体锻制管箱），这样既能满足使用要求，又可适应工厂的制造能力。

（2）分析要点抓关键，开展技术攻关。为使空冷器研制能够成功，课题组分析了它的难点，重点攻克了管箱深孔加工技术、管子-管箱深小孔内角焊接技术、管子入口耐冲蚀腐蚀衬套管制作技术，经反复试验研究，通过了技术鉴定并成功应用于实际产品的制造上。

（3）消化吸收再改进，新辟缠绕工艺。茂名引进的空冷器，其翅片是用镶嵌式，具有适用温度高、传热效果好、连接牢靠等优点。在此次研制中，攻关组首次在国内采用了滚花型（KLM 型）的翅片，为国内开辟了一种新型缠绕工艺，既能适应该产品的使用温度需要，元件传热效果也好，同时又减轻了镶嵌式会使传热管壁削弱的缺点，即在满足同样的强度、腐蚀裕量的条件下，滚花型所要求的管壁厚度比镶嵌式薄，从而节约了材料，减轻了设备重量。

当然，研制中间也有不少曲折，由于管子的订货把关不严，管材经过复验，发现质量较差，被迫重新订货，影响了研制计划，直至1991年2月才研制成功了国内第一台丝堵结构的高压空冷器。经过检验，质量、性能都达到了设计技术要求，填补了我国此类高压空冷器设计、制造技术的空白。

研制的高压空冷器于1994年应用于镇海石化总厂80×10^4t/a加氢裂化装置中，投入正常生产。经过工业性运转考核后，于1996年通过由中国石化总公司和机械部联合组织的专家鉴定，鉴定意见为：该项目完成了国家“七五”重点科技攻关的课题任务，通过国产化攻关解决了管箱内角焊及腔内深孔加工设备与技术、管与管孔及管板的焊接设备与技术、传热管端内表面耐腐蚀衬管技术、管箱端板的焊接技术及无损检测技术难关；研制成功了滚花型翅片换热管、分体式结构管箱的高压空冷器。该设备经受了装置大处理量、长周期运行的考验，满足了生产需要，研制是成功的。该项目填补了国内空白，达到了国外同类产品的技术水平，使加氢裂化装置又一关键设备实现了国产化，结束了该设备长期依赖引进的历史，获得了可观的社会效益和经济效益。

2. 国产825合金材料高压空冷器成套技术开发

随着国民经济的发展，我国对石油产品需求量与日俱增，国内加工进口高硫原油的数量也逐年上升，同时为提高原油收率和满足环保要求，新建、改扩建加氢裂化、渣油加氢装置越来越多。但由于加工原料油的劣质化，采用碳钢制造的加氢高压空冷器的腐蚀和泄漏问题越来越突出。国内采用碳钢制造的高压空冷器几乎都存在腐蚀和泄漏问题，情况最严重的某厂在短短的3年多时间内，空冷器因腐蚀而导致过数次泄漏，并引起加氢装置的非正常停工，进而影响到全厂各工艺装置的正常生产，造成了重大的经济损失。

为此，中国石油化工集团公司于2006年7月组织的专家调研组开始对在用加氢空冷器腐蚀情况进行调研，同年8月底完成调研任务。根据调研结果，中国石化要求国内加工高硫原油的炼油厂新建的加氢裂化和渣油加氢装置高压空冷器主体材料采用Incoloy825（等同于现在的国内牌号NS1402）耐蚀合金以保证高压空冷器长周期、安全操作。当时825高合金钢管主要由欧美日的几家钢厂控制，国内用825高合金钢管全部采用进口，花费了国家大量外汇。而且，随着国内加氢装置项目越来越多，钢管交货周期会越来越长，严重拖后设备制造周期，同时国外厂商还借机涨价，给我们的工程建设项目造成极大的困境。基于这种形势，825高合金钢管的国产化工作已经刻不容缓。同时，随着我国冶金装备的全面升级以及国内冶金技术的进步，许多特殊钢企业在冶炼技术硬件上的装备已达到了国际水平，具备了研制开发铁镍耐蚀合金的条件。2007年7月在中国石化科技开发部的大力支持下，由中国石化洛阳工程有限公司为组长单位，中国钢研科技集团公司、攀钢集团四川长城特殊钢有限责任公司（以下简称长城特钢）、兰州长征机械有限公司及中国石化长岭分公司为成员单位，成立了“国产825合金材料高压空冷器成套技术开发”（合同号307033）课题组。下面从3个方面介绍该课题的整体情况。

1）Incoloy825材料

Incoloy825材料是一种钛稳定化的Ni-Fe-Cr-Mo-Cu（合金元素为0Cr21Ni43Mo3Cu2Ti）耐蚀合金，最早由Inconel公司于1952年开发成功。国外有多家厂商能够生产和供货，包括美国SMC（Incoloy 825）、日本住友（Nicrofer 4221）、瑞典Sandivik（Sanicro 41）、美国Allegheny（Nickelvac 825）等。该合金具有良好的耐全面腐蚀和局部腐蚀性能及良好的工艺加工性能，在化学、能源、石油化工等很多工业领域得到广泛应用。在高硫原油的加工中，825 合金被广泛应用于加氢装置存在严重硫化物及氯化物腐蚀的高压设备材料选择。

我国在 20 世纪 80 年代初开始进行铁镍基耐蚀合金的研制，其中就包括 825 合金。但当时受冶金技术装备和冶金工业水平的限制，仅仅对其合金体系及材料性能进行了初步的研究，产品也仅限于小规格的棒材、板材的生产，产品单一，制造成本高，规格有限。而大规格的管材、板材的应用，仍然主要依赖进口。

2）项目研制

自 2007 年 7 月合同生效后，课题组成员单位进行了多次研讨、论证和评议，明确了各成员单位职责，陆续完成了课题的研制大纲编制、实验室研究和对比分析、小批量生产及全面的性能试验研究、根据试验结果对工艺路线进行修正、多批次材料小批量生产及全面的性能试验研究、加工及焊接性能研究、研制空冷器的设计及制造技术文件编制、研制空冷器的制造检验与验收、研制产品的工业试验等一系列工作。

➢开发目标

国产 825 合金钢板和钢管应用于加氢空冷器的各项性能不低于国外同类产品。

➢开发内容

➔材料主要合金元素的合理选择和优化以及产品化学成分的界定；

➔材料各项力学性能、物理性能、耐蚀性能、加工性能、焊接性能研究；

➔材料化学成分、力学性能、冷热加工、热处理对耐硫化物、氯化物腐蚀环境的影响分析等。

➢材料研究关键工艺路线

➔冶炼工艺

对材料的冶炼工艺路线、化学成分配比、管材和板材的轧制工艺进行了全面的实验室研究和对比分析，然后进行工业化试制和性能分析。

➔锻造工艺：根据 Gleeble 热模拟试验，结合长城特钢的工装情况，制定了钢锭加热温度 1150℃ ±10℃，在 5t 电液锤上进行锻造开坯，保温时间 4h 的锻造工艺方案。

➔冷热加工工艺：国产 825 高合金材料的热加工一直以来是冶金工艺面临的一个难题，主要问题是热变形抗力大，热塑性较好的加工温度区域很窄。因此，课题组把此项工艺作为重点工作进行全面研究和试验，围绕最佳热变形温度范围以及挤压参数如温度、变形速率等的确定，并且结合冶炼工艺，合金中微量元素对热加工性能的影响进行了充分研究，最终确定国产 825 高合金材料的热加工工艺参数。管材制备经历的工序多，周期长，特别是对高精度，超长小直径管材的制备而言，冷加工面临的挑战更大。在较长的冷加工过程中，任何一道工序控制不严，就将引入额外的杂质，从而导致材料报废。此外，对冷加工道次间的退火酸洗工艺要求也十分苛刻。如果采用传统的退火酸洗工艺，很容易由于酸洗不彻底而导致材料局部增碳。

➔热处理工艺：825 合金一个重要的性能指标就是要有很好的耐晶间腐蚀性能。为此，在确定材料化学成分时，从 C、Cr、Ti 等合金元素上给予了充分的考虑。冷加工时道次间的退火酸洗过程首先关注的也是会不会增碳的问题。根据实验室研究，此类材料当中温（如 760℃）敏化处理 1h 时，在晶界上将出现富铬的 M23C6 沉淀物，进而导致在沸腾 65% HNO_3试验溶液中发生晶间腐蚀。因此，必须制定合适的热处理温度和保温时间，以有利于合金形成 TiC 化合物，防止产生大量的 M23C6。另外，为保证最终产品的良好外观，保护气氛的氛围也是非常重要的因素，必须对保护气氛的湿度、纯净度进行严格控制。因此，本次试制采取保护气氛光亮退火处理来保证研制产品的性能。

➢材料性能试验研究

按照研制大纲的要求和实验室试验结果，长城特钢对国产825高合金材料进行了冶炼、轧制、热处理等各项工艺的产品试制及方案优化，试制产品经过中国钢研科技集团公司的全面试验分析，主要工作内容如下：

➔化学成分合理优化

➔力学性能满足指标要求

前两批次试制产品的高温拉伸性能不能满足技术指标的要求。通过优化化学成分配比和热处理工艺，直到第三批次材料的试验性能才完全达到了指标的要求。

➔耐晶间腐蚀性能

825高合金材料和奥氏体不锈钢一样存在晶间腐蚀倾向，晶间腐蚀的机理主要是由于M23C6型碳化物在晶界上析出，导致晶界附近铬的贫化，从而使晶界及其附近发生腐蚀。根据这一理论，影响材料发生晶间腐蚀的主要元素就是钢中的碳和铬含量。减低碳含量、增加铬含量，材料耐晶间腐蚀的性能就越好。根据国产825高合金材料对耐腐蚀性能的要求高的特点，对国产825高合金材料化学成分的碳、铬等相关元素的合理搭配，轧制工艺、热处理工艺的控制都进行了大量的研究和试验工作。按照ASTM 262C法标准，与某进口厂商板材的腐蚀数据对比，表明国产825高合金材料板材和管材的平均腐蚀速率不仅远远低于技术指标值0.75mm/月，而且优于进口材料。

➔耐点腐蚀性能

对试制材料、316L及进口川崎板材进行了点腐蚀对比试验。考虑到溶液pH值对点蚀的影响，试验首先按GB/T 17897进行，不调整pH值，然后对pH 7和pH 5分别进行了试验。试验结果证明，在pH值5、6、7、8下，所试验的三种钢均不发生任何点腐蚀现象，试验前后没有任何重量损失。

➔晶粒度和非金属夹杂物

➔材料基本性能和工艺性能：物理性能，如杨氏模量、剪切模量、泊松比、热导率、磁导率等参数进行详细的测量；对板材进行低倍检验；无缝钢管的水压、压扁、扩口、无损探伤及允许偏差检验等均满足研制大纲和相关标准的要求。

➔焊接性能

根据国产 825 高合金材料在石化行业的应用特点，对国产 825 材料的各项焊接性能进行了大量的试验工作。采用进口焊接材料，包括板和板、板和管、管和管以及不同的焊接方法成形的焊接接头的力学性能、耐腐蚀性能等，从所有的试验数据来看，国产 825 材料包括焊接接头的性能均满足研制大纲和相关标准的要求，达到国外进口材料的性能指标。

3）成果应用

2008 年 10 月 14 日在北京进行了中期会议评审，评审意见认为国产 825 合金材料可以应用于加氢高压空冷器的设备制造，并建议尽快开展工业应用。

2010 年 2 月 2 日由全国锅炉压力容器委员会主持，攀钢集团江油长城特殊钢有限公司申报的该课题研发的 NS1402 板管材料（即国产 825 合金材料）在北京进行了技术评审，评审意见认为长城特钢在装备和技术条件上已经具备了承压设备用 NS1402 板、管材料的生产条件。

2010 年 3 月 18 日就中国石化长岭分公司油品质量升级改造工程 170×10^4t/a 渣油加氢处理装置中热高分气空冷器（0217-A-101）采用国产 825 合金材料与兰州长征机械有限公司（以下简称兰州长征）签订了合同。热高分气空冷器（0217-A-101）共计 4 片，介质为油气、氢气、H_2S、H_2O；操作条件为：温度 131℃，压力 15. 3MPa；设计条件为：温度 151℃，压力 16. 07MPa；管束及管箱板全部采用本课题开发的国产 825 合金材料。

2010年12月28日业主、设计、监理等多方在兰州长征见证了热高分气空冷器（0217-A-101）的水压试验，见图6－4。2011年1月14日召开高压空冷器产品出厂评审会，见图6－5。

图6－4　第一台国产825合金材料制热高分气空冷器（0217－A－101）水压试验

图6－5　国产825合金材料高压空冷器成套技术开发设备出厂评审会议

2011年6月底，长岭分公司油品质量升级改造工程$170\times10^4t/a$渣油加氢处理装置中交。

2011年10月，长岭分公司油品质量升级改造工程$170\times10^4t/a$渣油加氢处理装置生产出合格产品，应用效果良好。

二、高压加氢空冷器的发展历程

1. 第一阶段（1992年以前）：碳钢集合管式高压空冷器

哈空调于1966年为大庆炼油厂加氢裂化装置首次制造了8片整体锻造管箱的集合管式高压空冷器。集合管式高压空冷器适合于介质比较清洁、腐蚀性轻微的场合。1992年以前，哈空调为国内炼油厂制造了约60片集合管式高压空冷器。之后集合管式高压加氢空冷器虽然也有需求，但国外高压空冷器发展均系以丝堵管箱为主的结构形式。

2. 第二阶段（1983～2003年）：碳钢丝堵式高压空冷器

20世纪70年代末到80年代初期，我国陆续引进了几套加氢裂化装置，技术人员通过对高压丝堵式空冷器的消化吸收和使用管理经验，掌握了其结构特点，于是逐步成功攻关了不同的管箱形式（板焊、锻制），不同翅片（滚花、双金属轧制）形式的碳钢丝堵式高压加氢空冷器。这个阶段从对高压加氢空冷器的结构特点的陌生到了解，以及根据使用要求和对国内制造能力的形状分析，进行了试验性研究、依托工程性质的制造技术攻关，且攻关模式灵活多样，如攻关课题（子项编号 76-40-05-03-07）采用两套攻关模式，其一是 A301G、H 两片按照茂名从日本引进的锻制管箱结构形式进行国产化攻关；其二是采用“技贸”结合的攻关模式，即与法国 BTT 公司签订 6 片高压空冷器的制造合同，同时要求 BTT 将其中两片 A301E、F 返包给哈空调进行联合制造，并负责技术指导、质量保证。所以该阶段经历了考察期、消化期、论证期、试验期、攻关期等，历时较长。1992 年之前碳钢高压空冷器多为引进，随着丝堵式空冷器国产化的研制成功，90 年代以后投用的碳钢高压空冷器则多为国内制造。

➢国家“七五”重点科技项目“空冷器的研制”

1986 年 8 月成立了以洛阳石化工程公司、哈空调机厂及镇海石化总厂为成员单位的攻关小组，攻关课题为国家“七五”重点科技项目（子项编号 75-40-05-03-07）。课题目标：研制两片丝堵式锻制管箱，翅片为滚花型（KLM 型）的高压空冷器；依托镇海石化总厂 80×10^4t/a 加氢裂化装置 2 片高压空冷器。

1991 年 2 月设备制造成功；1994 年用于镇海石化总厂 80×10^4t/a 加氢裂化装置；1996 年 8 月通过由中国石化总公司和机械部联合组织的专家鉴定，并获得科技进步奖三等奖。

镇海石化总厂分别于 1995 年、1999 年将 80×10^4t/a 加氢裂化装置改造为 90×10^4t/a 和 220×10^4t/a 的规模，随着处理量增加和掺炼的高硫原油比例提高，2000 年以后，8 片空冷器陆续出现泄漏，到 2003 年全部更换成进口的。至此，国内首次丝堵式锻制管箱滚花型翅片

（KLM 型）碳钢高压空冷器完成了其生命周期。

➢中石化攻关课题：板焊丝堵式管箱双金属轧制翅片管碳钢高压空冷器

1992 年，中国石化北京设计院和上海江湾化工机械厂及济南炼油厂成立课题组，为加氢装置用高压空冷器的设计、制造和工业试验共同攻关“板焊丝堵式管箱双金属轧制翅片管碳钢高压空冷器”。1994 年 9 月 28 日，对该产品进行了检验与验收；1996 年 10 月投产，运行状况良好。

3. 第三阶段（2003 ~ 2011 年）：国产 825 合金材料高压空冷器成套技术开发

➢国内高压加氢空冷器在用情况调研

2003 年后，大量高压加氢装置陆续在国内投产，随着处理量增加，尤其掺炼高硫原油比例的提高，在用高压加氢空冷器在运行过程中出现了较多的问题，某公司 100×10^{4}t/a 中压加氢裂化装置的高压空冷器在 2006 年 4 月至 6 月连续发生 4 次泄漏，造成频繁的非计划停工，严重影响了企业的安全生产和经济效益。图 6 - 6 和图 6 - 7 为腐蚀穿孔的空冷器管束。

图 6 - 6　腐蚀穿孔的空冷器管束

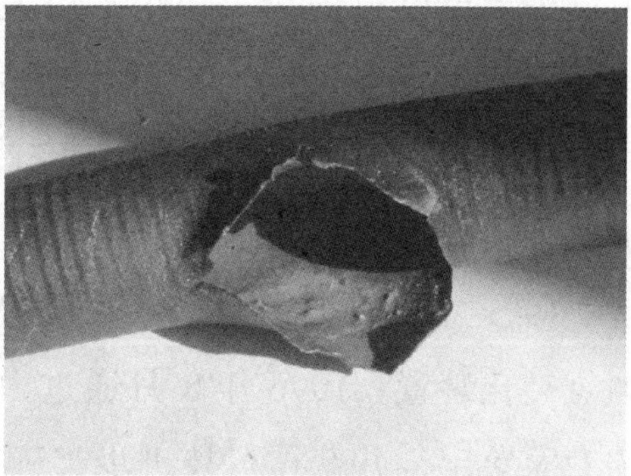

图 6 - 7　腐蚀穿孔的空冷器管束

为此，中国石油化工集团公司于 2006 年 6 月 14 日由曹湘洪院士主持召开了加氢裂化装置高压空冷器泄漏原因分析及解决方案讨论会，“加氢裂化装置高压空冷器泄漏原因分析及解决方案讨论会会议纪要

（石化股份炼设函〔2006〕39号）”强调：高压空冷器的腐蚀泄漏非常危险，极易产生重大的安全事故，应引起有关管理部门的高度重视。该会议纪要同时要求如下：①由总部科技开发部牵头，工程建设管理部、炼油事业部参加，对加氢空冷器腐蚀泄漏问题进行立项研究。由SEI和LPEC分别牵头组成调研组，对系统内外的加氢裂化装置高压空冷器进行全面系统的调研，形成调研报告，为修订设计标准提出经验依据；②对于新建加氢裂化装置，加氢空冷器应立即采用Incoloy825材料。

根据中国石化《石化股份炼设函〔2006〕39号》要求，以重点走访并配合广泛的问卷调查的方式同时展开在用高压空冷器腐蚀的调研。2006年7月20日至7月30日，由炼油事业部、LPEC、SEI及其他相关人员共同组成调研组，分为两路分别对齐鲁石化、上海石化、扬子石化、金陵石化、镇海炼化、茂名石化6个重点企业12套加氢裂化和加氢处理装置高压空冷器进行了现场调研；问卷调查表由炼油事业部于2006年7月10日下发所有被调研企业，8月底收到9个企业15套加氢装置的回复表，包括现场调研过的12套加氢装置。当时集团公司有加氢裂化和加氢处理装置约20套，在用的高压空冷器约160片，除齐鲁石化150×10^4t/a VRDS装置的两片高压空冷器管束材质为Incoloy 825外，其余管束材质大都为20R、16MnR、16MnR（R-HIC）及相似的国外牌号钢的钢板或锻件；换热管为10#、20#及相似的国外牌号钢管。

齐鲁石化VRDS装置高压空冷器于2003年3月投用，换热管Incoloy 825基管材料为进口，高压空冷器由哈空调制造，系哈空调首次制造Incoloy 825高压加氢空冷器。

此次调研发现高压空冷器的腐蚀泄漏具有普遍性，腐蚀泄漏几乎都发生在加工高硫原油的装置或改造后加工高硫原油的装置，部位集中于高压空冷器管束以及高压空冷器系统前后的换热器。

➤国外高压加氢空冷器调研

国外对于加氢反应产物高压空冷器系统（以下简称REAC）的腐

蚀研究开始得比较早，并将此称作 REAC 系统腐蚀。

1975 年 NACE（T-8-1 调查组）的研究可能是最早的权威性的研究，该研究所得出的主要结论是：空冷器的腐蚀受大量不确切的因素和变量影响。但调查所收集的数据在很长时间内指导着工程实践。这些数据包括：K_p 值、NH_4HS 浓度、流速等的统计数据。

1996 年 Unocal/UOP 公司进行了大规模调查研究，该调查并未在 1975 年 NACE 研究的基础上给出新的指导意见。但调查显示，虽然 K_p 值、NH_4HS 浓度、流速增加意味着腐蚀性增加，但必须强调空冷器对称布置的重要性。且从趋势看，腐蚀表现出与冷高分水 NH_4HS 浓度及流速更显著的关系。

上述研究减少了空冷器的腐蚀问题，但问题并未消除。1998 年 API 又进行了大规模的调查，2002 年发布的 API 932 - A 成为 REAC 系统腐蚀问题新的研究性文献。在此基础上 2004 年发布的 API 932 - B 总结了控制 REAC 系统腐蚀的推荐性措施。

➢国产 825 合金材料高压空冷器成套技术开发

调研中发现每个企业、每个装置的情况各不相同，即使同是加氢裂化装置，也各有各的特点，而且均或多或少出过问题。表面上看，这些都是空冷器或换热器等设备或管线的泄漏问题，然而实际上却是关系工艺条件、配管材质及结构布置、设备材质及要求、原料变化、防腐措施、操作等诸多方面的一个系统性问题。通过调查并结合 API 932 及国外专利商的技术要求，调研组从整个系统入手，对设计、制造、操作、管理等方面提出了一系列相应的建议措施。

中国石化根据调研报告进行了系列决策，其中最重要的一条措施是：要求国内加工高硫原油的炼油厂新上加氢裂化和渣油加氢装置高压空冷器管束主体材料采用 Incoloy 825（等同于国内 NS1402）耐蚀合金以保证高压空冷器长周期、安全操作。然而，当时 825 高合金钢管主要由欧美日的几家钢厂控制，国内用 825 高合金钢管全部采用进口，不仅花费国家大量外汇，也严重拖后设备制造周期。为此，2007 年 7 月在中国石化科技开发部组织中国石化洛阳工程有限公司、中国钢研科技集团公司、攀钢集团四川长城特殊钢有限责任公司、兰州长征机械有限公司及中国石化长岭分公司为成员单位，成立了“国产 825 合金材料高压空冷器成套技术开发”课题组。

2011 年 10 月，课题组攻关的首次 4 台国产 825 合金材料制高压空冷器投用在长岭分公司油品质量升级改造工程 170×10^4t/a 渣油加氢处理装置，应用效果良好。

2014 年 1 月 16 日，在中国石化科技部组织下，科技部、物装部、炼油事业部以及中国金属学会参加，由曹湘洪院士为主任、翁宇庆院士等为副主任的专家鉴定委员会对该课题进行了鉴定验收，委员会对该课题的完成给予高度评价，鉴定认为“该成套技术拥有自主知识产权，国内领先，并达到国际同类产品的先进水平；开发的高压空冷器安全效益、经济效益和社会效益显著。”

2015 年“国产 825 合金材料高压空冷器成套技术开发”获得中国石化科技进步奖一等奖。

“国产 825 合金材料高压空冷器成套技术开发”的成功研发，达到了以下目的：

（1）研制的 825 板材和管材，不论冶金质量还是主要性能指标，均和进口材料相当，完全可以替代进口材料；

（2）国产 825 板材和管材的研制成功，促使国外进口 825 材料价格大幅度降低（由国产化之前 825 管材进口价格近 50 万元/t 降至 2010 年国产化开发成功后的 22 万元/t），间接促进了石化行业用 825 合金材料制高压空冷器制造成本的大幅度降低，并极大缩短了工程工期；

（3）通过对丝堵部位采取优化结构和制造控制措施，极大减少了 825 合金材料制造的高压空冷器发生丝堵泄漏事故的情况。

第四阶段（2011 年至今）：国产化的深入发展

哈空调从2002年10月为齐鲁石化VRDS装置高压空冷器制造完成起，到2011年完成了近150台高压加氢空冷器制造（材料Incoloy 825进口）；兰州长征自2007年9月为福建炼化230×10^4t/a蜡油加氢裂化装置高压空冷器制造完成起，到2011年也完成了近40台进口825材料的高压加氢空冷器制造。采用825（NS1402）制造的高压空冷器在设备制造阶段和使用期间也出现了一些问题，主要表现就是管箱丝堵在设备水压试验过程和使用过程中出现泄漏现象。并且泄漏现象还比较普遍，技术人员认为是制造过程中质量控制不好引起的。为此，中国石化成立以物资装备部、炼油事业部、发展计划部、LPEC、SEI、扬子石化和石家庄炼工为代表共7人组成集团公司“高压空冷器国外制造商技术考察团”，于2011年6月3～17日赴意大利、法国和美国对OLMI S. P. A、FBM hudson、GEA BTT、USA hudson四个空冷器设备制造厂进行了技术考察。通过本次考察，了解国外高压空冷器制造行业在装备、制造工艺、技术发展方向等方面的情况，对比国内制造水平与国外的差距，在以下方面采取了控制措施：

（1）管箱盖板硬度、丝堵硬度、丝堵垫片硬度三者的匹配关系；

（2）丝堵和丝堵孔结构改进，丝堵垫片最小厚度要求；

（3）丝堵和丝堵孔密封配合公差控制；

（4）管箱盖板焊接变形控制。

通过国内制造企业的技术改造和技术进步，2011年之后生产的825（NS1402）高压空冷器很少再有丝堵泄漏现象发生了，高压空冷器的安全保障得到极大提升。

自从2011年10月首次4台国产825合金高压空冷器投用以来，以长城特钢、浙江久立等厂家生产的NS1402管材得到越来越多用户的认可，选用NS1402材料制造高压加氢空冷器的项目越来越多。到目前为止，哈空调和兰州长征等制造商生产的国产825合金制高压空冷器超过420台片，为中国的石化工程项目建设节省了投资、加快了进度、促进了发展、作出了贡献。

第四阶段前后，相关单位还开发了一些其他材料或制造技术的高压加氢空冷器：

2010 年，由 SEI、兰州长征、武汉石化共同组成项目组，联合在中国石化科技发展部立项，对组合管箱结构高压空冷器进行工程技术开发，首次将大面积堆焊技术应用在高压空冷器上。2013 年 4 月开车成功，2014 年 5 月 28 日总部组织了最终鉴定。

2010 年 SEI、哈空调和石家庄炼厂联合在中国石化重大办立项，首次进行了“加氢装置用双相不锈钢高压空冷器的研制”，2014 年 8 月开车成功，2017 年 11 月 9 日总部组织了最终鉴定。

2012 年，在中国中化集团立项，由 SEI、哈空调、中化泉州石化有限公司共同组成项目组，对加氢裂化装置新型高压空冷器成套工程技术进行开发，首次将大面积带级堆焊技术应用在高压空冷器上。2014 年 8 月开车成功，2016 年 4 月 7 日由中国石油和化学工业联合会组织了最终鉴定。

2014 年，在中国石化科技发展部立项，由 SEI、哈空调、齐鲁石化共同组成项目组，对双相钢超厚钢板制高压空冷器工程技术进行开发。2015 年 3 月开车成功，2017 年 6 月 1 日总部组织了最终鉴定。

多年来，根据高压空冷器的操作条件、设备规格以及抗腐蚀性能要求，陆续设计和制造了多种主体材料、多种丝堵结构形式的空冷器，这些设备在国内炼油加氢装置上遍地开花，体现了国产高压空冷器已经完全达到世界先进水平：

主体材料：CS、15CrMo、2. 25Cr-1Mo、S22053、S25073、Incoloy825、Incoloy625 等板锻材料；

换热管：CS、15CrMo、1. 25Cr-0. 5Mo、2. 25Cr-1Mo、300 系列不锈钢、S22053、S25073、Incoloy825、Incoloy625 等系列材料。

采用的丝堵结构形式有：单丝堵、双丝堵等，且丝堵部位加工精度越来越高，现在很少有丝堵泄漏情况发生。

苛刻设计条件：设计压力最高达到30MPa。

三、结语与展望

回顾历史，恍若隔世。“空冷器的研制”攻关成功距今已有近30年的时间，“国产825合金材料高压空冷器成套技术开发”攻关成功也有近10年的时间。这些年来，我国一个又一个“国之重器”不断涌现在世人面前。石油化工行业也得到持续繁荣的发展，众多炼化项目加工能力达到世界级规模。现在的中国不仅已经掌握绝大多数炼油加氢装置的工艺技术，而且关键设备也几乎全部国产化，其中的“丝堵式高压空冷器”早已不再引进，国内空冷器专业制造商现在可以制造覆盖炼油加氢装置所要求的多种主体材料、多种丝堵结构形式的高压加氢空冷器，为大量的工程建设项目降低了成本、缩短了周期作出了贡献！

这些年来针对原油劣质化、多变化及高压加氢极端苛刻工况，通过材料升级提高了高压加氢空冷管束的耐腐蚀性能，但由于材料升级，造成建设成本大幅增加，并且也未从根本上解决系统中铵盐结晶沉积堵塞、相邻系统的多相流冲蚀等问题，使流动腐蚀风险自然转移至REAC后续碳钢管道系统与分馏系统。流动腐蚀具有明显的局部性、突发性和高风险性，故今后还应加强REAC流动腐蚀特性研究、预测校核方法的研究和突破、运行过程的流动腐蚀实时状态监测、工艺智能防护与运行安全保证等措施，提升以碳钢为基础的REAC系统的耐流动腐蚀性能。基于流动腐蚀预测，对空冷管束结构进行优化设计，通过局部而不是全部材料升级，来降低成本，也可切实提高REAC系统的本质安全。这项研究涉及介质特性、流动腐蚀、材料局部升级、结构优化布置、工艺防护与腐蚀监测以及操作安全保证等一个很大的系统性研究工作，如能成功，则能极大降低设备成本，并能缩短制造周期，意义重大！

LPEC 李群生 SEI 张迎恺 撰写

第七章
苯乙烯装置脱氢反应器发展历程

一、概述

苯乙烯单体是一种重要的基本有机化工原料，主要用于生产聚苯乙烯（PS），也可用于制取苯乙烯-丁二烯（丁苯）橡胶（SBR）、丙烯腈-丁二烯-苯乙烯（ABS）和苯乙烯-丙烯腈（SAN）树脂、不饱和聚酯等。此外也是生产涂料、染料、合成医药的重要原料。

在20世纪30年代，美国的Dow公司和德国的巴登苯胺染料公司（即目前的BASF公司）几乎同时发展出了苯乙烯的生产技术，Dow公司苯乙烯的生产技术采用绝热脱氢工艺和一段绝热轴向反应器；巴登苯胺染料公司苯乙烯的生产技术采用等温脱氢工艺和等温管式反应器。产品苯乙烯的纯度都达到了99.6%，足以满足聚合反应的要求。到70年代，美国Lummus公司首先提出了负压脱氢工艺，采用二段绝热中间再热式径向反应器，进一步降低了物耗和能耗，并逐步形成现代单系列大型化乙苯脱氢装置。

1. 等温脱氢工艺及反应器

等温反应器由许多耐高温的镍铬不锈钢或内衬以铜锰合金的耐热

钢管组成，管径为100～185mm，管内装催化剂，管外用烟道气加热，其所在的装置工艺流程如图7－1所示。

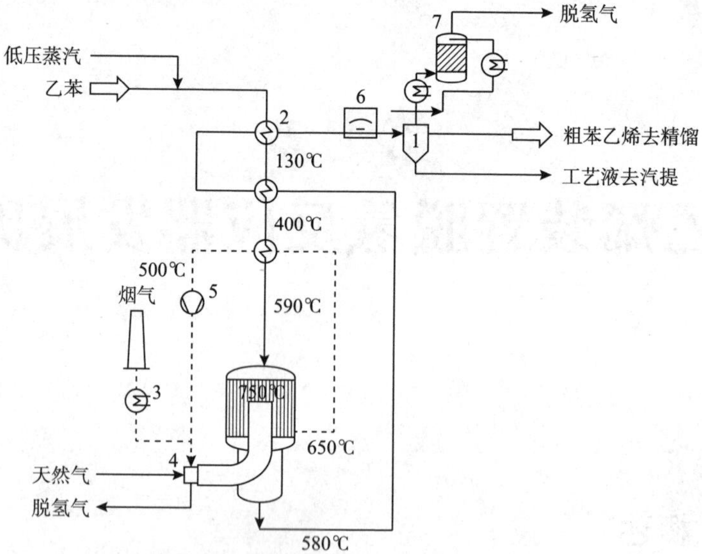

图7－1　等温脱氢反应工艺及反应器

1—反应器；2—乙苯蒸发器；3—高压蒸汽发生器；4—燃烧室；
5—烟气鼓风机；6— 空冷器；7—洗涤塔

等温脱氢反应中水蒸气仅作为稀释剂使用，其与乙苯的用量比（摩尔比）为6∶1～9∶1。脱氢温度的控制与催化剂的活性有关。新催化剂温度一般控制在580℃左右，随催化剂老化可提高至620℃左右。要使反应器达到等温，沿反应管热传热速率须与反应吸收的热量同步。但在一般情况下，往往是传给催化剂床层的热量大于反应所需的热量，故反应器的温度分布是沿催化床层逐渐增高，出口温度可能比进口温度高出数十摄氏度。

乙苯脱氢是吸热可逆反应，温度对动力学因素和热力学因素的影响是一致的，高温对两者均产生有利的影响。如从获得高反应速度考虑，采用等温反应器可获得较高的转化率。对反应选择性而言，一般在反应初期反应物浓度高，平行副反应竞争激烈，反应器入口温度低，有利于抑制活化能较高的平行副反应的进行。在反应中后期，反应产物浓度增高，连串副反应竞争逐渐加剧，如反应温度过高，将会使连串副反应加速，但如出口温度控制适宜，连串副反应也是能控制的。故通常采用等温反应器脱氢，一般转化率可达50%～70%，苯乙烯的选择性可达92%～95%。

虽然采用多管等温脱氢反应时水蒸气的消耗量约为绝热式反应器的1/2，但因等温反应器结构复杂，反应器制造费用高，故大规模的生产装置，都不采用等温脱氢反应工艺。

2. 绝热正压脱氢工艺及反应器

图7－2所示的是Dow公司的单段绝热正压脱氢反应工艺。循环乙苯和新鲜乙苯与约总量的10%的水蒸气混合后，与高温脱氢产物进行热交换被加热至520～550℃，再与过热到720℃的其余90%的过热水蒸气混合，然后进入脱氢反应器，脱氢产物离开反应器时的温度约为585℃，经热交换器利用其热量后，再进一步冷却冷凝，凝液分离去水后，进粗苯乙烯储槽，尾气90%左右是氢，可作燃料用或可用以制氢。

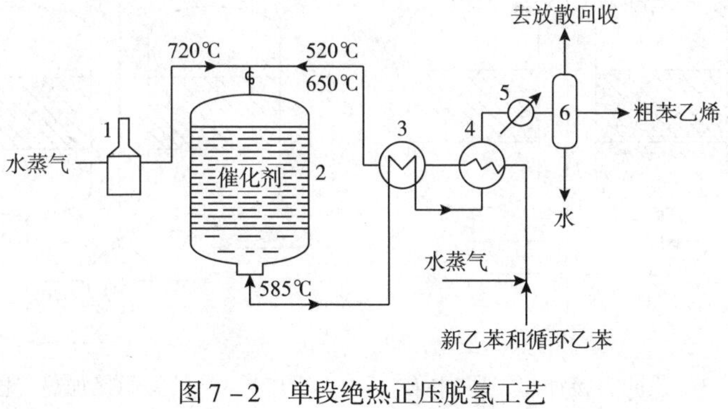

图7－2 单段绝热正压脱氢工艺

绝热脱氢时反应所需热量是由过热水蒸气带入，故水蒸气用量要比等温式大1倍左右。绝热脱氢反应的工艺条件为：压力138kPa左右，H_2O/乙苯＝14/1（摩尔比），乙苯液空速0.4～0.6m^3/(h·m^3催化剂)。由于脱氢反应需吸收大量热量，反应器的进口温度必然比出口温度高，单段绝热反应器的进出口温差可大至65℃。这样的温度分布对脱氢反应速度和反应选择性都会产生不利的影响。由于反应器进口处乙苯浓度最高且温度高就有较多平行副反应发生，所以选择性下降。出口温度低，对平衡不利，使反应速度减慢，限制了转化率的提高，故单段绝热反应器脱氢，转化率较低（35%～40%），选择性也较低（约90%），每吨苯乙烯消耗10t蒸汽。

绝热脱氢反应，由于采用大量的过热水蒸气，工艺冷凝液量甚大，此冷凝液中含有少量芳烃和焦油，需经处理后，方可用于产生水蒸气而循环使用，既可节约工业用水，又能满足环保要求。

绝热反应器结构简单，制造和操作费用较低，生产能力大。一个大型单段绝热反应器，生产能力可达到每年数万吨。但是单段绝热反应器单程转化率过低，选择性较低，蒸汽消耗高。因此在20世纪60～70年代，又相继开发了段间蒸汽直接加热二段绝热反应器（图7－3）和段间蒸汽间接加热二段绝热反应器（图7－4）。

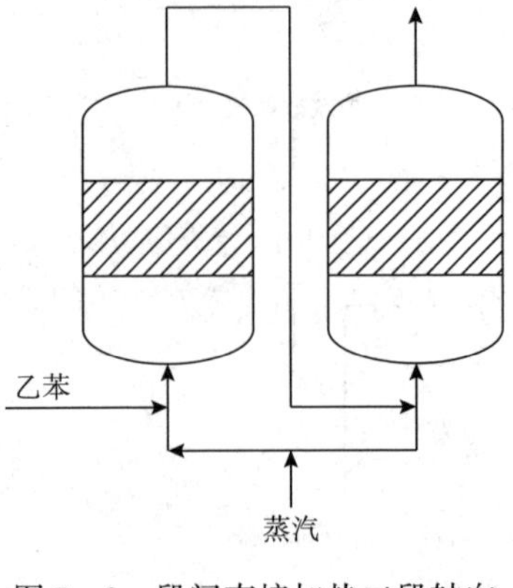

图7－3　段间直接加热二段轴向绝热反应器

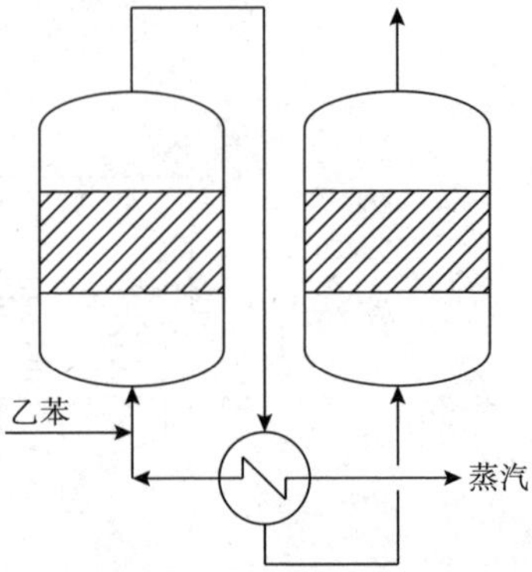

图7－4　段间间接加热二段轴向绝热反应器

段间蒸汽直接加热二段绝热反应，其主要特征为轴向流动，工艺指标为：反应进口温度大于600℃，第一段反应器水烃比为1～2；第二段反应器水烃比为2.5～3，转化率为45%，每吨苯乙烯消耗蒸汽8t。段间蒸汽间接加热二段绝热反应器，就反应器的特征而言与直接加热流程相同，只是加热流程由直接加热改为间接加热，其工艺指标为：反应进口温度大于600℃，反应器水烃比为2～2.5，转化率约50%，每吨苯乙烯消耗蒸汽7.5t。

3. 绝热负压脱氢工艺及反应器

20世纪60年代中期，Lummus公司和Monsanto公司联合开发了乙苯负压脱氢工艺（图7－5），采用负压脱氢能明显促进乙苯向苯乙烯平衡的移动，能够降低水烃比，节约蒸汽消耗。在Monsanto的实验装置工艺中，反应压力为真空，反应器进口温度600℃以上，水烃比1.5～2，转化率约60%，生产每吨苯乙烯消耗蒸汽4t。由于采取负压，反应器必须采用低阻力的反应器，因此采用径向反应器就成为一种必然的选择。

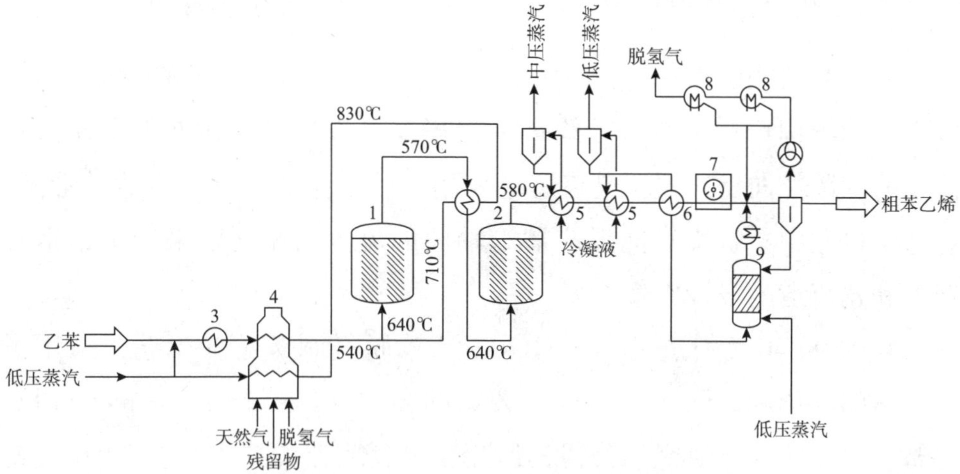

图7－5　Lummus二段绝热负压脱氢工艺

1、2—反应器；3—蒸发器；4—管式炉；5—蒸汽发生器；6—预热器；7—空冷器；8—海水冷却器；9—汽提塔

在Lummus和Monsanto的苯乙烯制造工艺中，乙苯脱氢反应器技术是Lummus公司最先开发的，在近30年的工程设计和开发中，经过了不断地完善发展（图7－6，图7－7）。

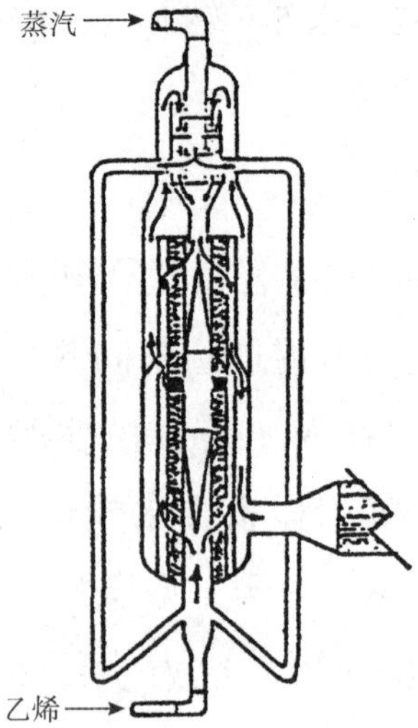

图7－6　70年代Lummus工业化负压
乙苯脱氢径向反应器

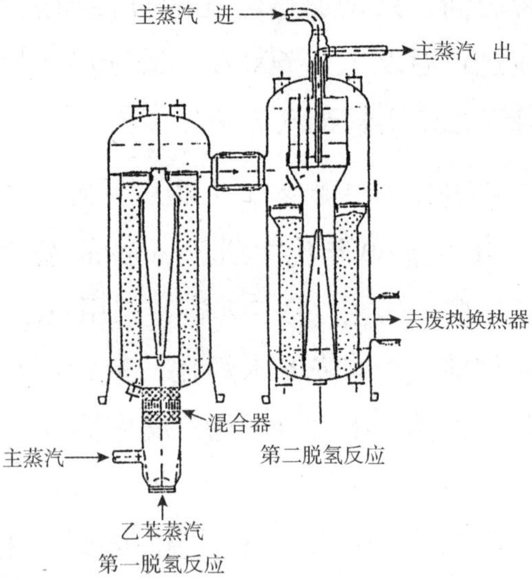

图7－7　80年代至今Lummus负压
乙苯脱氢径向反应器

从这些简图中得出：Lummus的乙苯脱氢反应器技术在30年的发展中总的结构形式不变，始终采用二段径向反应器，初期曾出现过一体化的二段径向反应器，最终还是采用二段分体式径向反应器的形式；在这个过程中，解决径向反应器沿轴向的流体均布问题采用了锥形分布器和宽流道的设计方案。

我国90年代引进的Fina/Bager乙苯脱氢制苯乙烯工艺，采用了Badger的烃化和脱氢工艺，Fina公司的径向反应器技术。Fina公司是对苯乙烯反应很有研究的公司，但其脱氢反应器的技术是在90年代初形成的，Fina公司同样采用锥形分布器解决径向流体的轴向均布问题，同时Fina公司认为对乙苯脱氢径向反应器的流体不但应沿轴向均布，而且也应考虑在周向流体均布。Fina公司通过研究反应器进口管的结构形式对流体周向分布方面的影响，认为与反应器轴线成90°的接管形式将导致流体在催化床周向的分布不均匀，因此将90°连接的接管改成带过渡段的弯管（图7－8），同时在弯管中解决气气的快速混合。但是这种情况，无论是引进的Lummus装置，还是国产化装置中都不采用以结构来实现流体均布和气气混合。

综上所述，在乙苯脱氢工艺中，为适应负压的要求采用低阻力的径向反应器已成为共识，轴向反应器和管式等温反应器不能满足负压工艺和装置大型化的要求。径向反应器的流体均布问题均采用中心锥形流体分布器来解决。

目前国际上主要有 UOP/Lummus 技术和 Badger/Fina 技术，都采用负压脱氢工艺和径向反应器技术。

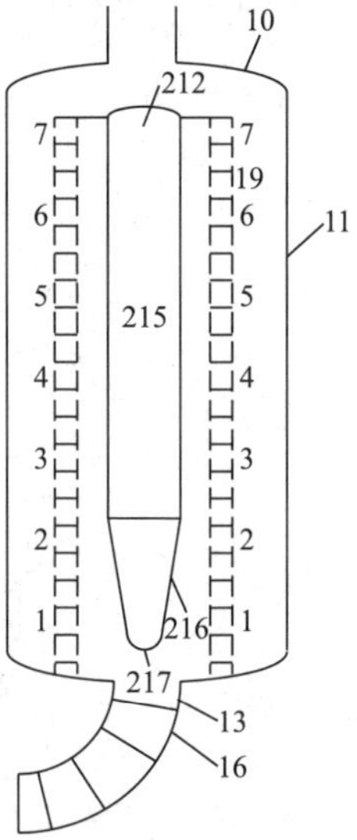

图 7-8　Fina 负压乙苯脱氢径向反应器

二、脱氢反应器国产化技术发展历程

20 世纪 80 年代由于我国经济的快速发展，国内苯乙烯处于严重短缺状态，进口量一直在 50×10^4t/a 以上。80 年代中期起我国燕山、齐鲁、茂名和扬子等石化企业引进 Lummus 技术，90 年代我国广州、大庆、盘锦等苯乙烯装置引进 Badger 的技术。截至 1998 年年底，我国共引进了 8 套苯乙烯装置，但仍然满足不了国内市场的要求。为了避免重复引进，从 90 年代起，中国石化总公司组织上海医药设计院、华东理工大学和上海石油化工研究院共同开发 10×10^4t/a 苯乙烯的工艺包，同时研制工艺包的核心设备——轴径向固定床苯乙烯脱氢反应器。

中国石化组织研发的乙苯脱氢轴径向反应器是在研究径向反应器流体均布理论和掌握了轴径向反应器液体分布技术的基础上开发成功的。轴径向流动是在径向床顶部采用催化剂自封式结构，即集气管比分气管低一定的高度，以使催化床的上部造成轴径向二维流动，以催化剂封高度的改变来调节通过其中流体的量，而在催化床的主体部分仍然以径向流动为主，如图 7-9 所示。轴径向反应器按流体的流向又可分为离心流动和向心流动、向下流动和向上流动、Π形流动和Z形流动等多种形式。

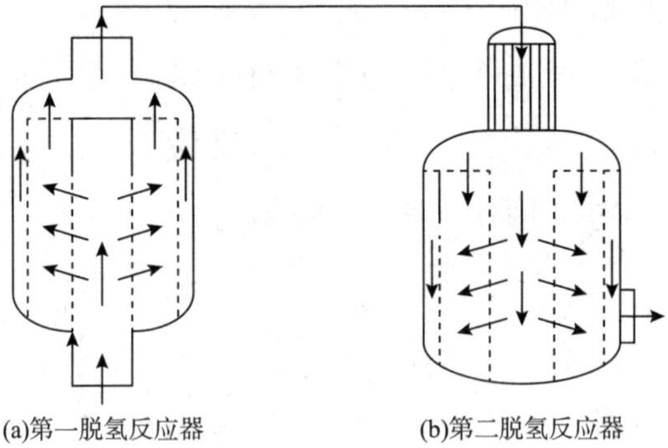

图7-9 轴径向二维流动反应器结构简图

与Lummus和Fina的径向反应器（图7-10）技术相比，轴径向反应器（图7-11）具有如下技术特征：

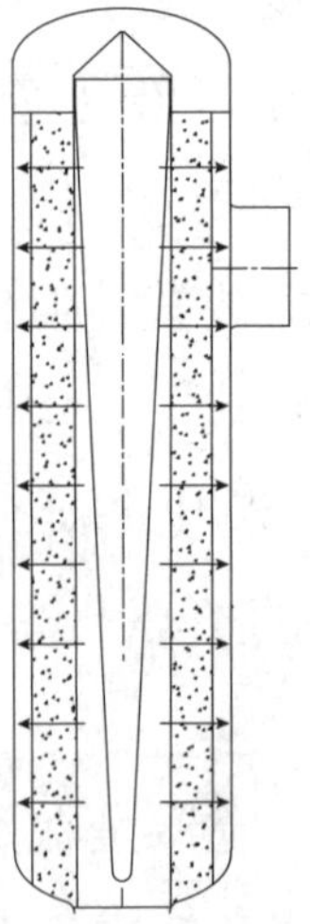

图7-10 径向反应器

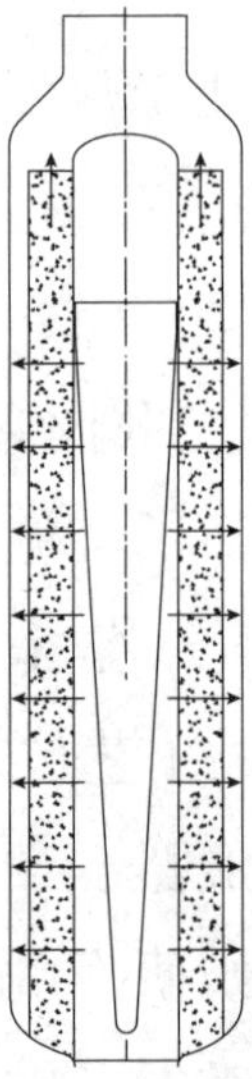

图7-11 轴径向反应器

（1）采用轴径向流体二维流动技术，充分利用了催化剂封，提高了催化剂的利用率，有利于转化率的提高，减少或避免反应器局部催化剂结炭的发生；

（2）简化了反应器的结构，用催化剂封替代了机械密封，装卸催化剂方便；

（3）不同于 Lummus 公司和 Fina 公司的专利技术，除轴径向二维流动技术以外，装置流程和催化剂支承结构等自成特色，形成了独特的乙苯脱氢反应器先进技术。

1997 年，大连石化公司 10×10^4t/a 苯乙烯成套技术国产化列为中国石化总公司“十条龙”攻关项目之一，由华东理工大学和上海医药设计院承担年产 10×10^4t/a 苯乙烯轴径向反应器的工艺设计、工程设计和研制。1999 年大连石化公司向国家经贸委递交了国家重点科技项目计划可行性论证报告，要将大连三苯联合装置中的关键设备国产化。国家经贸委于 1999 年 10 月 15 日下发国经贸技术〔1999〕969 号文《关于大型乙烯成套设备第二批研制项目可行性研究报告的批复》，将“三苯联合装置成套设备研制”项目纳入“九五”国家重大技术研制和国产化计划。“苯乙烯装置第一、二脱氢反应器研制”是成套设备研制计划之一，项目编号 99-315-06-01，文件要求项目在 2000 年年底完成并验收。

自主开发的 10×10^4t/a 苯乙烯的工艺包，是以轴径向固定床苯乙烯脱氢反应器为核心的负压绝热脱氢工艺，与国外技术具有不同之处。

负压绝热脱氢反应工艺采用二段分体式反应器形式，在第一脱氢反应器和第二脱氢反应器之间设置中间换热器，为第二段脱氢反应提供热源。国产化 10×10^4t/a 苯乙烯装置中的中间换热器结构如图 7－12 所示。

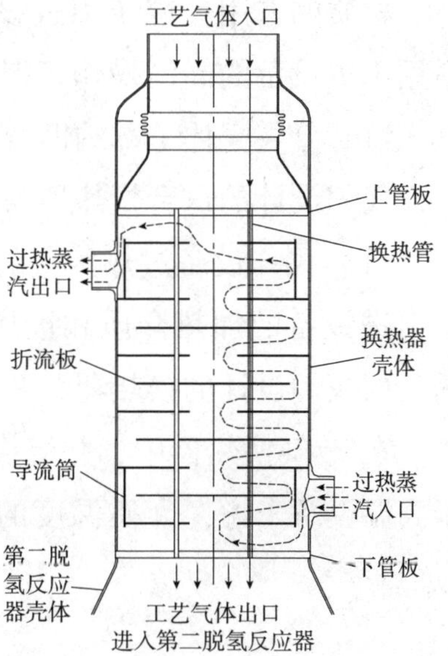

图 7－12 国内设计的中间换热器

这是一台典型的管壳式换热器，

它的下管板与第二脱氢反应器壳体相连。管程介质是来自第一脱氢反应器的工艺气体，从顶部进入，由上而下，经过换热管被加热后，从下管板流出，进入第二脱氢反应器。壳程介质是来自蒸汽过热炉的高温蒸汽，从侧面进入换热器壳程，顺着导流环向下至下管板上表面，然后在折流板之间流动，加热管子内的气体，随后从上部出口流出。中间换热器的工作温度和材质见表 7－1 和表 7－2。

表 7－1　中间换热器的工作温度　　℃

工作温度	进　口	出　口
管程温度	564	645
壳程温度	820	616

表 7－2　国产设备的部件材料

蒸汽入口接管	Incoloy800HT
壳体筒节的 1/4 长度	Incoloy800HT
导流筒	Incoloy800HT
其余部件	304H

材质的选用参照了引进设备，因为国内压力容器规范中的材料不适用于本设备的高温操作工况。换热器的主体材料选用 304H。高温蒸汽入口部分及壳体下部约四分之一长度的筒节采用了 Incoloy800HT。

我们设计的这台换热器与引进设备主要不同点在于：

（1）国产设备过热蒸汽的入口温度比引进设备降低约 50℃。原因是引进设备的加热介质和被加热介质是同方向流动的，如图 7－13 所示。而我们设计的换热器，两种介质是逆向流动的，见图 7－14。

在气-气换热器中，并流换热器的效率远远低于逆流换热器。而对于高温设备来说，介质温度的降低意味着可以获得材料的较高的许用应力。

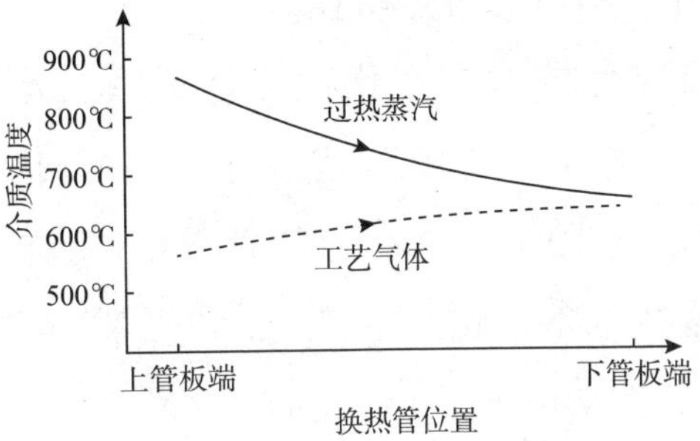

图7－13 引进设备换热管的温度

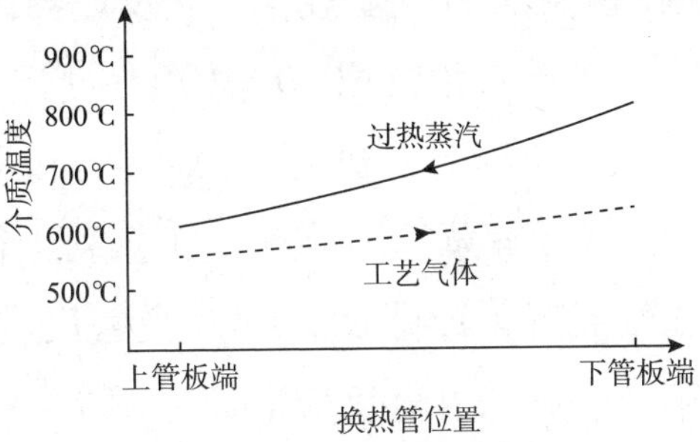

图7－14 国产设备换热管的温度

由于过热蒸汽温度降低，Incoloy800HT 的许用应力提高约 30%，节省了高温用贵金属的使用量，见表7－3。

表7－3 Incoloy800HT 的许用应力与温度的关系

温度/℉（℃）	许用应力/psi（MPa）
1500（815.6）	2200（14.96）
1550（843.3）	1700（11.56）
1600（871.1）	1400（9.52）
1650（898.9）	1100（7.48）

（2）设备结构简单，换热器中没有使用耐高温衬里材料，也没有使用填料密封，便于换热器的焊接、组装、检验和试验，保证了换热器的制造质量。

（3）蒸汽入口的导流筒同时也起着防冲挡板的作用，高温蒸汽不会直接冲击换热管。这一措施与蒸汽降温并举，彻底消除了换热管和管板受高温冲击而发生蠕变失效的危险。

苯乙烯脱氢反应是在高温、负压状态下进行的，反应器的本体设计温度 650℃，蒸汽入口处设计温度高达 840℃，并在真空状态操作。

苯乙烯脱氢反应器的结构形式是固定床催化反应器，其结构特点是：反应器壳体内有多层同心圆筒，从轴心向外依次为锥形流体分布筒、催化剂内网、外网和外壳。由于制造上的圆度偏差和组装时的同心度偏差，易造成圆筒之间的环形流道宽窄不均匀，对反应效果影响很大。严格控制圆度偏差和同心度偏差是反应器设计、制造的难点所在。

大连石化公司 10×10^4t/a 苯乙烯成套技术国产化项目建成后，运用该成功经验，进行放大规模和局部改进，又相继建成了齐鲁石化 20×10^4t/a 苯乙烯装置、江苏利士德 15×10^4t/a 苯乙烯装置等 20 套苯乙烯装置，详见表 7－4。脱氢反应器技术参数详见表 7－5 和表 7－6。第一、第二脱氢反应器详见图 7－15 和图 7－16。

表 7－4　采用本技术建造的苯乙烯装置一览表

序号	企业名称	生产能力（10^4t/a）	投产或计划建成日期
1	大连石化公司	10	1999 年
2	齐鲁石化公司	20	2004 年
3	江苏利士德化工有限公司	15	2005 年
4	海南实华嘉盛化工有限公司	8	2006 年
5	中国石油锦州石油化工公司	8	2006 年
6	华北石油管理局石油化工厂	8	2007 年
7	江苏利士德化工有限公司二期	15	2007 年
8	大庆中蓝石化有限公司	8	2008 年
9	辽宁化锦化工集团有限责任公司	15	2009 年
10	中国石化安庆分公司	10	2009 年
11	山东华星石油化工集团有限公司	8	2009 年
12	中国石油抚顺石化分公司	6	2011 年
13	中国石化青岛炼化公司	8.5	2011 年
14	天津蓝星集团公司	20	2011 年
15	中国石化集团巴陵石化分公司	12	2012 年
16	中国石化湛江东兴石油化工有限公司	6	2013 年
17	中海油东方石化有限责任公司	12	2014 年
18	中海石油宁波大榭/舟山石化有限公司	28	2016 年
19	中国石化九江分公司	8	2017 年

表 7－5　第一脱氢反应器数据表

主要参数	容器内	蒸汽入口处
工作压力/kPa（A）	56	75
设计压力/MPa	－0.1/0.21	－0.1/0.21

续表

<table>
<tr><td>主要参数</td><td colspan="2">容器内</td><td>蒸汽入口处</td></tr>
<tr><td>工作温度/℃</td><td colspan="2">620</td><td>808</td></tr>
<tr><td>设计温度/℃</td><td colspan="2">650</td><td>840</td></tr>
<tr><td>物料名称</td><td colspan="2">乙苯，苯乙烯</td><td>过热蒸汽</td></tr>
<tr><td>全容积/m³</td><td colspan="2">75</td><td></td></tr>
<tr><td colspan="4">设备规格：φ3000×16200</td></tr>
<tr><td rowspan="2">主要受压元件材质</td><td>封头</td><td>304H</td><td>UNS N08811</td></tr>
<tr><td>筒体</td><td>304H</td><td>304H/ UNS N08811</td></tr>
</table>

表7-6 第二脱氢反应器数据表

<table>
<tr><td>主要参数</td><td colspan="2">容器及换热器管程</td><td>换热器壳程（蒸汽入口处）</td></tr>
<tr><td>工作压力/kPa（A）</td><td colspan="2">40</td><td>168</td></tr>
<tr><td>设计压力/MPa</td><td colspan="2">-0.1/0.21</td><td>-0.1/0.21</td></tr>
<tr><td>工作温度/℃</td><td colspan="2">容器：625
管程进口：564
管程出口：645</td><td>进口：820 出口：616</td></tr>
<tr><td>设计温度/℃</td><td colspan="2">650</td><td>650（蒸汽入口处840）</td></tr>
<tr><td>物料名称</td><td colspan="2">乙苯，苯乙烯</td><td>过热蒸汽</td></tr>
<tr><td>全容积/m³</td><td colspan="2">112</td><td></td></tr>
<tr><td colspan="4">设备规格：φ3250×19300</td></tr>
<tr><td rowspan="2">主要受压元件材质</td><td>封头</td><td>304H</td><td>UNS N08811</td></tr>
<tr><td>筒体</td><td>304H</td><td>304H/ UNS N08811</td></tr>
</table>

图7-15 第一脱氢反应器

图7-16 第二脱氢反应器

中国石化组织研发的苯乙烯成套技术及脱氢反应器获得的主要技术成果：

2005 年“大型苯乙烯第一、第二脱氢反应器国产化研制”获中国石油化工集团公司科技进步奖一等奖；

2006 年“20×10^4t/a 苯乙烯成套技术开发”获中国石油化工集团公司科技进步奖一等奖；

2008 年“大型径向流动反应装置开发与应用”获上海市科学技术一等奖，2009 年“乙苯脱氢制苯乙烯关键技术轴径向反应器和新型催化剂的研发及应用”获国家科学技术进步奖二等奖。

三、结语

国产苯乙烯脱氢反应工艺是在高温、负压状态下操作的，反应器的本体设计温度650℃，随着水烃比的降低（相当于能耗降低），蒸汽入口处设计温度已高达890℃。从工程设计角度来说，对于苯乙烯脱氢反应器这样的承受高温的反应压力容器，国内没有特定的规范和标准，也缺乏成熟的设计、制造经验。本项目研制成功，为我国立足国内技术发展苯乙烯生产，提高在国内外市场的竞争能力奠定了坚实的基础，也为我国自行设计制造高温压力容器和耐高温材料的应用积累了宝贵的经验，在重大装备国产化道路上向前迈进了一步。

SSEC 钱小燕　撰写

第八章

聚丙烯装置多区循环反应器发展历程

一、概述

聚丙烯是以丙烯为单体聚合而成的聚合物，是合成树脂中最重要的品种之一，是合成材料中发展最快的一个品种。1954 年意大利 Natta 教授在实验室首次合成出聚丙烯，1957 年聚丙烯即实现了工业化，在半个世纪的时间里，聚丙烯已经成为产量最大、牌号最多、用途最广的合成树脂品种之一。

聚丙烯的生产工艺主要有 4 种，即溶液法、浆液法、本体法和气相法，比较先进的生产工艺主要是本体-气相组合工艺和气相法工艺。典型代表有：

（1）中国石化的 ST 和 Basell 的 Spheripol 本体-气相组合工艺技术；

（2）Dow 的 Unipol 气相法聚丙烯工艺技术；

（3）Lummus 的 Novolen 气相法聚丙烯工艺技术；

（4）Ineos 的 Innovene 和 JPP 公司的 Horizone 气相法聚丙烯工艺技术；

（5）Basell 的 Spherizone 气相法聚丙烯工艺技术。

Spherizone 聚丙烯工艺技术从 20 世纪 80 年代开始研发，前后经历

20 年，该技术是在 Spheripol 环管工艺基础上利用提升管反应器原理开发的一种新的聚丙烯工艺技术。该工艺采用提升管的多区循环反应器，在聚合反应器内可实现多区循环聚合，可生产具有更好性能的聚丙烯产品。

相对于其他工艺技术，Spherizone 工艺中特殊的反应器设计使得聚丙烯产品有更多组合的可能，并且组分可以调整，技术优势明显，其开发出的新产品有以下几类：

（1）高立构定向性能与宽分子量分布相结合而产生的高刚性均聚或抗冲共聚牌号；

（2）极宽分子量分布的产品，用于发泡；

（3）单无规（上升段无规共聚，下降段均聚）产品，用于 BOPP，热成形及纤维；

（4）双无规（上升段较高乙烯含量，下降段较低乙烯含量）产品，其透明和抗冲性能同时得到了提高；

（5）高乙烯含量无规共聚产品，用于膜料和注射成形；

（6）单或双无规共聚结合抗冲共聚的产品，其透明和抗冲性能同时得到了提高。工艺流程如图 8－1 所示。

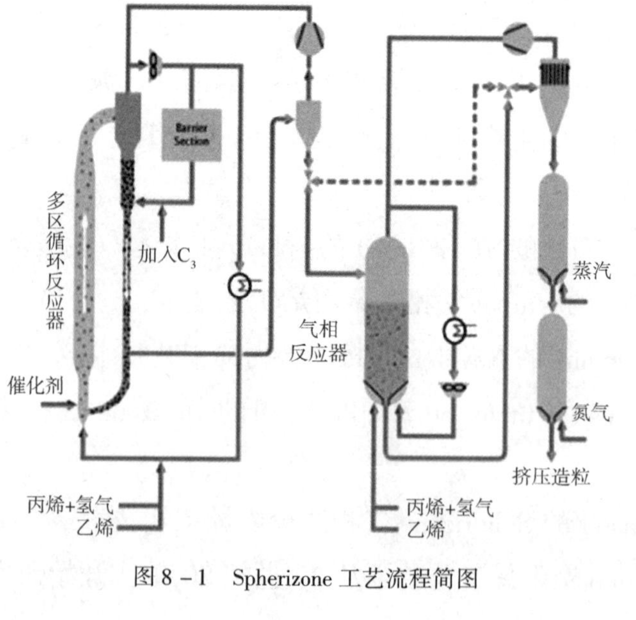

图 8－1　Spherizone 工艺流程简图

1. 反应器简介

多区循环反应器是 Sphrizone 工艺技术中的核心设备，该反应器是一台外形由多部件精密封闭连接的大型设备，主要由提升、沉降两个反应区组成，操作时催化剂连续加入多区循环反应器，增长的聚合物粒子在两个不同的反应区循环。在“提升段”反应区聚合物粒子被风机提供的气相单体夹带向上；然后，在反应器顶部，聚合物粒子经旋风分离式的汽提区后进入“沉降段”反应区，“沉降段”反应区聚合物粒子受重力作用密相柱塞流向下；在反应器底部，聚合物再循环进入“提升段”反应区。反应器能够根据氢气和共聚单体浓度在不同条件下操作，能够生产出多品质分子内结合的“大分子”双峰产品，也可以调整两个反应区在相同的反应条件下生产均聚和无规共聚物产品。反应器结构见图 8 – 2。

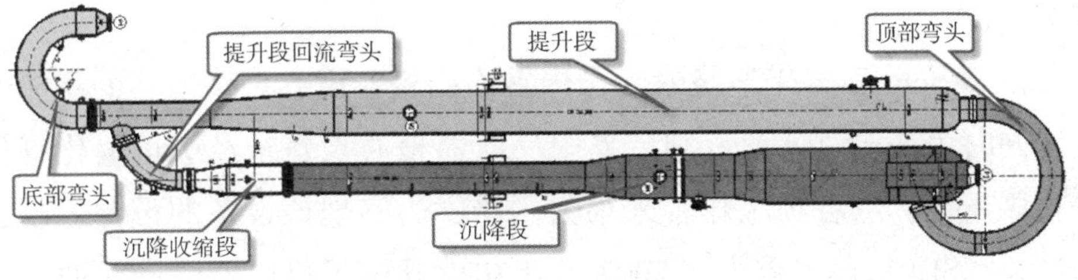

图 8 – 2　反应器结构简图

多区循环反应器主体材料采用国产 09MnNiDR，部分厚度 125mm 的低温板材选用进口 SA516 GR70 + S5，反应器参数见表 8 – 1。

表 8 – 1　典型多区循环反应器参数

装置名称	设计压力/MPa（G）	设计温度/℃	主体材料	设备规格/mm	壳体壁厚/mm	设备重量/t
中国石化天津分公司 45×10^4t/a 聚丙烯装置	4.2	–45/150	09MnNiDR/SA516 GR70 + S5	*DN*3400/*DN*2700 × 65000	32 ~ 125	480

续表

装置名称	设计压力/MPa（G）	设计温度/℃	主体材料	设备规格/mm	壳体壁厚/mm	设备重量/t
中海油惠州炼化 40×10^4t/a 聚丙烯装置	4.2	-45/150	09MnNiDR	$DN$3200/$DN$2500×65000	26~105	380

2. 反应器研发

中国石化天津分公司于2006年引进了国内第一套Spherizone工艺技术装置，规模45×10^4t/a，是当时世界上单线能力最大的聚丙烯装置，该工艺技术中的核心设备多区循环反应器在国内首次应用，为了更好地消化吸收该工艺技术，摆脱国外公司对该反应器的垄断，在中国石化物装部的组织下，由中国石化工程建设公司（以下简称SEI）牵头，与茂名重力合作，对国内第一套多区循环反应器进行了国产化攻关。

由于Sphrizone工艺技术在国内首次引进，没有可以借鉴的相关经验，同时第一次对外商专利装置中反应器核心设备未经引进消化直接进行国产化，给各项工作带来很大困难，为实现该设备的设计、制造国产化，SEI与茂名重力从2007年年初就开展了反应器国产化的前期准备工作，针对该反应器的结构特点，有针对性地对反应器的低温厚板、厚壁锻件以及大直径弯管进行了材料调研，初步确定了进口材料、进口零部件的范围。2007年7月SEI分别通过专业级评审以及项目级评审进一步明确了反应器的设计计算方法、国内外材料分交以及各专业的条件分工，成立了反应器设计开发小组，明确了各专业小组成员的职责分工，开发工作得到了有序推进。2008年5月，SEI完成了多区循环反应器的全部设计工作，并顺利通过专利商的设计审查。

1）设计开发

在整个设计开发过程中，重点考虑并解决了以下几个方面的问题。

（1）整体应力分析。由于该反应器结构的特殊性，除了常规强度计算外，设计计算过程中采用了大量有限元分析计算，首先用壳单元对整个反应器进行整体分析，然后对局部关键部位采用三维实体单元分析，见图8－3和图8－4。

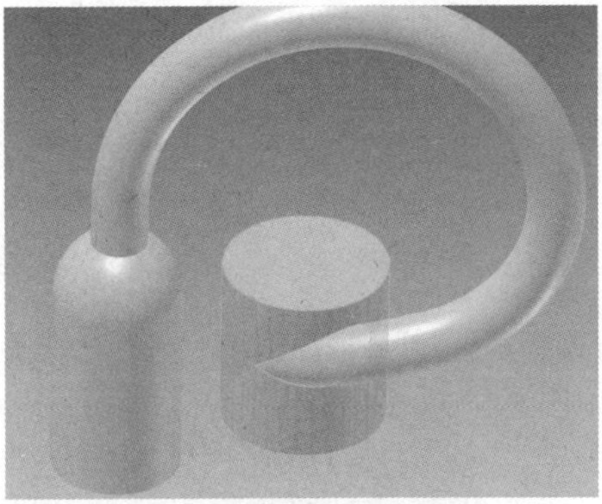

图8－3 顶部连接简图

图8－4 模型建立

（2）共振问题。整台反应器坐落在钢结构框架内，在设计时，考虑在地震工况下，与框架的联合作用，解决共振问题。

（3）异形结构设计。对于沉降段顶部切向弯管与筒体连接处根据实际3D模型精准放样。

2）制造攻关

与此同时，制造单位茂名重力结合该反应器的国产化要求，投入了大量的人力物力，制定了提升装备能力、扩大产能等各项工作计划并付诸实施，制订了切实可行的制造加工方案。

（1）多区循环反应器整体制造攻关。根据反应器结构特点，将反应器分为提升段、沉降段、旋风段、顶部250°大弯头、底部180°大弯头和内件等部件分别制造；针对各部分结构特点及相关制造精度要求，分别制订相应工艺方案，通过计算机精确放样和实体模型放样、专用工装及专用加工设备进行制造；利用组对模型、平台垂直投影、高精度测量仪器保证各部件的制造精度及质量；部件制造完成后，利用专用平台、组对模具等对各部分进行整体精密组装，从而确保各部件连接密封以及相关形位尺寸要求及安装尺寸要求。

(2) 异形机构加工。切向斜插精确大开孔、弯管组对、焊接及检测。为保证厚壁筒体大开孔的准确性，提高组对质量，减少焊接变形，通过计算机精确计算放样，见图8－5、图8－6和图8－7。

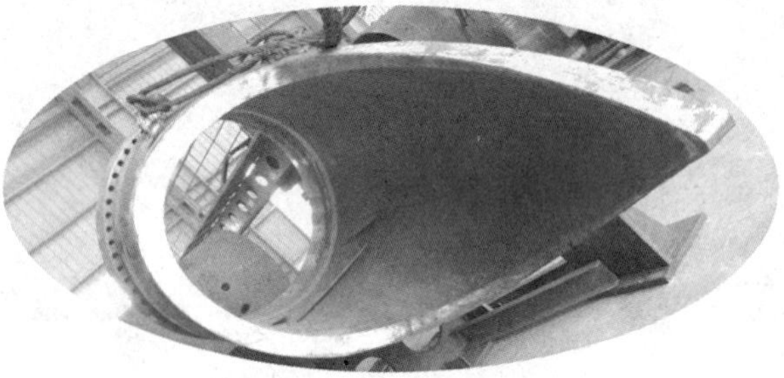
图8－5　斜插管实物

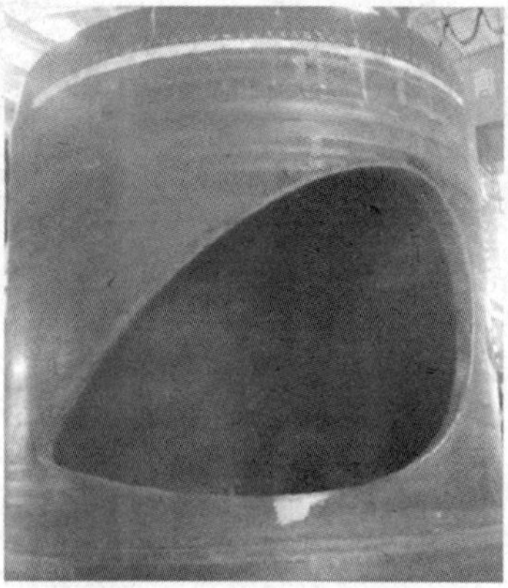
图8－6　斜插管筒体开洞

(a)斜插管焊接后的模型

(b)斜插管焊接后的实物

图8－7　斜插管模型与实物对比图

(3) 大尺寸厚壁弯头的制造。多区循环反应器所有弯管（弯头）的尺寸规格如表8－2所示。

表8－2　弯头材质及规格表

序号	名称	材质	规格	最小壁厚/mm	弯曲半径/mm
1	顶部大弯头1	09MnNiDR	ϕ1400×180°	32	2.96D（4380）
2	顶部大弯头2	09MnNiDR	ϕ1400×71.07°	32	2.36D（3500）

续表

序号	名称	材质	规格	最小壁厚/mm	弯曲半径/mm
3	底部大弯头	09MnNiDR	ϕ1600×180°	32	1.79D（3000）
4	回流口弯头	09MnNiDR	ϕ1200×72°	32	2.58D（3300）

目前国内直径1000mm以上的弯管普遍采用煨制的工艺，弯曲半径一般在4D以上，直径1200mm以上弯曲半径4D以下则很少有业绩，直径达1400mm、弯曲半径不足3D的大弯管，国内几乎没有经验可循，而国外著名的弯管厂如比利时的Fabricom、日本的DHF等都没有这种大直径小弯曲半径的弯制技术。通过大量的试验摸索，SEI、茂名重力联合国内多家电力、管道、锅炉弯管厂家克服了这一技术难题。

（4）低温厚板焊接接头性能保证。CTOD（Crack Tip Opening Displacement，裂纹尖端张开位移）试验是一种评价材料和焊接接头抗断裂性能的有效方法。工业发达国家已在制造业中广泛应用CTOD试验作为焊接接头的评定方法，尤其对板厚超过50mm的焊接接头，按规范必须做CTOD试验（见图8-8），以评价焊接接头抗开裂性能的优劣，近年来国内也呈现了这一趋势。

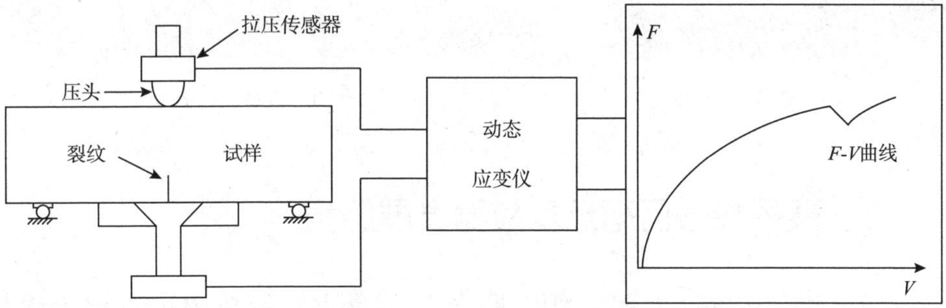

图8-8 CTOD试验模型示意图

低温钢的主要性能要求是保证在使用温度下具有足够的韧性及抵抗脆性破坏的能力，对于低温钢厚板的焊接，其接头低温条件下韧性的评价是最关键的性能指标，因此，该反应器通过研究一系列的CTOD试验来进行评价焊接接头抗断裂性能。

(5) 整体组装。多区循环反应器是一个环形密闭结构，为保证反应器在现场顺利安装，必须在车间进行整体预组装，见图 8 –9。

经过各方共同努力，国内第一套 45×10^{4}t/a 聚丙烯多区循环反应器，于 2009 年 3 月通过了专家组、专利商代表的审查和验收（见图 8 –10），顺利出厂。

图 8 –9　整体组装图

图 8 –10　设备验收现场

二、聚丙烯多区循环反应器发展历程

2006 年，由 SEI 牵头组织，联合茂名重力，依托中国石化天津分公司 100×10^{4}t/a 乙烯工程申报了 45×10^{4}t/a 聚丙烯装置多区循环反应器国产化攻关项目；

2009 年 2 月 25 日，第一台多区循环反应器完成全部制造工作，并正式通过中国石化集团公司组织的出厂验收专家评审；

2010 年 1 月 6 日，第一台多区循环反应器聚丙烯装置开车成功；

2012 年 1 月，45×10^4t/a 多区循环反应器荣获中国石化科技进步奖二等奖；

2013 年 8 月，天津 45×10^4t/a 聚丙烯装置荣获中国石化优秀工程设计二等奖。

2014 年，第二台国产化多区循环反应器，惠州炼化二期 40×10^4t/a 聚丙烯多区循环反应器正式立项；

2016 年 3 月，惠州多区循环反应器顺利出厂；

2018 年 3 月，第二台国产化多区循环反应器聚丙烯装置——惠州 PP 开车成功；

2013～2017 年，中科炼化、延长靖边、辽宁宝来集团相继引进 Sphrizone 聚丙烯工艺技术；

2017 年，国内设计制造的多区循环反应器首次出口海外，应用于马来西亚石油公司聚烯烃项目。

三、结语

多区循环反应器的国产化，填补了国内空白，打破了国外技术垄断，同时，反应器国产化的过程，也是引进、消化吸收国外先进生产工艺技术的过程，通过该反应器的国产化，能够更深入地理解新一代 Sphrizone 聚丙烯工艺技术，对国产化聚丙烯工艺技术的发展，对聚丙烯新牌号的研究与开发，对了解、消化吸收国外聚丙烯技术的最新发展具有重要意义。

SEI 陈志敏　撰写

第九章

催化裂化装置沉降器和再生器发展历程

一、概述

催化裂化装置是重要的原油二次加工装置，在世界各国的炼油厂中都占有重要地位。自我国第一套流化催化裂化装置于1965年5月在抚顺投产以来，历经50余年的迅猛发展，已经取得了令人瞩目的成就。

催化裂化是我国重油加工的基本手段，是炼油企业经济效益最重要的支柱。催化裂化能最大量地生产高辛烷值汽油组分；原料适应性广，从馏分油到重质原料油均可加工；转化深度大，轻质油品和液化气收率高；装置压力等级低，操作条件相对缓和，投资省；液化气中丙烯、丁烯等轻烯烃利用价值高。由于石油仍是不可替代的运输燃料，且世界石油资源有限，随着石油需求的增长，发展重油深度转化，增加轻质油品仍是炼油行业重大发展战略，流化催化裂化仍将是21世纪重要的转化技术。

我国的催化裂化技术发展历程大致分为以下几个阶段。1965～1970年，这个阶段是密相流化催化裂化装置（Ⅳ型）的发展期，是中国流化催化裂化的开端，为我国催化裂化技术的发展奠定了坚实的基础。1971～1982年，分子筛提升管催化裂化阶段，采用活性、选择性、水热稳定性均比无定形催化剂优越的微球分子筛作为催化剂，进而导致了工艺、设备的更新，其特点是要求采用提升管催化裂化，并强化再生。1982～1990年，重油催化裂化技术的开发阶段，该阶段对重油催化裂化进行了全面理论研究，经过工业试验，不断地总结经验，形成了中国特色的重油催化裂化技术。1990～2000年，引进技术与消化吸收再创新阶段，1986年中国石化从Stone & Webster（石伟）公司引进5套重油催化裂化装置，在随后的几年中开展了大规模的消化吸收和再创新攻关。该阶段对重质油催化裂化的机理及工艺过程进一步研究和实践，开发了多种形式的两段再生工艺。在这一时期还开发了催化裂化家族技术，该阶段国内自主开发了一系列新工艺、新技术，如催化汽油降烯烃技术的MIP、FDFCC、TSRFCC；催化裂化多产烯烃技术的DCC-Ⅰ、DCC-Ⅱ、CPP、MCP等，使催化裂化产品质量不断提高、品种不断扩展。进入21世纪后，随着国内油品市场和产业布局的发展，我国相继完成了多项千万吨级炼厂建设，重油催化裂化装置也达到了世界级的规模。

在催化裂化装置中，沉降器和再生器（以下简称：催化两器或三器）是装置的核心设备，承担着反应、催化剂的分离和再生等重任。催化裂化技术的发展史也是沉降器和再生器不断实践、完善、创新的历史，是广大科研工作者和工程技术人员智慧的结晶。

二、沉降器和再生器的发展历程

1. 开拓创业时期

1965年5月5日，被誉为炼油工业“五朵金花”之一的流化催化裂化（Ⅳ型）装置在抚顺石油二厂建成投产。该装置由石油部组织抚顺设计院、北京设计院、北京石油学院和兰州炼油厂联合攻关，陈俊武为装置设计师，石油部第一工程建设公司负责现场制造和吊装。各协同单位在极其困难的条件下，一举攻克了代表当时最先进炼油水平的Ⅳ型催化裂化装置，为我国催化裂化技术的发展打下了坚实的基础。图9－1为部分两器的设计人员。图9－2为经改造后的该装置照片。该阶段主要取得了密相流化床反应与再生技术、催化剂密相输送技术等成就；开发成功了反应器、再生器、杜康型旋风分离器、风动单动滑阀、龟甲网隔热耐磨衬里等关键设备和材料。典型的密相流化催化裂化（Ⅳ型）装置两器结构示意图见图9－3。图9－4为东方红炼油厂第一套Ⅳ型催化裂化装置吊装。注意地面上摆放的是杜康型旋风分离器。在这一时期，还在胜利炼油厂设计了带管式反应器的三器。

图9－1　第一套催化裂化装置的部分设计人员

图9－2　第一套流化催化裂化装置

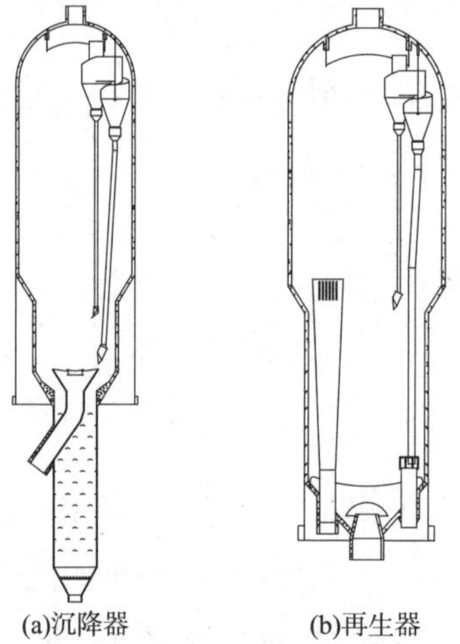

图9－3　Ⅳ型催化裂化装置两器结构示意图

图9－4　东方红炼油厂第一套催化裂化装置两器吊装

此时期两器的常见材料和结构为：反应沉降器壳体上部材料采用A3R，为衬龟甲网型隔热耐磨双层衬里的冷壁结构；下部汽提段材料采用20g，为外保温的热壁结构。旋风分离系统采用内集气室，两级杜康型旋风分离器，材质为20g，一级悬挂于顶封头，二级升气管插入内集气室，一、二级料腿均安装翼阀。汽提段内部采用人字挡板。再生器壳体材料为A3R，为衬龟甲网型隔热耐磨双层衬里的冷壁结构，龟甲网材质为1Cr13。旋风分离系统采用内集气室，两级杜康型旋风分离器，集气室和旋风分离器材质为1Cr18Ni9Ti，一级悬挂于顶封头，二级升气管插入内集气室，一、二级料腿材质为20g，二级料腿安装翼阀。分布板为带圆角的凹形结构，材质为20g。

2. 发展提高时期

1974年8月玉门炼油厂将120×10^4t/aⅣ型催化裂化装置改造成国内第一套高低并列式提升管催化裂化装置。1978年全新设计的60×10^4t/a高低并列式分子筛催化剂提升管流化催化裂化装置在武汉石化厂建成。设计中采用了高空速（在提升管中进行）、提高反应温度、减少回炼比、新型快速分离器以减少催化剂和高温油气接触时间从而减少二次反应的新技术；在再生部分采用提高再生温度和压力、完全再生等新技术，并以高低并列式提升管流化催化裂化装置取代同高并列式床层流化催化裂化。图9－5为经改造后的武汉石化厂60×10^4t/a催化裂化装置。图9－6为分子筛催化剂提升管流化催化裂化装置两器结构示意图。

该阶段形成了高低并列式催化裂化装置，开发了快速床高效再生技术、烧焦罐高效再生技术，及提升管反应器、伞帽T形头等快速分离器、管式空气分布器、布埃尔型旋风分离器等催化裂化专用设备。

武汉石化厂60×10^4t/a催化裂化装置反应沉降器壳体上部材料采用A3R，为衬龟甲网型隔热耐磨双层衬里的冷壁结构；下部汽提段材料采用12CrMo，汽提段内部采用人字挡板，为外保温的热壁结构。旋风分离系统采用内集气室，两级杜康型旋风分离器，材质为12CrMo，一级悬挂于顶封头，二级升气管插入内集气室，一、二级料腿均安装翼阀。再生器壳体材料为A3R，为衬龟甲网型隔热耐磨双层衬里的冷壁结构，龟甲网材质为1Cr13。旋风分离系统采用内集气室，两级杜康型旋风分离器，集气室和旋风分离器材质为1Cr18Ni9Ti，一级悬挂于顶封头，二级升气管插入内集气室，一、二级料腿材质为Cr5Mo，二级料腿安装翼阀。分布板为带圆角的凹形结构，材质为15CrMo。

图9－5　经改造后的原60×10^4t/a催化裂化装置

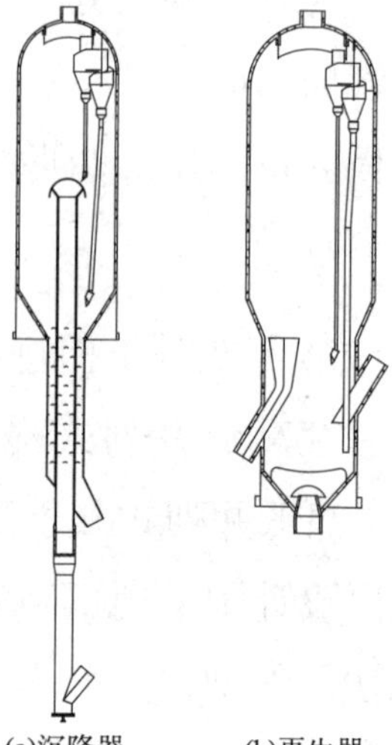

图9－6　提升管流化催化裂化装置两器结构示意图

武汉石化厂60×10^4t/a催化裂化装置的科研课题“流化催化裂化工艺、设备”于1978获全国科学大会奖。

同轴式提升管催化裂化装置则是在这一时期国内建成的一种重要的催化裂化装置形式。1977年12月在洛阳石油化工工程公司炼油实验厂建成投产了我国第一套5×10^4t/a同轴式带两段再生的催化裂化装置。在此基础上，1982年又在兰州炼油厂建成投产了我国第一套60×10^4t/a同轴式带两段再生的催化裂化装置，如图9－7所示。该装置1984年获全国优秀设计金奖，1985年又获国家科技进步奖一等奖。

该种结构的特点是：提升管为反应器，上部为沉降器，下部为再生器，沉降器与再生器同一中心轴线（图9－8），壳体材料皆为A3R，内衬隔热耐磨衬里。

图9－7 兰炼同轴式催化裂化装置反再部分

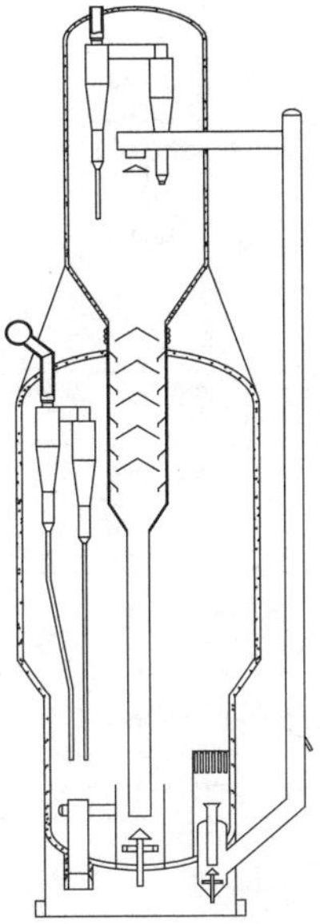

图9－8 同轴式沉降－再生器示意图

自从国际上流化催化裂化反应技术由床层反应发展为分子筛催化剂提升管催化裂化反应后，高效的再生技术便应运而生。1979年国内第一套100×10^4t/a带外循环管的烧焦罐式高效再生流化催化裂化装置在荆门炼油厂改造成功，其特点是强化了再生过程，尽量降低再生催化剂的含碳量，以最大限度地恢复其活性。设计采用外循环管，在有效控制烧焦罐流化床密度和催化剂藏量的同时，使烧焦罐流化床线速比过去再生器床层线速成倍增加。设计上采用的另两项措施是在稀相管出口采用粗旋风分离器和在二密床通入适量空气并选择适当的旋分料腿插入高度，以降低催化剂单耗。图9－9为带外循环管的烧焦罐式高效再生流化催化裂化装置两器示意图。

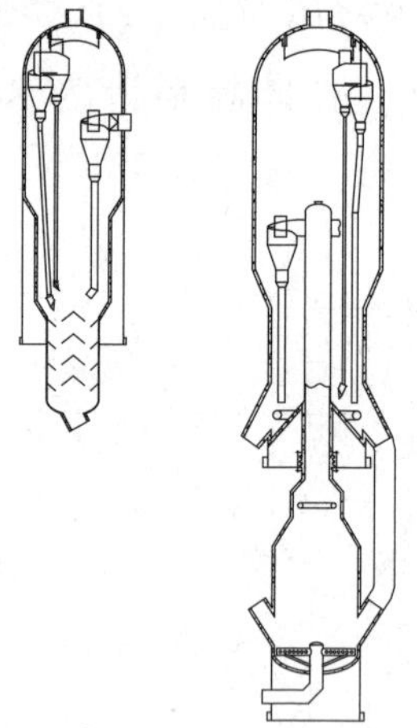

图9-9　带外循环管的烧焦罐催化裂化两器示意图

荆门炼油厂 100×10^4t/a 带外循环管的烧焦罐式高效再生流化催化裂化装置反应沉降器壳体上部材料采用 A3R，为衬龟甲网型隔热耐磨双层衬里的冷壁结构；下部汽提段材料采用 12CrMo，汽提段内部采用盘环形挡板，为外保温的热壁结构。旋风分离系统采用内集气室，两级杜康型旋风分离器，材质为 12CrMo，一级悬挂于顶封头，二级升气管插入内集气室，一、二级料腿均安装翼阀。再生器壳体材料为 A3R，为衬龟甲网型隔热耐磨双层衬里的冷壁结构，龟甲网材质为 1Cr18Ni9Ti。旋风分离系统采用内集气室，两级杜康型旋风分离器，集气室和旋风分离器材质为 1Cr18Ni9Ti，一级悬挂于顶封头，二级升气管插入内集气室，一、二级料腿材质为 1Cr18Ni9Ti，二级料腿安装翼阀，一级料腿安装防倒锥。稀相管、粗旋、粗旋料腿材质为 1Cr18Ni9Ti。二密松动风环管材质也采用了 1Cr18Ni9Ti。

烧焦罐壳体材料为 A3R，为衬龟甲网型隔热耐磨双层衬里的冷壁结构，内件材料为 1Cr18Ni9Ti。可以明显地看出随着再生温度的提高，再生器的内件材质也升级了。

该项目 1987 年获中国石化科学技术进步奖一等奖，1988 年获国家科学技术进步奖二等奖。

1982 年，在带外循环管烧焦罐高效再生的基础上，还发展了预混合提升管烧焦罐高效再生流化催化裂化技术。该技术重点解决了烧焦罐入口形式、提高起燃温度和实现罐内以活塞流快速烧焦，比返混床大大提高了再生速度，从而减小设备尺寸及系统中催化剂藏量，降低了工程投资和操作费用。设计上选用了适当的预混合管高度并考虑了流化状态和某些部位的设备磨损。采用该技术的大港炼油厂 5×10^4t/a 催化裂化装置于 1982 年开始立项，1986 年顺利投产。图 9－10 为大港炼油厂 5×10^4t/a 催化裂化装置两器示意图。图 9－11 为大港炼油厂 5×10^4t/a 催化裂化装置。

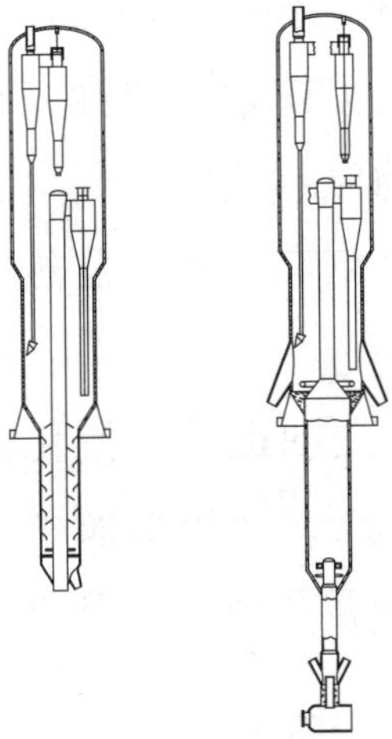

(a)沉降器　　(b)再生器

图 9－10　大港炼油厂 5×10^4t/a 催化裂化装置两器示意图

图 9－11　大港炼油厂 5×10^4t/a 催化裂化装置

大港炼油厂 5×10^4t/a 催化裂化装置反应沉降器壳体上部材料采用 A3R，为衬龟甲网型隔热耐磨双层衬里的冷壁结构；下部汽提段材料采用 12CrMo，汽提段内部采用盘环挡板，为外保温的热壁结构。两级高效旋风分离器材质为 12CrMo/20g，一级悬挂于顶封头，二级升气管直接固定并伸出顶封头，一、二级料腿均安装翼阀。内部提升管出口采用粗旋，提升管选用 15CrMo，粗旋材质为 20g。再生器、烧焦罐及下部预提升段壳体材料为 A3R，为衬龟甲网型隔热耐磨双层衬里的冷壁结构，龟甲网材质为 1Cr13。两级高效旋风分离器材质为 1Cr18Ni9Ti，一级悬挂于顶封头，二级升气管直接固定并伸出顶封头，一级料腿安装防倒锥，二级料腿安装翼阀。内部稀相管出口为粗旋，粗旋及料腿材质均为 1Cr18Ni9Ti。预提升段出口为 T 形分布管结构，下部提升风管为内筒和分布板结构。

该项目1990年获中国石化科学技术进步奖二等奖，1991年获国家科学技术进步奖三等奖。

3. 重油加工技术探索期

20世纪80年代初，国内进行了重油催化裂化技术的又一次大规模技术攻关，使我国的催化裂化装置可以加工大庆常压渣油，大多数装置掺炼减压渣油，极大地拓宽了催化装置的原料范围，产生了巨大的经济效益。针对加工重油时装置突出的生焦率高，再生器热量过剩等问题开发了再生器内、外取热器技术。

1983年国内第一套$100 \times 10^4 t/a$全常压渣油提升管流化催化裂化（改造）装置历经4次改造在石家庄炼厂投产，该装置采用2个再生器。图9－12为石家庄炼油厂$100 \times 10^4 t/a$全常压渣油提升管流化催化裂化装置。图9－13为该装置三器示意图。

图9－12　石家庄炼油厂$100 \times 10^4 t/a$催化裂化装置

石家庄炼油厂$100 \times 10^4 t/a$催化裂化装置反应沉降器壳体上部材料采用A3R，为衬龟甲网型隔热耐磨双层衬里的冷壁结构；下部汽提段材料采用12CrMo，汽提段内部采用盘环挡板，为外保温的热壁结构。旋风系统为弹射分离加单级高效旋风分离器，材质为12CrMo/20g，单级旋风升气管深入内集气室，料腿安装翼阀。第一再生器壳体材料为A3R，为衬龟甲网型隔热耐磨双层衬里的冷壁结构，龟甲网材质为1Cr13。两级高效旋风分离器材质为1Cr18Ni9Ti，一级旋风通过吊座悬挂于顶封头，二级升气管直接固定并伸出顶封头，通入外集气室。一级料腿安装防倒锥，二级料腿安装翼阀。下部床层空气分布管为树枝结构，材质为1Cr18Ni9Ti。第二再生器壳体材料为A3R，为衬龟甲网型隔热耐磨双层衬里的冷壁结构。外部设有两级高效冷壁外旋风分离器，料腿从外部向下返回底部床层。

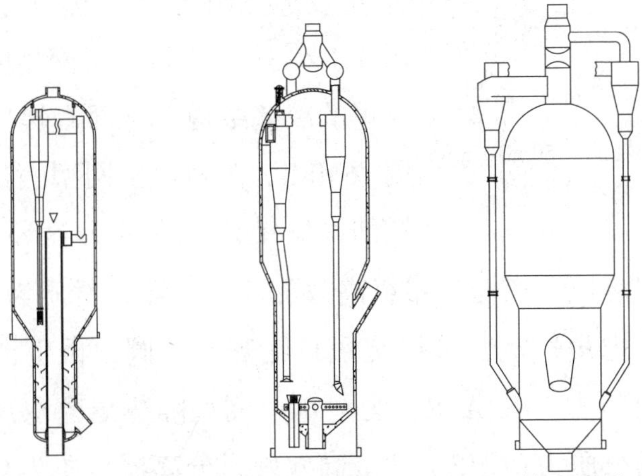
(a)沉降器　(b)第一再生器　(b)第二再生器

图9-13　石家庄炼油厂 100×10^4t/a 催化裂化装置三器示意图

为加速渣油催化裂化工业化进程，在石家庄炼油厂 100×10^4t/a 催化裂化装置改造过程中还开发了内取热器技术。该取热器采用垂直管束，管束受催化剂冲击小，管内汽、水不分层，支承简单，热补偿简便。取热管束的材料历经试验和调整，最终确定为Cr5Mo。

该项目获国家科委六五重大科技攻关奖，1987年获国家科学技术进步奖一等奖。

在90年代初期，为利用现有装置提高烧焦强度还开发了高速床两段串联再生技术。其特点是采用高速床，烟气与催化剂并流通过稀相管进入二段烧焦罐。一、二段烧焦罐分别用主风控制其烧焦比。本技

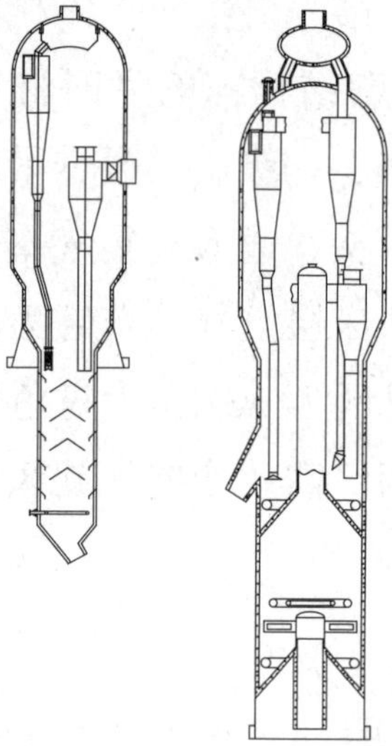

图 9－14　沧州炼油厂 50×10⁴t/a 重油催化裂化两器示意图

术烧焦强度高，催化剂藏量少，占地少，操作方便。采用高速床两段串联再生技术的沧州炼油厂 50×10^4t/a 重油催化裂化装置于 1992 年投产，该装置可掺炼 50% 减压渣油。图 9－14 为该装置两器示意图，注意再生器下部为第二烧焦罐，第一烧焦罐位于再生器下方，本图未画出。

沧州炼油厂 50×10^4t/a 重油催化裂化装置反应沉降器壳体上部材料采用 16MnR/A3R，为衬龟甲网型隔热耐磨双层衬里的冷壁结构；下部汽提段壳体材料采用 16MnR，为衬龟甲网型隔热耐磨双层衬里的冷壁结构，内部为盘环形汽提挡板。旋风系统为粗旋风分离器加单级高效旋风分离器，材质为 20g，单级旋风升气管深入内集气室，单级旋风料腿安装翼阀。再生器（含第二烧焦罐）壳体材料为 20R/A3R，为衬龟甲网型隔热耐磨双层衬里的冷壁结构，龟甲网材质为 0Cr13。两级高效旋风分离器材质为 0Cr19Ni9，一级旋风通过吊座悬挂于顶封头，二级升气管直接固定并伸出顶封头，通入外集气室。一级料腿安装防倒锥，二级料腿安装翼阀。第二烧焦罐内件含 T 形分布器和空气环，材质为 0Cr19Ni9。

4. 引进消化吸收期

1986 年中国石化引进美国石伟公司重油催化裂化技术，建设和改造了国内 5 套重油催化裂化装置。经过随后不断的消化、吸收和创新，发展了多种形式的两段再生工艺-贫氧再生、富氧再生、烧焦比例控制、再生器取热等技术，开发了 PV 型高效旋风分离器、单层、双层高性能隔热耐磨衬里、高效原料油雾化喷嘴等专用设备，形成了满足重油催化裂化各种工艺技术的成套设备。

1988 年 9 月我国自主开发的快速床与湍流床气固并流串连烧焦的 100×10^4t/a 渣油催化裂化装置在上海炼油厂建成投产，如图 9－15 所示。这是我国第一个具有自主知识产权的催化裂化工程技术（专利号：CN1023711C），该项目 1996 年获得国家优秀设计奖。

图 9－15 上海炼油厂 100×10^4t/a 渣油催化裂化装置

该装置两器结构也是采用提升管反应器，上部为沉降器，下部为再生器，沉降器与再生器同轴，壳体材料皆为 16MnR，内衬隔热耐磨衬里。

1992 年，140×10^4t/a 并列式两段再生重油催化裂化装置在福建炼油厂投产，其技术特点是一段 CO 部分燃烧，二段 CO 完全燃烧，根据生焦率调节一、二段烧焦比；催化剂水热失活条件缓和，有利于保持催化剂活性。图 9－16 为该装置沉降器器、第一再生器和第二再生器（简称三器）示意图。

福建炼油厂 140×10^4t/a 并列式两段再生重油催化裂化装置反应沉降器壳体材料采用 20R，为衬龟甲网型隔热耐磨双层衬里的冷壁结构，旋风系统为瓣式 T 形快分加单级高效旋风分离器，材质为 15CrMo/16MnR，单级旋风升气管深入内集气室，单级旋风料腿安装翼阀。下部汽提段为冷壁结构，取消了盘环挡板，改为两级蒸汽环管。第一再生器壳体材料为 20R，为衬龟甲网型隔热耐磨双层衬里的冷壁结构，龟甲网材质为0Cr13。两级高效旋风分离器材质为0Cr18Ni9，一级旋风通过吊座悬挂于顶封头，二级升气管直接固定并伸出顶封头，通入外集气室。一级料腿安装防倒锥，二级料腿安装翼阀。下部床层空气分布管为大小双环结构，材质为0Cr18Ni9。第二再生器壳体材料为20R，为无龟甲网型隔热耐磨双层衬里的冷壁结构。外部设有单级高效冷壁外旋风分离器，料腿从外部向下返回底部床层。

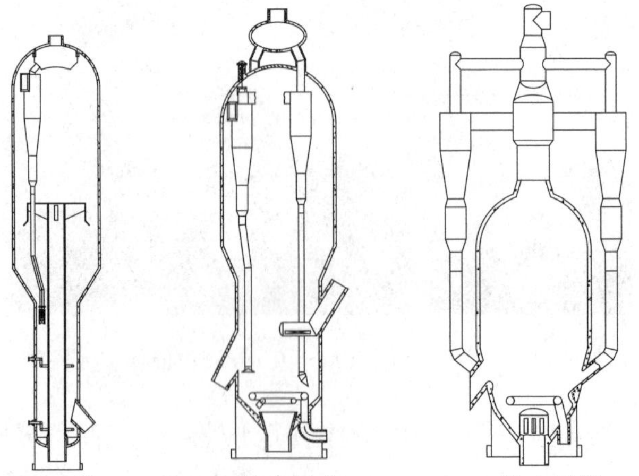

图9－16　福建炼油厂 140×10^4 t/a 重油催化裂化装置三器示意图

5. 总结再创新期

经过多年的实践和总结，1995年首套 60×10^4 t/a 同轴式两段再生催化裂化装置在武汉石油化工厂建成投产。该装置的第一和第二再生器采用上下同轴布置，一再在上，二再在下，二者之间设分布板相隔，并设置外循环管相连。其技术特点是一段CO部分燃烧，二段高氧CO完全燃烧，二段再生烟气通过分布板进入一段，使二段烟气中的过剩氧供一段再生继续使用，以最大限度地减少主风消耗。图9－17为该装置外貌。图9－18为该装置两器示意图。

图 9-17　武汉石油化工厂 60×10^4t/a 重油催化裂化装置

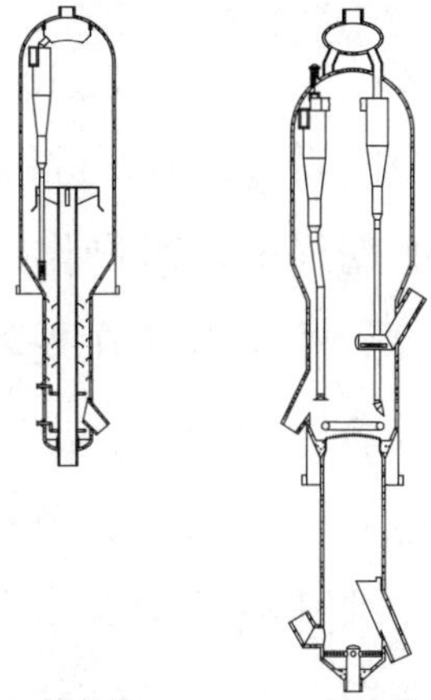

图 9-18　60×10^4t/a 重油催化裂化装置两器

武汉石油化工厂 60×10^4t/a 重油催化裂化装置反应沉降器壳体材料采用20R，为衬龟甲网型隔热耐磨双层衬里的冷壁结构，龟甲网材质为0Cr13。旋风系统为瓣式T形快分加单级高效旋风分离器，材质为Q235A/20R，单级旋风升气管深入内集气室，单级旋风料腿安装翼阀。下部汽提段为冷壁结构，设有盘环挡板，并设有汽提蒸汽环管。第一再生器壳体材料为20R，为无龟甲网型隔热耐磨双层衬里的冷壁结构。两级高效旋风分离器材质为0Cr19Ni9，一级旋风通过吊座悬挂于顶封头，二级升气管直接固定并伸出顶封头，通入外集气室。一级料腿安装防倒锥，二级料腿安装翼阀。下部床层空气分布管为圆环结构，材质为0Cr19Ni9。第二再生器壳体材料为20R，为无龟甲网型隔热耐磨双层衬里的冷壁结构。床层空气分布管为树枝结构，材质为0Cr19Ni9。一、二再之间设有大孔分布板，材质为0Cr19Ni9，其上下两面设有高耐磨刚玉衬里。

该项目1998年获中国石化科学技术进步奖二等奖。

在这个时期，随着催化裂化原料的变重，尤其是掺炼减渣和焦化蜡油后，国内一些催化裂化装置的再生烟气系统设备壳体相继发生了腐蚀开裂。这些裂纹大多发生在焊缝区，不少裂纹为贯穿性裂纹，且数量多，呈典型的应力腐蚀形态。以上情况对安全生产造成了严重威胁，中国石油和中国石化迅即开展了调查研究。研究表明，导致设备开裂的烟气由富氧操作产生，含一定量的 NO_x 和 SO_3，烟气冷凝水呈强酸性；另外，设备在现场拼焊过程中焊缝存在较高的残余应力。烟气中的水蒸气和 SO_3 结合成硫酸蒸气，这时的露点会提高到 90～180℃。当壁温低于露点时，就会发生应力腐蚀开裂。课题组据此提出了避免应力腐蚀开裂的对策，包括通过调整衬里性能提高壁温、用外部涂料提高壁温、使用硫转移剂、使用内涂层、焊后消除应力热处理降低焊缝的残余应力。随着这些措施的实行，在之后新建的重油催化裂化装置杜绝了此类事故的发生。

6. 家族技术及大型化发展期

从 20 世纪 90 年代以来，国内外围绕着提升管反应器相继开展了许多方面的技术开发工作，催生了各种提升管反应新技术和新工艺，如催化汽油降烯烃技术的 MIP、FDFCC，TSRFCC；催化裂化多产烯烃的 DCC-Ⅰ、DCC-Ⅱ、CPP、MCP 等，形成了催化裂化家族技术。但就主要承担着催化剂分离和再生功能的沉降器和再生器来说，现有的材料和结构都能满足这些新技术和新工艺的要求，本章不再赘述。

时间跨入新世纪，伴随着国民经济的快速发展，千万吨级大型炼油厂快速崛起，也拉开了建设 300×10^4t/a 级重油催化裂化装置的大幕。历经 30 多年的生产实践，尤其是近 20 年多种两段再生技术的实践和总结，催化两器的结构形式已日臻成熟，并成功地解决了设备大型化所带来的问题和挑战。

我国第一套大型催化裂化装置是 1999 年 11 月在镇海炼油厂建成投产的 300×10^4t/a 蜡油催化裂化装置，如图 9－19 和图 9－20 所示。该项目 2001 年获得中国石油化工集团公司优秀设计奖，2003 年获得国家建设部优秀设计奖。装置两器结构采用并列式，沉降器与再生器并列布置，内提升管反应器，壳体材料皆为16MnR，内衬隔热耐磨衬里。

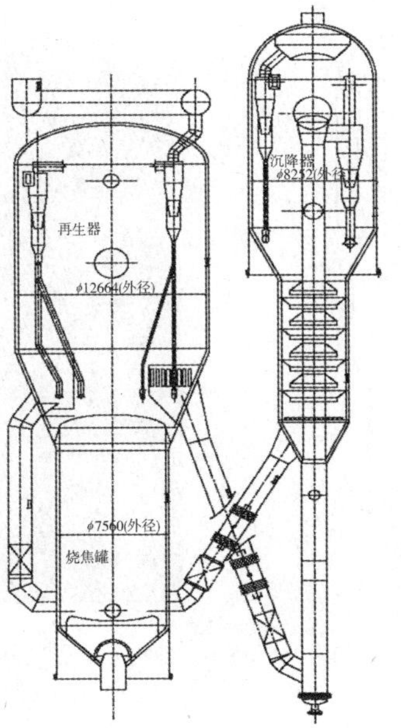

图 9－19　镇海炼油厂 $300 \times 10^4 t/a$ 催化裂化装置反应再生器系统图

2002 年 11 月 18 日，具有自主知识产权的当时国内处理量最大的 $350 \times 10^4 t/a$ 重油催化裂化装置在大连石化公司成功投产，如图 9－21 所示。

图 9－20　镇海炼油厂 $300 \times 10^4 t/a$ 催化裂化装置

图 9－21　大连 $350 \times 10^4 t/a$ 重油催化裂化装置

2003 年 6 月兰州石化公司 $300 \times 10^4 t/a$ 重油催化裂化顺利投产。图

9－22 为该装置两器示意图，图 9－23 为该装置外貌。

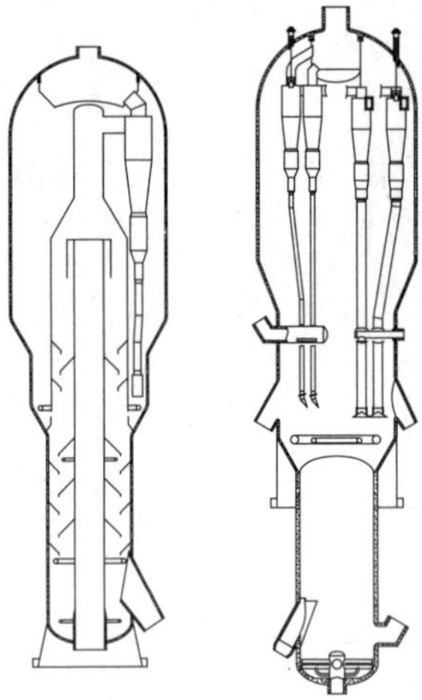
(a)沉降器　(b)再生器

图 9－22　300×10^4t/a 重油催化裂化两器

图 9－23　兰州石化公司 300×10^4t/a 重油催化裂化

兰州石化公司 300×10^4t/a 重油催化裂化反应沉降器壳体材料采用 20R，为衬龟甲网型隔热耐磨双层衬里的冷壁结构，龟甲网材质为 0Cr13。旋风系统为快分直连高效旋风分离器，快分系统材质为 16MnR，高效旋风分离器材质为 15CrMo，单级旋风升气管深入内集气室，单级旋风料腿安装翼阀。下部汽提段为冷壁结构，设有盘环挡板，并设有汽提蒸汽环管。第一再生器壳体材料为 20R，为无龟甲网型隔热耐磨单层衬里的冷壁结构。两级高效分离器旋风分离器材质为 0Cr19Ni9，外圈两级旋风分离器通过吊座悬挂于顶封头，二级升气管通入内集气室；内圈两级旋风分离器悬挂于内集气室底部，二级升气管通入内集气室。一级料腿安装防倒锥，二级料腿安装翼阀。下部床层空气分布管为大小环结构，材质为 0Cr19Ni9。第二再生器壳体材料为 20R，为无龟甲网型隔热耐磨单层衬里的冷壁结构。床层空气分布管为树枝结构，材质为 0Cr19Ni9。一、二再之间设有大孔分布板，材质为 0Cr19Ni9，其上下两面设有高耐磨刚玉衬里。

2005年该项目获中国石化优秀工程设计一等奖。

装置的大型化必然会给两器的设计、制造、安装、检验带来一系列的新课题。在设计方面，设计规范从JB 741—65、JB 741—73、JB 741—80到GB 150—89、GB 150—1998、GB/T 150.1～150.4—2011不断完善，在材料要求、设计方法和制造验收等方面跟踪和应用了我国工业化水平的最新成果。随着设计手段的进步，ANSYS类应力分析商用软件已全面得到应用，大量不规则形状零部件、超出规则设计范围的大开孔、蠕变工作范围部件的分析已不再是难题，使设计工作得到极大地完善。

在材料方面，两器壳体材料从A3R、20R、16MnR到目前普遍采用的Q245R、Q345R，随着行业标准的不断进步，这些材料的性能稳步提高，完全能够满足（450～480）$\times 10^4$t/a级重油催化裂化两器的需要；内件选材上，15CrMo、0Cr18Ni9仍满足目前所有重催沉降器和再生器工艺条件。在衬里方面，设计、科研、制造和施工单位团结协作，同样走过了一条探索、引进、吸收、提高、形成特色的道路。早在1965年我国第一套流化催化裂化装置建设期间，由建设部建材研究院研制成功了矾土水泥-陶粒-蛭石隔热层衬里、矾土水泥-矾土熟料-矾土细粉耐磨层衬里和磷酸铝-刚玉高耐磨衬里；哈尔滨锅炉厂试制成功1Cr13龟甲网。这些材料基本满足了60、70年代催化裂化装置的设计需要。但到了80年代，随着重油催化裂化技术的出现，这些材料和结构的一些固有缺点也愈发的明显，作为胶结剂的矾土水泥在温度高时容易出现失水收缩，造成衬里开裂；磷酸铝施工麻烦，要避免接触水和水汽；龟甲网结构在高温时膨胀在停工时收缩容易开裂和剥落。由此，对衬里材料和结构的改良和换代也提上了日程。中国石化在80年代中期引进石伟公司重油催化裂化技术的同时，也购买了RESCO公司的衬里产品，包括RS-9、RS-17E和AA-22。这些产品的应用为国内衬里材料的更新换代提供了借鉴，国内相继开发了无龟甲网结构（掺钢丝纤维）

的 BPDI-G、BPDI-D 等多种牌号双层衬里，JA-95、TA-218 等多种高温高耐磨产品，及时地满足了新工艺对衬里材料的要求。进入 21 世纪后，在不断实践和总结的基础上，又开发了集隔热耐磨为一体的单层衬里，并配合中国特色的施工工艺，使长期困扰催化裂化装置长周期安全运行的壳体大面积超温问题从根本上得到了解决，尤其适合装置大型化。如今，衬里产品已经标准化、系列化，为我国催化裂化事业的发展提供了坚实的支承。

在制造方面，从 1965 年的第一套流化催化裂化装置开始，所有的两器零部件全部实现国产化。经过多年的实践，两器建造逐渐形成了中国特色的现场建造技术，即自动焊和手工焊相结合，立式组装成段，分段组焊成整体，内燃和电热带综合法整体消除应力热处理。无损检测采用 X 射线主检和超声波复验；对于大型装置则采用 γ 源中心曝光为主，X 射线检测为辅，超声波复检的检测工艺。近年来大型化的装置两器检测也在尝试 TOFD 技术取代射线探伤，以避免由于工序交叉所带来的影响。现场衬里经历了手工涂抹、喷涂到支模振捣的进化过程，用此法浇注的壳体衬里在济南炼油厂 140×10^4t/a 重油催化裂化装置中实现了 10 年无大修的目标，目前是现场衬里施工的主流方法。

图 9－24　中海油惠州二期 480×10^4t/a 重油催化裂化装置

2017 年 10 月，国内单套处理量最大的重油催化裂化装置中海油惠州二期 480×10^4t/a 重油催化裂化装置顺利投产，标志着我国重油催化裂化的大型化又上了一个新台阶。图 9－24 为该装置外貌。

三、结语

我国催化裂化装置两器的发展历程，就是一部自强不息、砥砺前行的发展史。20 世纪 60 年代，在极其艰苦困难的条件下发扬协作精神、为国奉献精神、和敢为人先创新精神为我国的催化裂化事业打下了坚实的基础；70 年代，紧跟世界炼油技术发展的潮流，使我国催化裂化的技术水平步入新高度；80 年代，勇于探索，开创了重油加工多种途径的新格局；90 年代，引进、总结、吸收、再创新，形成中国特色技术路线；步入新世纪，形成催化裂化家族技术，世界级大型装置成为炼厂主力。如今，我国的催化裂化总加工能力居世界第二位，技术水平位于世界先进行列。

展望未来，催化裂化装置仍将发挥其作为主要二次加工装置的作用。沉降器和再生器作为核心设备仍在不断优化和发展，在可以预见的未来十年，多项新技术将使催化裂化技术得到进一步的提升。

参考文献

[1] 侯芙生．21 世纪我国催化裂化可持续发展战略［J］．石油炼制与化工，2001，32（1）：1－6.

[2] 刘英聚．中国催化裂化五十年发展（Ⅰ）［J］．山东化工，2015，44（13）：44－47.

[3] 刘英聚．中国催化裂化五十年发展（Ⅱ）［J］．山东化工，2015，44（14）：52－55.

[4] 刘英聚．中国催化裂化五十年发展（Ⅲ）［J］．山东化工，2015，44（15）：66－59.

[5] 胡义厚．北京设计院流化催化裂化技术 30 年——催化裂化论文集 1965—1995［C］．北京：中国石化北京设计院，1995：1－6.

[6] 刘家明等．炼油装置工艺与工程——石油炼制工程师手册（第Ⅱ册）［M］．北京：中国石化出版社，2017：117－118.

[7] 陈俊武，李建永．让金花灿烂开放——第一套流化催化裂化装置设计历程回顾［J］．中国石化，2015，(09)：60－63.

[8] 徐承恩等．中国石化北京设计院志（1953—1992）［M］．北京：中国石化北京设计院，1995.

[9] 王雨华. 东方红炼油厂建厂五十周年纪念册 [OL]. 2017.

[10] 龚宏. 催化裂化装置再生系统设备破裂原因及对策 [J]. 全面腐蚀控制, 2003, 17 (5): 41-48.

[11] 马一平等. 催化裂化两器高温隔热耐磨衬里研究 [J]. 石油化工设备, 1994, 23 (3): 10-13.

[12] 代学彦等. 大型催化裂化两器焊接技术 [J]. 焊接技术, 2011, (S1): 18-22.

SEI 程建民　LPEC 张世成　撰写

第十章
延迟焦化装置焦炭塔发展历程

一、概述

延迟焦化装置是石油加工过程中的一种主要重油加工工艺装置，是通过化学反应把低价值重质油转化为高价值轻质油。焦炭塔是焦化装置中的重要设备。来自加热炉的高温渣油，在焦炭塔内发生热裂化和缩合反应，生成的高温油气从塔顶经冷却后进入分馏系统分离出气体、汽油、柴油、蜡油和重蜡油等馏分，而气体和汽油进入气体回收部分进一步加工分离出干气、液化气和稳定汽油。塔内生成的高温焦炭停留在焦炭塔内，用蒸汽和水把焦炭冷却到100℃左右，冷却后的焦炭采用高压水切除出塔，焦炭和水一起进入焦炭池，通过重力沉降使水和焦炭分离，焦炭采用抓斗吊车装入汽车、火车或皮带运输机外送。含焦粉的切焦水进入切焦水处理系统处理，处理后切焦水可循环利用。至此，焦炭塔就完成一个操作循环。为保证装置连续生产，通常一台加热炉对应两个焦炭塔，称为一个系列，一套延迟焦化装置由单系列或多系列组成。每个系列中的两个焦炭塔交替使用。国内加热炉及焦炭塔部分的典型流程见图10－1。每个焦炭塔在一个操作循环过程中都承受着压力和温度循环载荷的共同作用，其器壁经常出现鼓包、开裂等问题。焦炭塔内温度变化范围为500～100℃，操作压力变化范围为0.2MPa～常压，每个循环周期国内一般是36～48h，技术较先进的可缩短至低于36h，以提高生产效率。

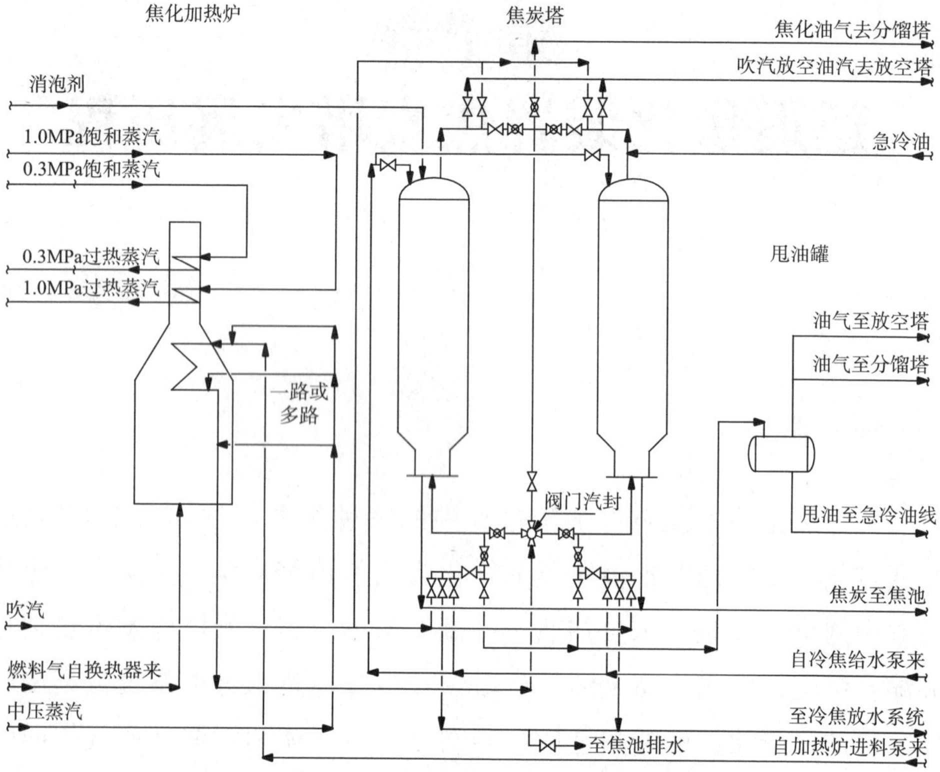

图10－1 加热炉及焦炭塔部分的延迟焦化典型流程图

二、焦炭塔发展历程

如上所述，焦炭塔服役工况非常苛刻，承受着蠕变高温和压力的双重循环作用，属于低周疲劳容器。国内外公认它是石化行业中设计难度较大的压力容器设备之一，它的建造代表着一个国家压力容器的制造能力和技术水平。然而在新中国成立初期，我国的焦化技术可以说是一穷二白。1957年，我国的焦化装置采用的是釜式焦化、水平炉式焦化技术，那时还没有延迟焦化装置。釜式焦化的“釜”和水平炉式焦化的“炉”就相当于现在的焦炭塔。当时水平炉技术是属于美国的Hoynec炉型，结构上是碳钢外壳，内衬耐火砖。焦化釜是用10～14mm厚的普通碳素钢板制成，规格只有 ϕ3m×12m 和 ϕ2.8m×8m 两种。

焦炭塔的发展进步是与焦化工艺技术发展紧密相关的，纵观我国焦炭塔的发展历程，大致可以分成三个阶段：

第一阶段，诞生和初级阶段。新中国成立后直至1997年，我国采用的焦化工艺技术中根本没有真正意义上的焦炭塔。1958年抚顺石油二厂利用原有的旧设备建成我国第一套 10×10^4t/a 延迟焦化工业试验装置，在此装置上先后进行了多种渣油原料的焦化生产试验，为开发建设工业化装置积累了数据。此装置以页岩焦油为原料生产焦炭，这才有了我国的焦炭塔，规格为 ϕ4.6m×11m。1964年我国第一套加工能力为 30×10^4t/a 延迟焦化工业装置在抚顺石油二厂建成投产，这套装置当时被誉为中国炼油工艺五朵金花之一，焦炭塔直径 ϕ5400mm，总高22925mm，材料20g，苏联提供的钢材。自此套延迟焦化装置投产运行后，国内的焦化装置逐步由延迟焦化取代了原有的釜式焦化和水平炉式焦化。其后的二十几年，延迟焦化技术也在不断改进，1989年锦州石油六厂建成并投产了两炉四塔形式的 100×10^4t/a 延迟焦化装置，焦炭塔尺寸达到 ϕ6100mm×30975mm，材料20g，是当时国内最大的一套装置。此后近十年，鉴于当时国内钢材水平和设备制造水平的局限，焦炭塔建造技术未有大的突破，具体体现在以下几个方面：

（1）用材方面：在这个阶段，我国的焦炭塔基本上都是由碳钢制造的，钢号为20g，其原因如下：

①低碳钢板焊接较容易，制造难度小，国内有成熟的碳钢制压力容器的制造经验和使用经验。

②壳体钢板厚度较小时可不进行焊后热处理。当时的焦炭塔规格较小，其内径通常为 ϕ6400mm，需要的钢板厚度在38mm以下，按规

范要求，可免做焊后热处理。由于此时国内尚未普遍掌握现场热处理技术，而焦炭塔又绝大多数在现场制造，因此这是采用碳钢制造的重要理由之一。

③由于焦炭塔属疲劳容器，长期操作后易产生鼓包和裂纹，现场维修是不可避免的，采用碳钢制造容易实现对缺陷进行焊接修补。

④受我国当时炼钢能力和水平的限制，铬钼钢板的生产较少，使用不够普遍，若要使用通常需要花外汇从国外进口。

⑤综合考虑，由于该阶段焦炭塔规格较小，壁厚较薄，采用碳钢制造在经济上也是合理的。

（2）结构方面：在这个阶段早期，焦炭塔结构设计也比较简单。开口接管大多采用补强板补强方式；支持裙座与壳体连接普遍采用图10－2和图10－3所示的两种搭接结构。经过数年操作运行后，这部分的焊缝经常出现裂纹，最严重者裙座与壳体的连接焊缝完全断开，俗称“脱裤子”。在这个阶段，另一个经常出现的事故是筒体发生鼓包现象，俗称“糖葫芦”，如图10－4所示。

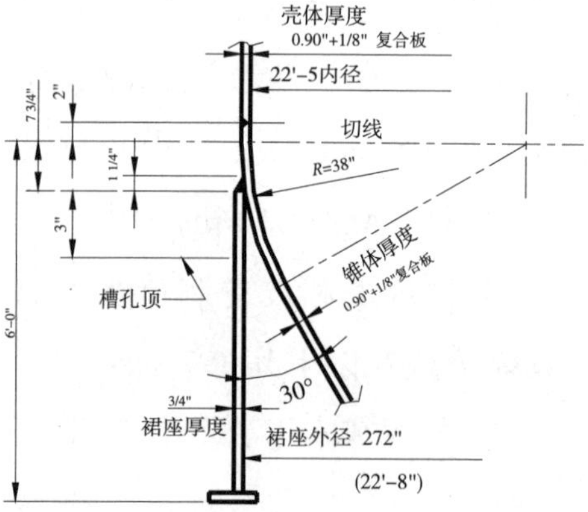

图10－2　焦炭塔裙座连接－搭接形式之一

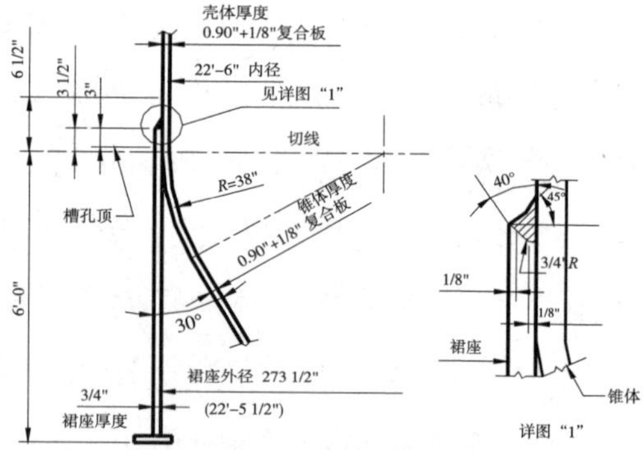

图10－3　焦炭塔裙座连接－搭接形式之二

（3）缺陷修复方面：这个阶段对于缺陷通常采取下列方式处理：对浅表裂纹用砂轮彻底打磨并经磁粉检测合格后不做进一步处理；对较深的裂纹采用手工补焊的方式进行修补，但不进行焊后热处理；对严重鼓包、开裂的部位就进行局部更换。有时也请有资质的单位进行安全评估，根据检测和评估结果给出能否继续使用和允许继续使用的年限。

图 10-4 焦炭塔筒体发生鼓包损伤

第二阶段，改进提升阶段。大约从 1997 ~ 2000 年，在这个阶段中，焦炭塔的材质、直径规格和主体结构发生了巨大变化。

（1）用材方面：开始采用铬钼钢制造焦炭塔。

图 10-5 上海石化一炉两塔布置的焦炭塔

1997 年上海石化新建 100×10^4t/a 延迟焦化装置，原设计方案为二炉四塔，焦炭塔规格为 ϕ6400mm × 21000mm（切线）。1997 年 9 月份经可行性研究审批后，设计方案改为一炉二塔（见图 10-5），焦炭塔规格改为 ϕ8400mm × 21000mm（切线）。经过计算 ϕ8400mm 焦炭塔如采用 20g 材质，腐蚀裕量取 6mm，则壁厚为

42～70mm，已超过不热处理的允许范围（38mm）。同时，由于壁厚太厚，在热循环过程中产生的热应力也将增大，若选用15CrMoR钢板则壁厚仅为20～36mm，操作时产生的热应力也会有所降低。另外考虑当时我国国情，炼钢装备和技术水平均有了很大提高，已能生产出符合焦炭塔要求的15CrMoR钢板。经过有关专家反复地论证，认为以此项目为依托开展铬钼钢制焦炭塔研发的时机已经成熟。因此，在中国石化集团公司国产化办公室的支持下，由中国石化工程建设公司和上海石化机械制造有限公司组成课题组进行了铬钼钢制焦炭塔设计和制造技术的攻关。经过两年多的努力，完成了攻关研究，生产出了由15CrMoR钢板制造的ϕ8400mm焦炭塔，并于2000年2月20日在上海石化一次投产成功。考虑到介质中硫含量很高，为抵抗高温硫腐蚀，在焦炭塔塔顶至泡沫层以下200mm的这段壳体采用了国产的15CrMoR＋0Cr13Al复合钢板。

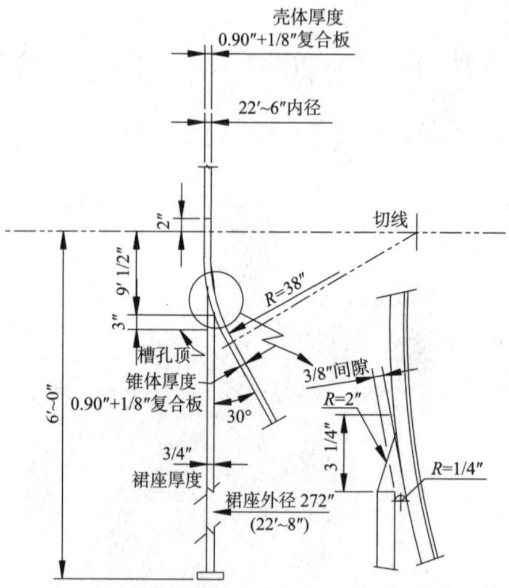

图10－6　裙座与壳体的堆焊连接结构

（2）在结构方面：较之以前也进行了很大改进：

①支持裙座与壳体连接采用堆焊连接结构，如图10－6所示，此结构有利于焊缝全焊透，减少热应力。

②在简体上不设开口接管，全部接管均布置在封头上，且所有接管均采用整体补强方式，而不用常规碳钢容器的补强板补强方式。

③采用可拆的披挂式保温结构，不在筒体上焊接保温钉，消除保温钉根部产生裂纹的风险，同时可拆式保温结构也便于在操作状态下对焊缝进行检查，见图10－7。

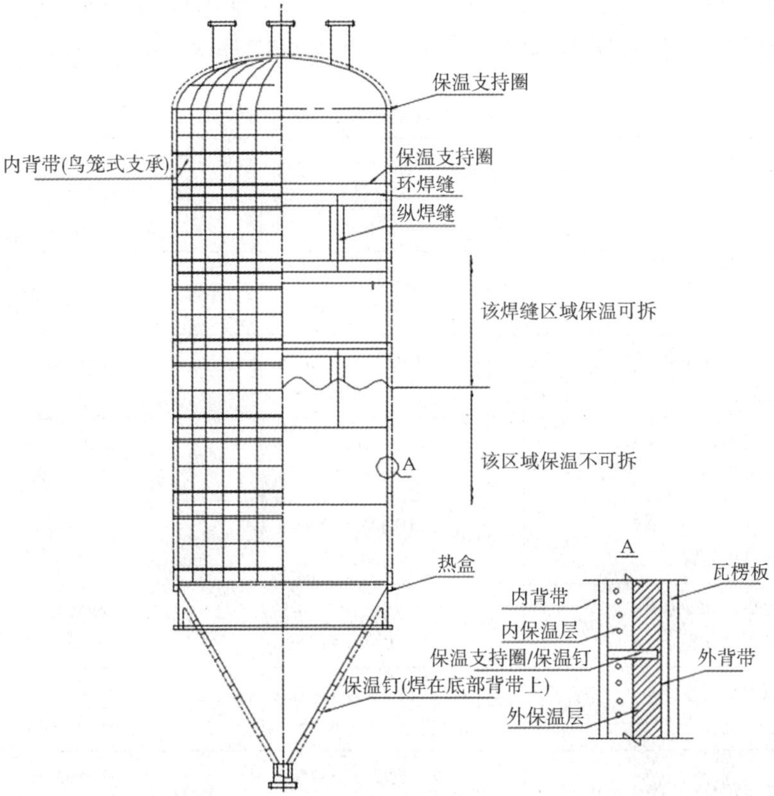

图 10－7 焦炭塔外部披挂式保温结构

这两台铬钼钢制焦炭塔研制成功，结束了碳钢制焦炭塔在我国石化行业中占统治地位的时代，满足了延迟焦化装置大型化的需要，具有很高的经济效益和社会效益，因此该项目获得了 2001 年度中国石化科技进步奖三等奖，所在的上海石化股份有限公司 100×10^4t/a 延迟焦化装置获得 2002 年全国第十届优秀工程设计项目金质奖。

第三阶段，大型化和结构进一步优化阶段。大约从 2000 年至今，这时期，由于延迟焦化装置规模不断向大型化方向发展，使得焦炭塔也迅速大型化，主要体现在：

（1）铬钼钢制大型焦炭塔的推广使用。从 2000 年我国第一批铬钼钢焦炭塔即上海石化公司 2 台 ϕ8400mm 焦炭塔问世以来，国内新设计的大型焦炭塔基本都采用铬钼钢制造，而且其直径规格也越来越大，

最大已达 ϕ9800mm。据不完全统计，到目前为止已有 100 多台铬钼钢焦炭塔投入使用，其中一部分大型化的焦炭塔如表 10－1 所示。

表 10－1　大型化的焦炭塔规格参数

装置名称	设计压力/MPa（G）	设计温度/℃	主体材料	裙座与壳体连接结构形式	设备规格直径×长度（总长）×壁厚/mm	设备重量/t
中国石化上海石化100×10^4t/a 延迟焦化装置	0.35	475	15CrMoR 上部＋0Cr13Al	堆焊	DN8400×35008×36	198
中国石化高桥石化 140×10^4t/a 延迟焦化装置	0.35	490	15CrMoR 上部＋410S	锻焊	DN8800×35387×40	246
中国石化茂名石化 100×10^4t/a 延迟焦化装置	0.35	495	14Cr1MoR 上部＋410S	锻焊	DN8600×35837×36	236
中国石化九江石化 100×10^4t/a 延迟焦化装置	0.38	495	14Cr1MoR 上部＋410S	堆焊	DN8400×35373×36	218
中国石化青岛石化 250×10^4t/a 延迟焦化装置	0.35	495	1.25Cr-0.5Mo-Si 上部＋410S	锻焊	DN9400×43413×42	322
中海石油惠州石化 420×10^4t/a 延迟焦化装置	0.414	490	SA387Gr11CL2 上部＋410S	锻焊	DN9800×36600×44	341
中国石化镇海炼化	0.69	505	全塔 SA387Gr12Cl2＋410S	热套式	DN9800×40774×(56＋3)	580

（2）焦炭塔结构得到进一步的优化。在此阶段，除实现了焦炭塔大型化以外，在结构上也有很大的改进，其中包括：

①采用锻焊过渡段的裙座与壳体连接结构的开发与应用。焦炭塔在长期使用过程中经常出现开裂的部位是塔体和裙座连接处，由于此处结构不连续易造成应力集中而引起疲劳裂纹。企业为了提高装置的处理能力，焦化装置的生焦周期不断缩短，增加了焦炭塔的交变载荷循环频次，也是促使产生裂纹的原因之一。据统计，有些焦炭塔在运行大约 5 年后就开始产生裂纹，泄漏甚至着火。某厂焦炭塔裙座开裂情况见图 10－8，图中的 A、B、C、D 处均产生裂纹。

②为了避免这种现象，在裙座与壳体连接处改用整体锻件过渡段，使裙座与壳体连接全部实现了对接焊，既能够实现全焊透，又便于进

行100%射线和超声检测，确保了焊接质量，彻底克服了角接接头或搭接接头固有的缺点，结构见图10－9。

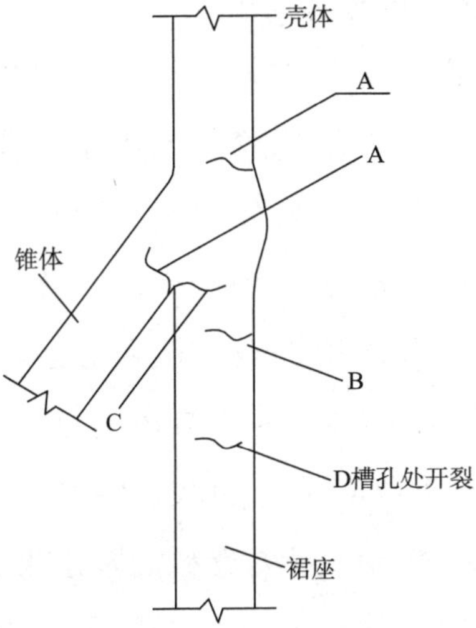

图10－8　某厂焦炭塔裙座裂纹发生位置

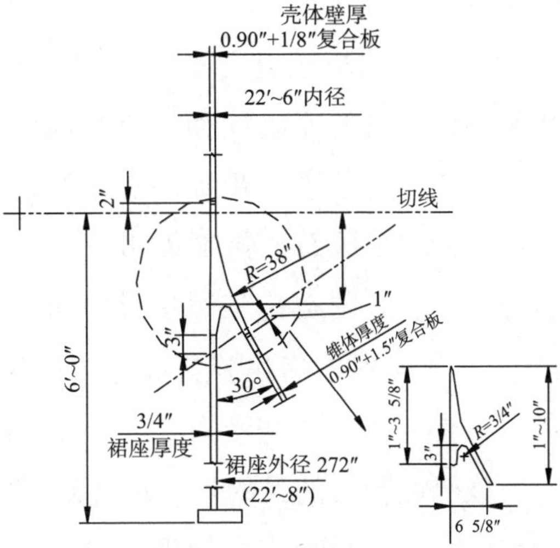

图10－9　采用锻焊过渡段的裙座与壳体连接结构

③国内第一批裙座与壳体连接采用整体锻焊过渡段的焦炭塔是中国石化高桥石化炼油厂140×10^4t/a延迟焦化装置改造新增加的两台ϕ8800mm焦炭塔，由中国石化建设工程有限公司设计，由中国石化第三建设公司制造。其过渡段大锻件由上海福勤公司制造。为了解决运输问题，整个锻焊过渡锻件沿圆周分成四段，锻件毛坯最厚处有250mm，四段钢坯在上海航标厂采用中温煨弯成形，经组焊和热处理后，在沪东造船厂ϕ9000mm立车上完成了最后的机加工。在多方配合下，中国石化第三建设公司整体交付了两台焦炭塔，2002年12月开车成功，获得用户的好评。自此之后，裙座与壳体连接采用整体锻焊过渡段结构的直径大于ϕ8000mm的焦炭塔，如雨后春笋般地不断涌现。

④保温结构的进一步改进。铬钼钢制焦炭塔保温通常采用披挂式结构，即将背带组件套在壳体上，背带上焊有保温钉和支持圈，保温材料及外保护层全部靠背带支承。使用多年后发现由于壳体和外保护层操作时温差较大，膨胀量不一致，而且随操作循环而变化，致使某

些焦炭塔的外保护层（铝皮或铁皮）损坏脱落。为解决这个问题，设计又增设一层外背带来固定外保护层，内、外背带互不相连，这样内、外背带各自膨胀，互不影响，延长了保温结构的使用寿命。

（3）焦炭塔选材与受力数学模型的深入研究与工业应用。延迟焦化装置焦炭塔的完整性和可靠性问题多年来一直困扰着石油炼制工作者。因此，为了进一步提高焦炭塔的设计、制造和操作水平，延长其使用寿命，中国石油化工集团公司（甲方）2003 年起委托中国石化茂名分公司、中国石化工程建设公司（乙方）并以中国石化茂名分公司 120×10^4t/a 延迟焦化装置改造中新建的两台 ϕ8600mm 焦炭塔为依托，进行“焦炭塔选材与受力数学模型的研究与工业应用”的课题研究。

该研究课题的目的是在现有研究的成果和国外搜集资料的基础上，研究焦炭塔的动态应力模型并进行模拟试验，找出器壁上温度和应力分布及变化规律，为设计和安全操作提供技术支持，在设计阶段就充分考虑各种因素，包括选材、强度计算、结构设计、制造和生产期间的监控措施等，使焦炭塔能够长期使用而不发生失效。同时，要求在生产期间监测塔壁重要部位的应变状态，找出最佳的焦炭塔升、降温速度，以便在保证设备安全前提下尽量降低生焦循环周期，提高装置处理量。

经过近两年的努力，华东理工大学完成了焦炭塔数学模型的建立及动态应力分析报告，初步确定出焦炭塔在升、降温阶段的高应力应变点位置。该装置于 2005 年 4 月开工投产，合肥通用机械研究院进行了应力测试，通过在数学模型计算的高应力点贴应变片，获得这些部位在运行全过程中的实际应力，可作为修正焦炭塔数学模型的重要参量，也为调整操作工艺及安全分析提供了可靠依据。

根据应力应变测量结果，茂名石化的两台焦炭塔于 2005 年 7 月开始生焦时间由 24h 改为 20h 的试验，试验结果表明，最大应力值未超过 0.9 倍材料的屈服值。为此，茂名石化公司从 2006 年开始加大焦化装置的处理量，把24h生焦时间正式改为20h，一个焦炭塔的生产周期由48h缩短为40h，装置年处理量由120×10^4t/a提高到140×10^4t/a，创造了极大的经济效益。

（4）消化吸收国外先进技术。2007年中国海洋石油公司惠州炼油厂新建420×10^4t/a延迟焦化装置，引进美国FW公司工艺包，采用两炉四塔工艺，焦炭塔直径ϕ9800mm，是国内现时最大的焦炭塔，焦炭塔生焦时间18h，循环周期36h。焦炭塔采用的材质为全塔SA387Gr12. CL2 +410S复合板，基层相当于国产的14Cr1MoR。基础设计审查后取消了底部复合层。顶部、底部采用全自动卸盖机，原料从底部接管单相侧进料。该装置于2009年4月投产。焦炭塔顶、底部采用全自动底盖机节省了操作时间，减少了工人的劳动强度及手工卸盖造成的污染，提高了劳动效率且有利于环境保护。自此国内制造厂也开始研发自动底盖机，经多次试验总结，获得成功，并迅速得到推广使用。

（5）修复方法的探索。尽管在此阶段大型焦炭塔基本上都采用铬钼钢制造，但由于特殊的操作工况和生焦时间的不断缩短，经长期使用后，在塔壁和裙座上还是经常发生程度不同的开裂现象，需要现场修复。现在通常的做法是将缺陷清除干净后，用焊条电弧焊进行补焊；开裂严重者，则需要直接更换一段塔壁，最后进行焊后热处理。由于场地和检修工期的限制，在焦化装置现场进行热处理是很困难的，特别是对于较大面积的内部缺陷修复更是难上加难。

据了解，现在有一家美国公司采用一种焦炭塔裂纹在线修复技术，对于大面积缺陷，也不用更换筒体。该技术是用激光自动测量裂纹深度，采用回火焊道工艺修补裂纹，全自动施焊，并可避免焊后热处理，节省了大量人力及时间。国内很多用户迫切需要这种技术，也有机械安装公司具有开发这种技术的意愿，相信在不远的将来，我国在焦炭塔裂纹修复技术上也会取得突破。

(6) 中国的焦炭塔技术走出国门。2009 年中东某炼油厂引进了我国的延迟焦化装置工艺包，焦炭塔直径 ϕ9800mm，中国石化工程建设公司完成了基础设计工作。此外，中国石化第三建设公司也为印度某公司设计制造了 6 台焦炭塔。

三、结语

经过几十年的攻坚克难，不断进取，我国焦炭塔设计制造技术取得了巨大的进步。其规格从最大 ϕ4600mm，扩大到最大 ϕ9800mm；其用材从普通碳素钢跃升到耐热/高强的铬钼钢；焦炭塔的细部结构也进行了多方面改进，变得更加合理和安全可靠。因此，综合来看，我国焦炭塔设计、制造技术已达到世界先进水平。但是我们不能有一点懈怠，科学技术发展是无止境的，应该一直瞄准先进国家在该领域的最高水平，永远保持“在路上”的状态。随着焦化装置向更大型化发展，以及我国加工制造装备能力和智能化水平的不断提高，未来我们一定会建造出更大、更安全、更高水平的焦炭塔，以满足国内和国际市场的需要。

SEI 贾桂茹　仇恩沧　撰写

第十一章 EO/EG装置环氧乙烷反应器发展历程

一、概述

环氧乙烷（EO）是重要的有机原料，广泛用于生产聚酯纤维、防冻剂、不饱和聚酯树脂、润滑剂、增塑剂、非离子表面活性剂以及炸药等。环氧乙烷还在医药、香料、染料、涂料和特种化纤油剂等方面市场潜力较大，国外环氧乙烷下游产品 5000 多种，而我国仅有 300 多种。

自 20 世纪 50 年代美国科学设计公司（SD）和英荷壳牌公司（Shell）相继开发出各自的直接氧化法专利技术，并建立大型生产装置，把 EO 技术向前推进了很大一步。

长期以来，该生产技术主要由英荷 Shell 和美国 SD、UCC 三家公司垄断，世界上采用三家公司技术的生产能力占 EO 总生产能力的 90% 以上。此外美国 Dow 化学公司、日本触媒化学工业公司、德国 Hvels 公司和 BASF 公司和意大利 Snam 公司也有自己的专利技术。

环氧乙烷的生产方法主要有氯醇法、空气氧化法和氧气氧化法三种。氯醇法是乙烯与次氯酸反应生成氯乙醇、氯乙醇与氢氧化钙或氢氧化钠反应生成环氧乙烷的工艺路线。此技术由于原料单耗高、能耗大、污染严重，基本已被淘汰。空气氧化法是用空气和乙烯作为原料，乙烯和氧气直接反应生成环氧乙烷的工艺路线，此技术无须另设空分装置，投资较低，但乙烯单耗较高。氧气氧化法是用纯氧和乙烯作为原料，乙烯和氧气直接反应生成环氧乙烷的工艺路线，此技术需另设空分装置，投资虽然较高，但乙烯单耗大为降低。

目前，世界上的环氧乙烷/乙二醇装置普遍采用氧气氧化法。环氧乙烷（EO）反应器是环氧乙烷/乙二醇装置核心设备。乙烯和纯氧与循环气混合、加热后进入环氧乙烷（EO）反应器管程，管内装有固体含银催化剂，在此发生乙烯氧化反应生成环氧乙烷，同时发生副反应生成二氧化碳，并放出大量热量。部分反应热由反应器壳程中的沸水移除，水循环通过热虹吸来实现。离开反应器壳程的水和蒸汽两相混合物进入反应器汽包，水和蒸汽在此分离，产生的干蒸汽被送到中压蒸汽管网为下游用户提供热源，锅炉给水预热后补充至汽包。EO 反应器主要操作参数见表 11－1。

表 11－1　EO 反应器主要操作参数

	管程	壳程
操作温度/℃	170～280	220～280
操作压力（G）/MPa	1.6～2.3	2.3～6.3
介质	反应气体	锅炉给水

反应器进料中含有较高浓度的乙烯和氧气。乙烯与氧气的浓度越高，越有利于反应选择性的提高，并增大乙烯转化率。但乙烯与氧气浓度的最高值不能进入其混合物的爆炸极限区，而实际操作条件是非常接近爆炸极限范围的，因此环氧乙烷（EO）反应器也是环氧乙烷/乙二醇装置最危险的设备之一。

EO 反应器相关工艺流程简图如图 11－1 所示。

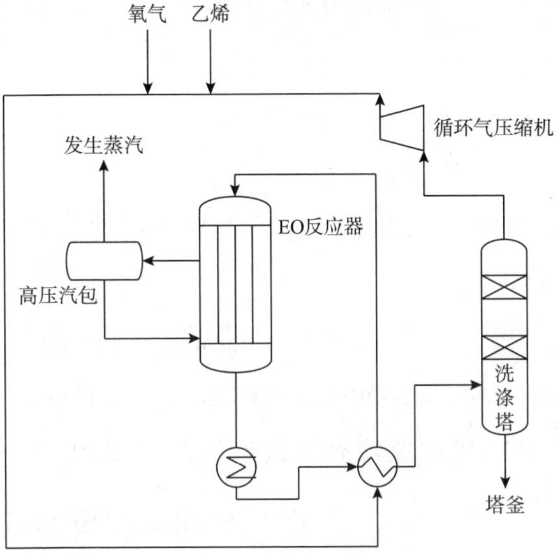

图 11－1　EO 反应器流程简图

根据工艺包专利商的不同，EO 反应器的结构形式也有所不同：

1. SD 工艺技术反应器

SD 工艺技术 EO 反应器是一台超大型立式管式反应器，上部为反应器，下部直连冷却器。其结构如图 11－2 所示。

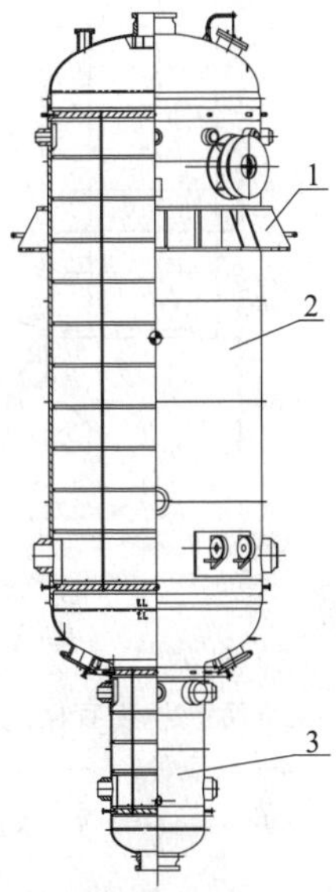

图 11－2　SD 技术 EO 反应器
1—支座；2—反应器；3—冷却器

反应器主要材料随着年代及规模的不同，有所不同，具体如下：

（1）筒体钢板：已引进的不同装置不同规模的 EO 反应器的壳体用板材按时间先后，有 SB49（日本牌号）、SA516 Gr. 70、SA302 Gr. C 以及 SA543 TYPE B-CL1 等。首次国产化的 EO 反应器壳体材料选用舞阳钢铁公司（简称舞钢）生产的 13MnNiMoR。13MnNiMoR 是低碳低合金高强度细晶粒钢，它在常温和中温的强度比碳锰钢高，且塑性与韧性较好，具有较好的综合性能，适用于冷、热成形和焊接用构件，特别适用于制造金属温度不超过400℃的压力容器。

（2）列管（换热管）：EO反应器的列管（换热管）用材按时间先后，有STBA22（日本牌号）、SA-179、SA-334Gr. 1、2205（31803）等。首次国产化EO反应器列管选用常熟华新特殊钢有限公司生产的2205（31803）无缝钢管。

（3）管板锻件：EO反应器的管板锻件用材按时间先后有：SA-508CL. 3、SA-266CL. 4、SA-508Gr. 4N CL. 1等。首次国产化EO反应器管板锻件选用了洛阳矿业集团有限公司生产的20MnMoNb锻件。

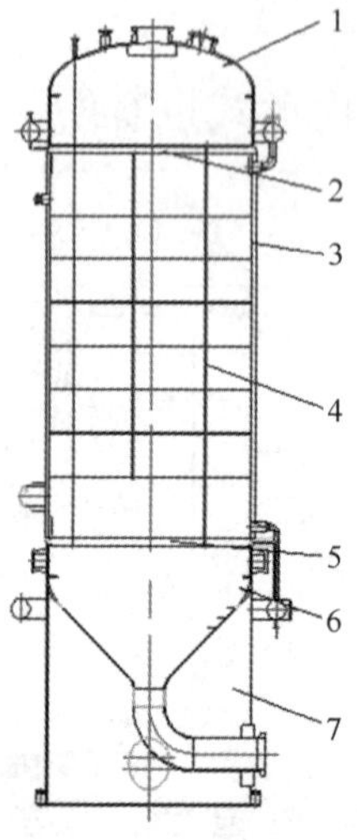

图11－3　Shell工艺技术EO反应器
1—上管箱；2—上管板；3—壳程；
4—反应管；5—下管板；
6—下管箱；7—支座

2. Shell（BASF）工艺技术反应器

Shell工艺技术EO反应器也是一台大型立式管式反应器，与SD技术相比显著不同的是反应器下部没有直连冷却器，所以其设计、制造等相对容易一些。Shell工艺技术EO反应器结构如图11－3所示。

反应器主要材料为：

Shell技术EO反应器的壳体用板材：壳程壳体为SA302 Gr. C，上管箱筒体为SA516-Gr70，下管箱筒体为SA516-Gr70＋S32168。列管（换热管）材料为SA210 Gr. A1冷拔碳钢管。上下管板锻件材料为SA350-Gr. LF2。

二、EO反应器技术发展历程

20世纪70年代EO反应器完全引进，以燕山石化6×10^4t/a乙二醇装置为例：1973年签订合同引进美国科技设计（SD）公司技术，日本日曹株式会社承建，1978 年建成投产。反应器由日本三井造船株式会社设计、制造。反应器主要参数见表 11－2。

表 11－2　6×10^4t/a EO 反应器主要参数

	管程	壳程
介质	反应气	锅炉给水
设计压力/MPa（G）	2.35	0.7
操作压力/MPa（G）	2.14	0.28
设计温度/℃	330	330
操作温度/℃	233～282	273～280
设备筒体内径及壁厚	ϕ4425mm；δ=52mm	
换热管规格及数量	ϕ25mm×2mm，L=7700mm；13500 根	
管板外径及厚度	ϕ4529mm；δ=230mm	
换热面积	8164m^2	
材质	换热管：STBA22-SC 管　板：SA516-70 筒　体：SB49-SR	

20 世纪 80 年代该装置的工艺技术及设备继续完全引进，以扬子石化 20×10^4t/a 乙二醇装置为例：引进美国科技设计（SD）公司技术，日本日立 HITACHI LTD. 设计、制造。

反应器主要参数见表 11－3。

表 11－3　20×10^4t/a EO 反应器主要参数

	管程	壳程
介质	反应气	锅炉给水
设计压力/MPa（G）	2.32	6.64
操作压力/MPa（G）	2.11	5.6
设计温度/℃	325	288
操作温度/℃	275	271
设备筒体内径及壁厚	ϕ5160mm；δ=101mm	
换热管规格及数量	ϕ38.1×3.4mm，L=9900mm；8821 根	
管板外径及厚度	ϕ5362mm；δ=165+4.8mm	

续表

	管程	壳程
换热面积	$8973m^2$	
材质	换热管：SA-179 管　板：SA508 CL. 3 + SS 筒　体：SA-302Gr. C	

20 世纪 90 年代我们开始了国产化尝试，EO 反应器采用部件引进、国内组装焊接。以吉林化学工业公司 10×10^4t/a 乙二醇装置为例：引进美国科技设计（SD）公司技术，日本三菱重工广岛机械厂（Hisoshima Machinery Works）完成设计和部件制造，吉林化学工业公司机械厂完成总装。反应器总重 535t，主要参数见表 11－4。

表 11－4　10×10^4t/a EO 反应器主要参数

	管程	壳程
介质	反应气	锅炉给水
设计压力/MPa（G）	2.34	6.54
操作压力/MPa（G）	2.07	5.86
设计温度/℃	325	288
操作温度/℃	280	275
设备筒体内径及壁厚	ϕ5380mm；δ = 102mm	
换热管规格及数量	ϕ38.1×3.4mm，L = 9900mm；9571 根	
管板外径及厚度	ϕ5584mm；δ = 165 + 4.8mm	
换热面积	$1024m^2$	
材质	换热管：SA-334Gr. 1 管　板：SA266 CL. 4 筒　体：SA-302Gr. C	

2000 年后，以扬子石化 18×10^4t/a EO 反应器国产化为依托，全面实现了设计制造国产化。反应器主要参数见表 11－5，反应器结构见图 11－4。

表 11-5 18×10^4t/a EO 反应器主要参数

	管程	壳程
介质	反应气	锅炉给水
设计压力/MPa (G)	2.33	6.6
操作压力/MPa (G)	2.07	5.85
设计温度/℃	325	288
操作温度/℃	280	275
设备筒体内径及壁厚	ϕ6760mm; δ=110mm	
换热管规格及数量	ϕ38.1×2mm, L=12000mm; 15843 根	
管板外径及厚度	ϕ6980mm; δ=180+5mm	
换热面积	2055m^2	
材质	换热管: 2205 管　板: 20MnMoNb+SS 筒　体: 13MnNiMoR	

为了实现国产化，中国石化从2000年开始EO反应器国产化的探索和研究工作。2000年的12月北国冰天雪地，当时为了“燕化30×10^4t/a乙二醇反应器”项目，中国石化工程建设公司组织了工艺、设备4人团队赴吉林化学工业公司（简称吉化公司）乙二醇厂、吉林化学工业公司机械厂进行实地调研。了解吉化公司乙二醇反应器的设计、制造、安装等情况，为以后EO反应器的进一步研究提供了一手资料。

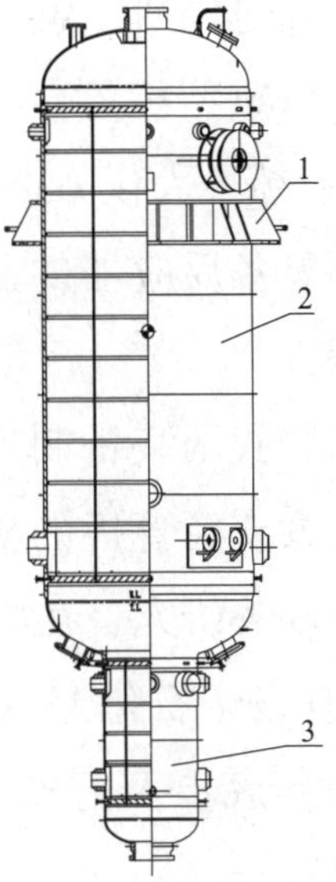

图 11-4 扬子石化采用SD技术 18×10^4t/a EO 反应器
1—支座；2—反应器；3—冷却器

吉化公司乙二醇反应器是该公司10×10^4t/a乙二醇装置的关键设备，于1994～1996年间从日本三菱重工（Mitsubishi Heavy Industries, LTD. Hiroshima Machinery Works）分6段（上、下封头+上、中、

下筒体+裙座）引进（包括所有零部件及其整块格栅），同时引进的还有现场组焊必需的原材料如焊条、焊丝等以及风动胀管机、红外线局部热处理设备、测压机等辅助制造设备，由吉林化学工业公司机械厂组焊、安装完成。

当时反应器国产化存在的问题主要为：

（1）原材料供应方面：厚钢板（$\delta>120$mm，当直径等于8000mm）国内无材料供货厂家，特大型锻件（直径大于5000mm以上）锻件无法供货。

（2）制造方面：大直径的换热设备（直径大于5000mm以上的换热器管板），管板钻孔等机加工国内尚无这样大的钻床装备。

2002年10月中国石化对上海锅炉厂核电化工设备公司、上海重型机器锻件厂、上海石化机械制造公司、上海大隆锻造厂等厂家进行了调研。通过调研了解到上海锅炉厂具备加工直径5000mm以下管板的能力，上海重型机器厂理论上可以供应锻件最大尺寸小于等于5000mm（实际业绩最大仅ϕ3800mm），上海石化机械制造有限公司当时的装备水平不具备反应器的制造能力，上海大隆机器厂无能力提供反应器管板的锻件。

随着我国装备制造业的快速发展，上述大厚度钢板、大型锻件原材料及大直径管板的机加工能力得到了快速提升。经过课题组不懈的努力和攻关研究，在中国石油化工集团公司的大力支持下，历经艰难，SEI依托扬子石化18×10^4t/a环氧乙烷装置的EO反应器国产化工作于2008年年底步入正式轨道，从2009年年初开始正式的设计工作。

1. 主体材料的选用

在以往的引进装置中，EO反应器的壳体用板材采用的都是ASME材料，如SA516 Gr. 70，SA302 Gr. C以及SA543 Gr. B-CL1。根据EO反应器的操作情况和设备大型化的特点和国内钢板厂的调研，我们选用国产高强度合金钢13MnNiMoR，由舞阳钢铁公司生产。13MnNiMoR板材是低碳低合金高强度细晶粒钢，它在常温和中温下的强度比碳锰钢高出许多，并且塑性与韧性很好，具有优良的综合性能，适用于冷、热成形和焊接用构件，特别适用于制造金属温度不超过400℃的压力容器和锅炉汽包。

换热管材料，在以往小规模装置中采用SA210 Gr. A1冷拔碳钢管，但考虑到碳钢管在每次装填和更换催化剂时，都需要对管内壁进行喷砂除锈处理，工作量非常巨大，而且喷砂处理还会造成换热管壁厚减薄，通常碳钢换热管的壁厚取3.4mm，喷砂减薄就意味着设备整体寿命减少。另外，装置规模大型化后，反应器的直径也越来越大，换热管数量非常多。若采用碳钢管，不仅现场喷砂工作量庞大，而且换热管壁厚要因为喷砂减薄量而加厚，造成反应器重量急剧增加。若采用奥氏体不锈钢管，虽然可解决管内壁锈蚀问题，但是由于奥氏体不锈钢管与壳程筒体的低合金钢材料在线膨胀系数方面相差较大，会造成管壳程各部件的温差应力很大，尤其是管板布管区外围的换热管承受的压应力很大，造成此处的换热管容易失稳。因此设计上决定采用S31803双相不锈钢，它既有奥氏体不锈钢的耐腐蚀性能，又有铁素体钢足够的强度，而且双相不锈钢与壳程筒体低合金钢的线膨胀系数也比较相近，从而保证了换热管的强度、刚度和耐腐蚀性。反应段和气体冷却段的上下管板的材料选用20MnMoNb锻件，设计上对这种特大型管板锻件采用了三块拼焊结构。

2. 设备设计

扬子石化EO反应器的直径为ϕ7760mm，其总体结构属于固定管板管壳式换热器。GB 151标准中限制换热器的最大直径为ϕ2600mm，该反应器的直径尺寸已远远超出GB 151范围。为了尽可能减小筒体厚度，减轻设备重量，节省投资，设计上采用JB 4732对整个反应器进行分析设计计算。在EO反应器的分析设计中，除了按JB 4732分析设计方法对各主要承压元件（如管箱壳体、封头及开孔补强）进行计算外，同时还采用 ANSYS 有限元应力分析软件对管板及管束建立合理的力学模型进行应力分析。

为了考察壳程筒体上的进出料管口对管板与筒体连接处的应力叠加等影响，进出料管口也一并建立在力学模型中。通过对各种工况下管板中心、布管区周边、管板边缘的应力及换热管轴向应力进行分析，确保了管板结构设计的准确性和安全性。

采用 ANSYS 有限元软件分别对反应段部分和气体冷却段部分进行建模、加载和求解，对反应器筒体、接管、管板、管束等各部件的应力进行评定。

由于 EO 反应器净重量达 876t，若采用常规的耳式支座，会造成壳体和支座连接处壳体的局部应力和连接焊缝处应力过大，容易导致支座失效。因此设计上采用带有上下两圈刚性环的耳式支座结构，同时设有 8 个支座。这种刚性环支座与壳体的连接焊缝长度显著增大，焊缝受力明显减小。为了达到强度要求，结构上还要求上下环、筋板与壳体的焊缝都采用双面坡口，以保证全焊透。

EO 反应器的壳程介质为锅炉给水，气液两相共存，尤其是反应段换热管长 12m，数量达 15843 根。为了减小管束振动，管束之间采用了 10 层立体格栅支承，其结构复杂，安装困难，对制造精度要求很高。

立体格栅支承管束结构（图 11－5）是将两组规格的格栅板分别按照换热管排列角度上下交叉固定，形成立体的菱形腔体用来支承管束；格栅板交叉固定后每间隔 5～10 组对格栅板进行上下点焊，并与焊在壳体上格栅固定元件进行固定。每两层格栅支承件之间则通过拉杆、定距管等定位元件进行支承定位。

格栅支承板的精度和制造质量优劣将直接关系到反应器换热管的装配。由于格栅支承板刚性低，在起吊、移位过程中会产生较大挠度，因此制造时需要设计专门工装用于格栅支承板的起吊和装配，保证格栅与工装为一整体有足够的刚性，以便顺利有序地进行组装。

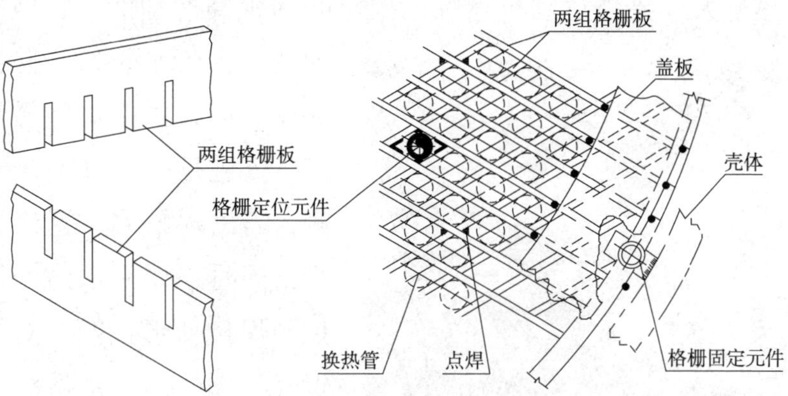

图 11－5　立体格栅支承管束结构

换热管与管板连接采用的是强度焊加贴胀。考虑到 EO 反应器的重要性，设计上提出对换热管与管板焊接角接头进行射线检测的严格要求，可有效控制焊接接头的内部质量。这种特殊的射线检测方法如图 11－6 所示。

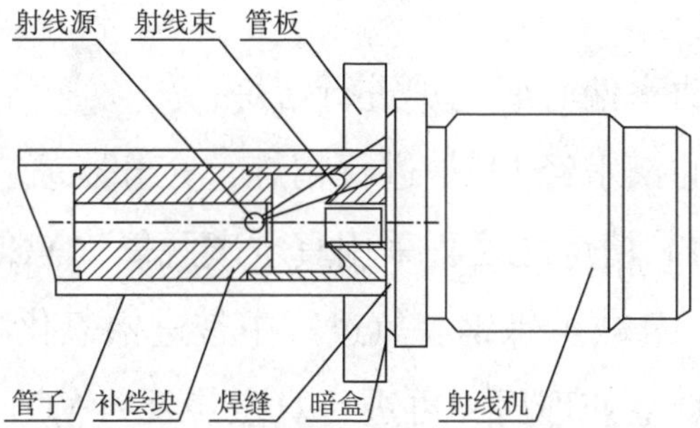

图 11－6　换热管与管板接头射线检测示意图

3. 制造技术

EO 反应器在制造技术上进行了如下攻关工作：

1）大型管板锻件的锻制及管板拼接、堆焊、加工技术

EO 反应器管板直径 ϕ8012mm，厚度 350mm，材质为 20MnMoNbⅣ锻件，每件管板分别由条形锻件拼焊组成。此锻件的制造难度主要体现在：一是锻件的锻制要求高于 NB/T 47008《承压设备用碳素钢和低合金钢锻件》的要求；二是锻件本身重量大，锻制后的热处理加热过

程中蓄热量大，要想达到机械性能要求必须提高冷却能力，但冷却速度过快会带来裂纹风险；三是大厚度锻板拼接焊缝质量要求高，需进行 RT、TOFD、UT 检测，若出现缺陷，返修非常困难，同时还要采取防变形措施控制焊接变形；四是对管板堆焊（见图 11－7）后的平面度要求高，要求堆焊后的平面度偏差不超过 5mm；五是管孔尺寸精度高于 GB 151—1999《管壳式换热器》的要求。

图 11－7　管板堆焊

锻件锻造质量控制要求：

（1）选用优质废钢和优质生铁，以控制钢中的砷、锑、锡等有害元素；

（2）采用高功率偏心底电炉进行熔炼；

（3）熔炼后的钢水经 LF 炉进行精炼，充分脱氧、脱硫；

（4）钢水经 LF 精炼之后，采用真空碳脱氧（VCD）以充分去除钢中的氢、氧、氮，且减少炼钢脱氧过程中带进铝氧化物的概率；

（5）钢水经真空处理后，再进行真空浇注（VC），避免二次氧化，同时进一步脱氢、脱氧；

（6）科学制定工艺参数，提高金属锻透性；

（7）加大水冒口切除量，冒口切除量约为钢锭总重 20%，水口切除量约为钢锭总重 8%；

（8）锻造比要大于等于 3.5；

（9）采用两次正火工艺，提高晶粒度级别；

（10）采取针对性的热处理措施，控制加热温度精确度，保证机械性能。

管板焊接质量的控制要求如下：

（1）拼接焊缝采用窄间隙埋弧自动焊焊接方法；

（2）焊接过程中采用两面交替焊接来相互抵消变形；

（3）焊后进行消应力热处理；

（4）堆焊时控制焊剂层厚度和焊道搭接量；

（5）拼接焊缝全部进行射线 RT、衍射时差法超声检测 TOFD 和普通超声 UT 检测。

2）大直径椭圆封头成形工艺

EO 反应器上下封头为直径 *DN*7760mm 的椭圆封头，材质为 00Cr19Ni10 + 13MnNiMoR 复合板，厚度为 72mm + 3mm。采用分瓣冷压成形的方案（见图 11－8）。上封头分为 1 个顶圆板 + 10 片瓜瓣成形，下封头分为 10 片瓜瓣成形。在封头的制作过程，主要是通过控制单个瓜瓣的成形尺寸和各片瓜瓣在组焊过程中的变形，确保封头的形状及几何尺寸。

图 11－8　压制后的封头瓜瓣片

（1）瓜瓣成形后需用立体样板进行检查，瓜瓣内表面曲率与立体样板的四周间隙≤3mm；

（2）为防止焊接过程中的收缩变形，各片瓜瓣二次下料时需留调整裕量；

（3）设计并制作封头组对工装胎具，组对、焊接各瓜瓣时的错边量≤1.5mm。

3）格栅制作技术

为了减小管束振动，换热管管束之间采用了10层立体格栅支承，每层格栅由数百根格栅板条组对而成。

（1）格栅板条下料后需平直；

（2）采用数控机床加工格栅槽，见图11－9；

（3）采用合理的加工工艺，控制进刀量；

（4）设计并制作专用的格栅组对模板和定位工装；

（5）格栅焊接时应严格控制工艺，防止焊接变形。

4）反应器总装工艺

EO反应器结构复杂，上部是较大直径的反应器，下部是气体冷却器。制造时设备分为反应器、冷却器两大段、六个部件，第一大段反应器由三个部件组成，即反应器上封头部件、反应器上管板部件、反应器下管板部件；第二大段冷却器亦由三个部件组成，即冷却器上管板部件、冷却器下管板部件、冷却器下封头部件；每段三个部件分别制造组合形成两大段后，最终进行反应器与冷却器的合拢、组焊，见图11－10。

图11－9　加工完成的格栅条

图11－10　制造完成的EO反应器

整个开发中的主要事件见表11－6。

表 11-6　EO 反应器开发主要事件

序号	时间	主要事件	地点
1	2009-4-20	签订合同及攻关课题组会议	南京
2	2009-5-15	设计审查会	北京
3	2009-9-18	审查制造工艺	苏州
4	2011-9-22	出厂仪式	南京
5	2013-3-27	扬子石化新增 18×10^4t/a 环氧乙烷改造项目投入运行，并产出合格产品	南京
6	2014-5-30	“大型 EO 反应器研制”通过中国石化科技部组织的科技成果鉴定	北京

2011 年 9 月 22 日，中国石化南化公司化工机械厂承制的扬子石化环氧乙烷系统改造工程项目核心设备——全国首台 18×10^4t/a 环氧乙烷反应器顺利竣工。这一成果填补了国内空白，结束了石化行业环氧乙烷反应器长期依赖进口的历史。“大型 EO 反应器研制”获得中国石油化工集团公司 2014 年度科技进步奖二等奖。

三、结语

环氧乙烷反应器经历了整体引进（20 世纪 90 年代以前）、部件引进 + 国内组焊（90 年代），到扬子石化 EO 反应器从设计、原材料、制造等全部实现国产化过程。从此，结束了 EO 反应器依赖进口的历史，为实现国家重大装备国产化做出了重要的贡献。

SEI 段瑞　谢智刚　南化机　毛家才　撰写

第十二章
聚丙烯环管反应器发展历程

一、概述

聚丙烯（polypropylene，缩写为 PP，以下简称 PP）是以丙烯为单体聚合而成的聚合物，是通用塑料中的一个重要品种，由于聚丙烯资源丰富、生产工艺简单、成本低廉，近年来其发展一直呈现上升趋势。

1954 年意大利 Natta 教授在实验室首次合成出聚丙烯，1957 年聚丙烯即实现了工业化。我国的 PP 工业起步于 20 世纪 60 年代，间歇法小本体装置是由原化学工业部北京化工研究院（现中国石油化工股份有限公司北京化工研究院）开发的。由于该装置对丙烯原料要求低，工艺流程简单等深受生产单位的欢迎。为了满足国内对聚丙烯日益增长的需求，从 20 世纪 80 年代初开始，我国在引进国外先进聚烯烃工艺技术的同时，就开始了大型聚烯烃装置的国产化开发、设计工作。在“八五”之前，国内的聚丙烯装置多数规模较小并长期依赖于成套引进，在“八五”期间，北京石化工程公司（BPEC）在扬子石化聚丙烯（采用三井油化工艺）“一买三合作”的基础上，认真消化吸收国外引进装置技术资料，在大连有机合成厂建成了第一套国产化的聚丙烯装置，其中装置的关键设备——釜式反应器是在中国石油化工总公司的精心组织下，由设计、制造等单位联合攻关完成的，参加单位有：北京石化工程公司、锦西化工机械厂、大连有机合成厂。前后经过三年时间的努力，完成了攻关试验、设计、制造全过程，投入使用一次成功。此次的投产成功结束了我国 PP 装置长期依赖进口的局面，在我国聚丙烯装置发展史上具有里程碑的意义。

“九五”期间，国家先后批准新建 8 套 PP 装置，工艺采用 Montell 环管技术，整个装置设计全部国产化。同时，中国石油化工集团公司决定装置中的关键设备——环管反应器也要实现国产化。1996 年初，北京石化工程公司、茂名石化公司机械厂、大连五二三厂组成联合攻关组，对 7×10^4t/a 聚丙烯环管反应器进行国产化攻关，经过 2 年的艰苦奋斗，顺利完成了设计及制造全过程，至 1998 年底，长岭、福建、九江、武汉、济南、大连、荆门共 7 套 PP 装置全部一次投入使用成功，取得了极大的经济效益和社会效益。该反应器的国产化获得了 2001 年度省部级科技进步奖二等奖。在此基础上，中国石油化工集团公司委托中国石化工程建设公司又开发出具有自主知识产权的二代环管法聚丙烯技术（简称 ST 技术），中国石化工程建设公司联合茂名重力等制造单位先后完成了 10×10^4t/a、14×10^4t/a、20×10^4t/a、30×10^4t/a、35×10^4t/a、40×10^4t/a 级环管反应器的国产化开发，分别获得中国石油化工集团公司优秀工程设计三等奖及科技进步奖三等奖。环管反应器国产化的成功，提升了国内装备制造业的水平，大幅度降低了材料、制造、运输成本，为国家节省了大量外汇。

进入 21 世纪，随着时代发展、社会进步及人们生活水平的提高，对聚丙烯新产品、新牌号的需求也越来越高，2006 年，中国石油化工集团公司决定引进 Basell 公司最新开发的 Spherizone 聚丙烯工艺技术，并要求对其核心设备——多区循环反应器进行国产化攻关。由于 Sphrizone 工艺技术在国内首次引进，没有可以借鉴的相关经验，反应器的设计、制造难度非常大。在中国石化总部、相关单位的大力支持和配合下，国产化开发得到了有序推进。2006年申报立项，2007年通过专家组评审论证，2009年3月，国内第一台，同时也是世界上单线能力最大的天津45×10^4t/a聚丙烯多区循环反应器顺利出厂，2010年1月装置顺利投产，2011年该反应器的国产化攻关获中国石油化工集团公司科技进步奖二等奖。多区循环反应器的国产化，不仅填补了国内空白，降低了设备投资，实现了我国大型石化设备国产化设计制造技术的重大突破，对国产化聚丙烯工艺技术的发展、对聚丙烯新牌号的研究与开发，对了解、消化吸收国外聚丙烯技术的最新进展都具有重要的意义。环管反应器是环管聚丙烯装置成套技术的核心设备，由于结构复杂，设计、制造难度非常大。环管反应器的设计参数见表12-1。

表12-1　环管反应器的设计参数

	反应器本体	夹套
介质	丙烯浆料	冷却水
介质密度/(kg/m^3)	560	1000
设计压力/MPa	5.28/5.5（底部）	0.5
操作压力/MPa	4.4	ATM
设计温度/℃	-45/150	90/150
操作温度/℃	90	50

如图12-1所示环管反应器为立式设备，由两组R201、R202环管组成，每组是由4条或6条直段长度为20m以上夹套管、多个180°4200mm大跨度弯头、一个90°弯头连接起来形成的一个循环整体。反应器内筒体规格为ϕ609.6mm×16mm，夹套规格为内径690mm，壁厚根据部位的不同而厚度也不同。每条夹套管本身既是反应器，又是设备框架的支承钢柱，受力情况复杂。环管底部大法兰用于连接轴流泵，以使物料在管内循环、搅拌发生反应。反应器内管需要抛光，目的是防止反应物粘壁产生爆聚。反应器外设夹套，目的是撤走反应热，夹套之间设有10条连接管，以使各夹套之间彼此相通。为防止操作温

差、结构约束等原因产生的应力，在夹套上和中间冷却水连接管上设置有膨胀节。夹套之间采用多层 H 形钢连接，用以增加整个反应器的刚度。多条夹套管的基础环底面应位于一个平面上，则加大了设备设计、制造以及土建施工的难度。随着装置规模的扩大，反应器的夹套管的根数和高度都不断地增大，从最初的一组 4 条腿 22m 高增加到 2 组 8 条腿 45m 高。

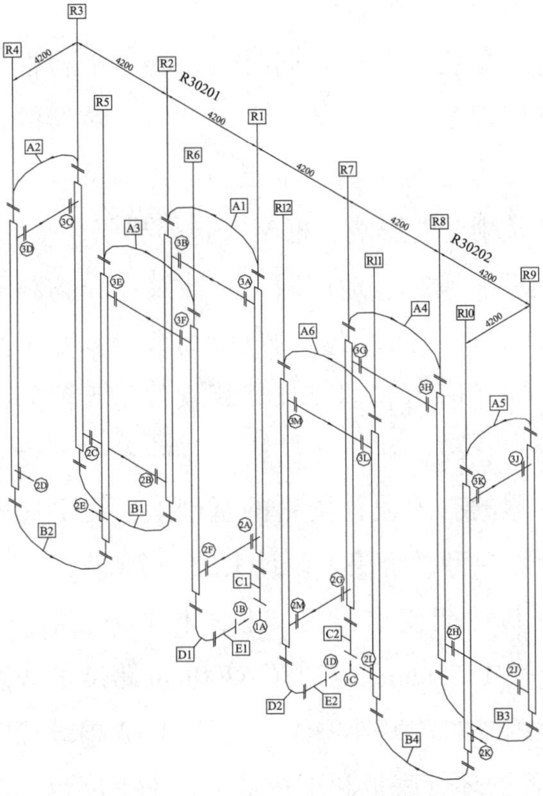

图 12－1　环管反应器示意图

此反应器内管最低设计温度为－45℃，且内管公差要求比较高。据了解在国内制造厂还无法达到技术条件中的公差要求。故内管选用国外的低温碳钢管，材料标准为 ASME SA672-Cl22 C70，并在－50℃下作低温冲击试验。内管、弯头上所有的法兰和凸缘均由低温锻件加工而成。考虑到这些锻件规格不一，数量不多，从国外采购不太经济，况且国内低温锻件完全可以满足要求，故选用09MnNiD国产材料，应全部符合NB/T 47009—2017《低温承压设备用合金钢锻件》Ⅲ级要求。

夹套筒体内介质为脱盐冷却水，设计温度为150℃，设计压力为0.5MPa，夹套材料采用16MnR。夹套上的接管材料采用10号钢管，法兰及凸缘材料采用16Mn。支座材料选用16MnR。连接梁材料选用Q235-B。膨胀节材料选用0Cr18Ni9。为了有效地保证其制造质量及性能，膨胀节由国内专业厂家生产。

反应器本身既是反应容器，同时又是梯子平台框架的支承。其结构特点决定了反应器受力情况的复杂性，给反应器的设计计算带来了很大的难度，需要考虑的影响因素很多，比如反应器内筒、夹套的内压及自重对强度及刚度的影响、框架（包括梯子、平台）重量的影响、内筒与夹套的温差、风载、地震载、雪载及操作物料重量的影响、吊装时风载荷的影响以及各种因素的危险组合等。鉴于其结构的特殊性及受力复杂性，光靠压力容器设计计算软件是无法解决的，经过攻关组人员反复推敲、比较，在土建结构专业的密切配合下，并在仔细分析引进环管反应器的有关设计资料的基础上，终于靠团队的力量建立了环管反应器计算模型，解决了设计上的一个难题。

反应器的密封性能要求很高，上、下主法兰需采用榫槽面连接，榫槽之间距相差仅1.75mm，这对于4200mm跨度的大弯头与两直管的对准安装是非常困难的，另外每段直管通过12根螺栓安装在土建基础上，1950mm直径的环管底板和土建基础的不平度也一样会造成弯头与直管安装的误差，特别是装置规模的加大，单腿高度由22000mm增大到45000mm，稍有偏差就会造成安装不上或因安装不好而引起的法兰泄漏。因此，如何保证其顺利安装，并能满足制造、安装的可行性，成了结构设计的关键。经过消化吸收引进设备的资料，分析各家环管反应器结构上存在的优缺点，经过反复推敲、比较，我们制定了既严格又合理的技术要求，使制造安装要求得以保证。

为防止物料粘壁、爆聚，环管内壁需抛光，表面粗糙度要求R_a2.5μm。在内径为580mm，长度最长为51000mm长的直筒和弯曲半径为2100mm的180°大弯头，以及弯曲半径为914mm的90°弯头内进行抛光加工很困难。经多方调研了解，并与制造单位协商，采取了制造单位与专业抛光公司合作的方式。针对反应器的结构特点，采用机械抛光与射流抛光相组合，设计制造了一批专用工装，采用三爪自动定位、电机拖动、自动旋转机构，进行高速旋转抛光。对于90°、180°弯头的内表面，设计制作了柔性轴机构，自动导向进给行走抛光，使抛光效果完全达到了设计要求。

通过对环管反应器的结构特点、工作原理、工艺特性、安装方法等进行反复分析研究，确定了环管反应器攻关的三个技术关键：

（1）在保证低温材料焊接接头的性能，特别是低温冲击性能的同时，如何提高制造工作效率；

（2）制造出高精度要求的零部件，保证环管反应器的整体组装精度，从而满足环管反应器的密封性能要求

（3）实现环管反应器物料流程表面抛光至R_a2.5μm，防止物料粘壁产生爆聚。

解决好这三个技术问题，是环管反应器设备国产化研制成功与否的关键。此外，环管反应器的国产化制造是一个庞大的系统工程，通过多种渠道、多种形式的技术研讨和交流，制定了一套切合实际、合理完善的制造方案并加以实施：

（1）进行低温材料自动埋弧焊技术攻关，解决手工焊效率低的问题；

（2）中心距为4200mm的180°大弯头国产化制造攻关；

（3）将配件厂房内的一台镗床移到环管反应器主要生产单位容器厂房内，用镗床来加工12条组焊完毕的夹套式筒体上法兰密封面，保证筒体法兰密封面及总长达到图纸要求；

（4）改造落地镗床，将落地镗床的横向行程由现有的3.5m扩大到4.5m，用此镗床来加工180°大弯头法兰密封面，通过一次装夹便可实现弯头两端法兰密封面一次加工完成，保证180°大弯头两端法兰密封面处于同一平面上；

（5）设计专用工装，采用卧式整体预组装方式来检验环管反应器的装配质量，同时实施整体水压试验来检验设备的强度和密封性能；

（6）研制特殊的机械抛光设备，代替原手工抛光，高速度、高质量满足环管反应器对内壁粗糙度 $R_a 2.5\mu m$ 要求。

环管反应器设备结构复杂，试压过程充分考虑了安全、场地条件限制等诸多因素，试压过程严格按GB 150—1998《钢制压力容器》及《压力容器安全技术监察规程》进行，试压过程实现一次成功，见图12－2。

图12－2　车间水压试验的环管反应器

二、聚丙烯环管反应器的发展历程

80年代我们开发了 7×10^4t/a聚丙烯环管反应器，它是由一组高26m 6条直腿组成的管式反应器，内管规格：ϕ609.6mm×16mm，仅顶部的180°大弯头从国外进口。

90年代初开发了 10×10^4t/a聚丙烯环管反应器，它是由高22m 8条直腿组成的2组管式反应器。90年代末又开发了 14×10^4t/a聚丙烯环管反应器（见图12－3）。

随着聚丙烯装置规模的增大，2000 年又开发了 20×10^4t/a 的环管反应器（见图 12－4），是由两组共 8 条腿组成的，每条腿高 39m，要求的直线度和垂直度不变，制造难度又加大了。设计院与制造厂一起研发，使顶部的 180°大弯头实现了国产。该反应器荣获中国石油化工集团公司 2005 年度优秀工程设计三等奖。

图 12－3　湛江 14×10^4t/a 环管反应器

图 12－4　青岛 20×10^4t/a 环管反应器

2008 年依托茂名乙烯改造 30×10^4t/a 聚丙烯装置，我们开发了 30×10^4t/a 环管反应器，该反应器是由两组共 12 条腿组成的，每条腿高 39m。该反应器荣获 2009 年度中国石化集团公司科技进步奖三等奖。

2012 年受中国石油化工集团公司委托，我们又开发了中天合创 35×10^4t/a 聚丙烯装置的环管反应器，该反应器是由 2 组共 12 条腿组成的，每条腿高度 45m，两组环管之间的自支承梁达到了 12 层。该项目一次开车成功，生产出合格产品。

三、结语

到目前为止，国内已制造了多台环管反应器，其中 7×10^4t/a、10×10^4t/a、14×10^4t/a、20×10^4t/a、30×10^4t/a、35×10^4t/a 均已投

产运行，35×10^4t/a 环管反应器已达到世界级规模，极大地推进了国内压力容器装备制造业技术水平和能力的提高。

目前，由中国石化工程建设公司设计的单线生产能力为 40×10^4t/a 聚丙烯装置（ST 技术）的工艺包已通过中国石油化工集团公司鉴定，环管反应器每条腿的法兰间距已接近 60m，更加加大了设计和制造难度。未来我们将继续开发 45×10^4t/a 及以上大规模的环管反应器，来满足大规模聚丙烯装置的需要。同时继续关注国外聚丙烯装置工艺技术的发展，与制造企业共同开发装置中的重要和大型的设备，同时与国内钢厂和制造厂密切联系，在低温有缝管的国产化上继续探索。

SEI 李芳　撰写

第十三章
乙烯冷箱发展历程

一、概述

制取乙烯可以使用不同的原料（天然气、石脑油等），有不同的制取工艺流程。但生产的产品混合气必须经过分离、提纯，才能最终得到所需的乙烯产品。在产品混合气的分离过程中，低温分离是所有工艺都必须采用的方法。随着低温分离技术的进步，又区分了不同的工艺流程，因而低温分离的关键设备——乙烯冷箱，具有不同的结构形式和不同的技术要求。

目前乙烯分离技术主要有 3 种：顺序分离流程、前脱乙烷前加氢流程、前脱丙烷前加氢流程。燕山石化、扬子石化、齐鲁石化、天津石化、镇海炼化等乙烯分离装置应用的是顺序分离流程。产品气按步逐级被冷却，在确定的温度段，把已经被冷凝的产品气液体，通过气液分离器实现气液两相分离。未被冷凝的气相再继续被冷却，再分离，直到最后的甲烷、氢气两种组分的分离。

乙烯冷箱作为乙烯装置低温分离段中的关键设备，依靠制冷剂的蒸发来降低工艺物流的温度，达到低温回收乙烯和提浓氢气、降低甲烷/氢气摩尔比以及提高乙烯回收率的目的。乙烯冷箱的工作温度一般在 -170 ~ 30℃范围内。乙烯冷箱的实质是将多台串、并联的板翅式换热器及必要的分离罐和连接管路，用一个钢制的保冷壳包装起来，钢制的箱体和上述设备的空间中填满珠光砂等绝热材料减少冷量损失。乙烯冷箱的核心是装在其中的多组铝制板翅式换热器。多股裂解后的烃类物料在此进行复杂的、有相变的热交换，实现低温分离的目的。乙烯装置规模不同，所用冷箱大小也相差较大。乙烯冷箱结构简图如图 13 - 1 所示。

乙烯冷箱的关键技术是其内部各个位号的铝制板翅式换热器（见图 13 - 2）的设计、制造技术。单个换热器中有 10 股以上的流体换热，而且大多为两相流传热。技术关键有三个方面：

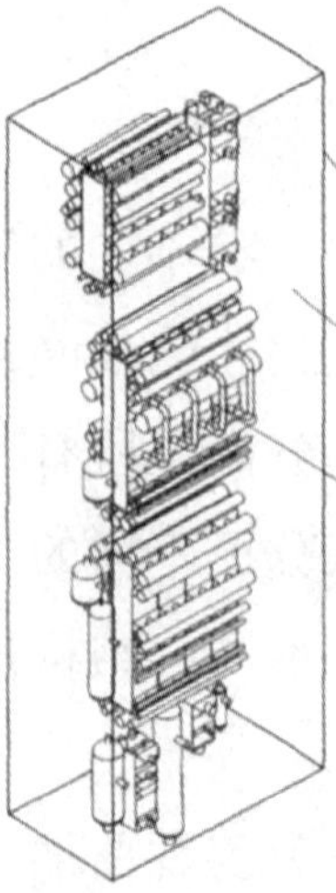

图 13 - 1　乙烯冷箱结构简图

图 13 - 2　乙烯冷箱内的板翅式换热器

（1）正确、精密的板翅式换热器单元设计。包括传热计算与机械结构的设计，要在满足化工工艺条件的基础上，做到高效、耐压、节材、紧凑、流阻小、冷量损失少、节省材料和易于钎焊。

（2）专有制造技术和严谨的工艺程序。翅片隔板等传热、受压元件对传热特性、加工精度有很高的要求，由翅片、隔板、封条等组装成的板束，需采用真空钎焊技术使其熔合为整体的芯体。元件间所有细微的接缝均需完全熔合，钎焊缝长、错综复杂的流道必须密封严密、均匀并具有耐压折能力。

（3）严格的质量监控和先进的测试技术。加工中特别是在钎焊中要监控所有环节以符合工艺规程和质量要求；制成后通过多种高技术测试手段验证产品质量，以确认产品的可靠性。

二、乙烯冷箱的发展历程

“九五”之前，我国的乙烯成套装置几乎全部是从国外引进的。虽然我国自20世纪70年代就成立了乙烯冷箱攻关组，但研制工作进展缓慢。到90年代我国在引进乙烯装置进行第一次扩能改造时，所配用的乙烯冷箱仍然全部依靠国外进口。乙烯冷箱的设计、制造技术完全垄断在国外公司手中，价格昂贵。

20世纪70年代初期，杭州杭氧股份有限公司（前身是杭州制氧机厂，以下简称：杭氧）通过技术攻关，完善工艺设备等方式，掌握了包括翅片成形技术、钎焊技术及检验方法在内的一整套板翅式换热器制造技术，使板翅式换热器的质量满足乙烯冷箱特殊的使用要求，打破了国外的技术封锁。同时还研制出较大规格的中压板翅式换热器，成功用于70年代初期进口的30×10^4t/a乙烯冷箱中。

80年代末期，随着铝制板翅式换热器制造工艺的发展，国际上普遍开发应用了真空钎焊技术。杭氧于1992年引进了大型真空钎焊炉及板翅片换热器设计工艺计算软件，在设计技术水平和制造工艺上得到了飞跃发展。杭氧于1993年采用真空钎焊方法钎焊出接近国际水平的铝制板翅式换热器，陆续提供了部分乙烯冷箱的换热器替代产品。

“九五”末，我国乙烯冷箱的攻关研制在国家经贸委、中国石油化工集团公司的直接领导和大力支持下，1999年11月5日，燕山石化66×10^4t/a乙烯装置二期扩建改造的乙烯冷箱与杭州制氧机集团公司合同的签订，标志着乙烯冷箱国产化从此正式拉开了序幕。经过主要承担企业（杭氧）和设计单位（中国石化北京石化工程公司）的共同努力，完成了国家重点科技项目攻关计划——乙烯冷箱成套国产化，首台设备于2001年11月在燕山石化开车成功，技术指标达到90年代国外同期工程设计的水平：冷箱内有13台板翅式换热器，设计压力达4.4MPa，有25股物流在冷箱内进行复杂的有相变的换热，冷箱外形尺寸L5400mm×W3350mm×H32150mm，冷箱总重量226t。其中，单台换热器最大外形尺寸L4800mm×W1100mm×H1224mm，重达9.355t，换热物流多达9股，其中4股物流有相变换热。2002年4月，该项目通过了中国石油化工集团公司、中国机械工业联合会、燕山石化的验收。

2003年中原乙烯20×10^4t/a乙烯冷箱、天津石化20×10^4t/a乙烯冷箱相继开车成功，实现国产成套乙烯冷箱替代进口，为国家节约大量投资。

“十五”期间，杭氧依托齐鲁石化72×10^4t/a乙烯改造工程完成了国家重大技术装备研制项目（科技攻关）计划——“$(60\sim80)\times10^4$t/a乙烯冷箱研制”。齐鲁石化乙烯冷箱于2003年签订合同，2004年设备制造完成，2006年装置开车，运行良好。

2004年杭氧与茂名石化签订冷箱合同，在茂名石化原36×10^4t/a乙烯装置基础上新增一套64×10^4t/a乙烯装置，改造后总生产能力达到100×10^4t/a。2006年初乙烯冷箱制造完成，2006年开车成功。由于受运输限制，乙烯冷箱分为两台制造，单个冷箱最大外形尺寸L6000mm×W4000mm×H30500mm，最高设计压力3.96MPa。

2008年福建炼化80×10^4t/a乙烯装置乙烯冷箱出厂，2009年装置一次开车成功。冷箱最大外形尺寸L6250mm×W4000mm×H30500mm，最高设计压力达5.4MPa，能满足14股流体同时换热。

以天津石化和镇海炼化100×10^4t/a乙烯项目为依托工程的百万吨级乙烯冷箱的开发与研制项目在国家科技部、中国石油化工集团公司的大力支持和具体指导下，于2007年6月通过专家论证，纳入国家

"十一五"科技支承计划。

天津石化 100×10^4t/a 乙烯冷箱于 2007 年 5 月签订合同，2009 年 10 月冷箱一次开车成功，冷箱最大外形尺寸 *L*7400mm × *W*4200mm × *H*33000mm，最高设计压力 5.4MPa，能满足 14 股流体同时换热，见图 13－3。

图 13－3　天津石化 100×10^4t/a 乙烯冷箱出厂

镇海炼化 100×10^4t/a 乙烯冷箱于 2007 年 8 月签订合同，2010 年 4 月 20 日装置一次开车成功，冷箱最大外形尺寸 *L*8150mm × *W*4750mm × *H*35100mm，最高设计压力 6.0MPa，能满足 16 股流体同时换热，见图 13－4。

图 13－4　镇海炼化 100×10^4t/a 乙烯冷箱现场

2010 年上海赛科石化 120×10^4t/a 乙烯改造装置的乙烯冷箱出厂，冷箱最大外形尺寸 *L*5500mm × *W*4000mm × *H*27200mm，最高设计压力达 8.0MPa，2011 年装置一次开车成功。

2005 年，经中国机械工业科学技术奖评审委员会评审和中国机械工业科学技术奖管理委员会批准，“大型乙烯装置成套冷箱国产化攻关研制项目”被评为2005年度中国机械工业科学技术一等奖。

中国石化“十一五”期间重大技术装备国产化项目——“百万吨级乙烯冷箱的开发与研制”获得2014年度中国石油化工集团公司科学技术进步奖三等奖。

三、结语

百万吨级乙烯冷箱的国产化研制打破了国外少数公司在该市场上的垄断局面，缩小了我国石化装备制造业同世界先进水平的差距，为国家节约了大量外汇，降低成套乙烯装置的投资成本，也为民族工业振兴做出了贡献。百万吨级乙烯冷箱的成功研制不仅对提高我国乙烯行业的装备水平有着重大意义，而且对天然气液化、大型化肥装置、CO深冷分离等其他行业的冷箱设备的研制也具有指导意义。

杭氧徐懿　SEI谢智刚　撰写

第十四章 乙烯装置急冷换热器发展历程

一、概述

在乙烯生产过程中，为了防止因二次反应使乙烯、丙烯等的收率降低，要求必须在极短的时间内将由裂解炉出来的高温裂解气（约750～850℃）快速冷却至裂解反应基本停止的温度（约430～550°C）。使裂解气冷却的方法很多，以往采用比较简单的油淬冷或水淬冷方法。这两种方法的共同缺点是在急冷处结焦速度增长很快，影响裂解炉深度裂解的可能性，同时又使裂解气稀释，以致增加分离费用。另外，采用油淬冷，因为在裂解炉附近使用大量的冷却用油，存在着火灾的危险性；采用水淬冷，淬冷后的水无法处理，只能作为污水排放，既损失热量，又引起公害，甚不合理。鉴于以上两种方法的不合理性，自20世纪60年代以来，就发展了采用高压水蒸发吸热以间接冷却裂解气的方法，也就是采用急冷换热器。

急冷换热器是乙烯裂解装置中工艺性非常强的关键设备，它担负着将裂解气迅速冷却和回收裂解气的热量产生高位热能的双重任务。为了更好地实现工艺目的，乙烯急冷换热器要求具备如下几点：

(1) 高的质量流速：要求裂解气以很快的速度通过，避免重组分和二次反应物在管壁上沉积下来。

(2) 高压力的水：避免裂解气中高沸点组分冷凝结焦，要求管壁温度高于裂解气中高沸点的露点温度。

(3) 短的停留时间：主要是为了抑制二次反应。要求裂解气在≤0.05s的时间内（最好在0.015～0.03s内）通过急冷换热器。

由以上可以看出，急冷换热器必须同时承受高温、高压和高热流率等苛刻条件。因此，对急冷换热器在结构上提出了一些特殊要求。对于乙烯裂解急冷换热器来说，高压水要与高温裂解气进行间接热交换，以往的做法是采用具有管板和管箱的管壳式热交换器。但是由于急冷换热器要承受高温高压，进口处的管板要承受很大的热应力，这样，就需要很厚的管板，而管板太厚又使管板两侧的温差应力增大，当温差应力大到一定程度时，则会导致管板破裂。世界上曾发生过厚管板因温度梯度太大而形成横向断裂的事故。因此，急冷换热器无论从工艺上还是设备结构上都有特殊的要求。

从结构上讲，急冷换热器主要分为传统式急冷换热器和线性急冷换热器。具体采用哪种形式由裂解炉炉管出口形式决定。

根据急冷换热器的特点和要求，国外发展了各种不同的类型。国外急冷换热器主要有以下几种形式：

1. DSG 型

DSG 型急冷换热器是最早使用的一种，由美国 FW 公司开发，结构为一般管壳式换热器。由于操作条件为高温高压，换热器的管板必定很厚。随着管板厚度的增加，管板两侧的温度梯度也随之增加，热应力的增加必然导致管板的破裂。因此，这种形式的急冷换热器要维持正常操作，必定要在管端和管板连接处采取适当的防护措施，并且管子和管板的连接也要采取特殊结构。随着乙烯工业的发展，新型管板形式取代了传统的换热器管板，因此，这种形式的急冷换热器已被淘汰。

2. USX 型

这是一种夹套式结构，是美国 S&W 公司开发的。随着乙烯工艺和制造技术的发展，这种形式也在不断地改进。此形式由于结构比较简单，而且可以直接烧焦，故在很多乙烯装置上都得到了应用，我国大庆石化总厂引进的就是这种形式的。此形式的最大缺点在于传热面积太小。以 30×10^4t/a 乙烯厂为例，每台裂解炉需配备 32 台急冷换热器，投资较高。

3. Schmidt 型

该结构形式是德国 Schmidt 公司在 20 世纪 60 年代开发的专利，故一般称为“Schmidt 型”。它是用椭圆形集流管代替传统的管板，椭圆形集流管彼此焊在一起组成上下管板，双套管分别焊在椭圆形集流管的上下两侧，故此结构又称为“双套管型”。高温裂解气自下而上从内管中通过，冷却水从较高位置的汽包中经过下降管进入到下部椭圆集流管，然后沿着内外套管间的环形空间自下而上被加热。所产生的高压汽水混合物进入到上部椭圆集流管，然后通过上升管进入汽包。

该结构由于采用椭圆形集流管，避免了厚管板，因此结构比较简单，制造方便。再加上椭圆集流管在运行过程中能够吸收内外套管的热膨胀差，因此保证了运行过程中的稳妥可靠。由于这些优点，决定了该结构在世界上很多乙烯厂得到了广泛的应用。我国燕山石化引进的就是这种形式急冷换热器。典型的椭圆集流管和双套管结构如图 14－1 所示。

1980 年，Schmidt 公司将椭圆集流管和双套管结构成功应用到线性急冷换热器的开发中。1996 年，Schmidt 公司又与 ABB Lummus 公司合作开发了快速急冷换热器，该形式换热器同时具备了线性急冷换热器短的入口停留时间，以及传统式换热器大的换热面积的优点。

4. Borsig 型

该形式急冷换热器是德国 Borsig 公司在 1965 年开发成功的一种薄

管板结构的急冷换热器，又称为 Tunnelflow 型急冷换热器。它的结构特点在于：为了减少裂解气入口端管板的温差应力，就必须把管板做得很薄（10～15mm），而管板的强度则通过加强筋与薄管板后面的厚管板相连来满足。图 14－2 是薄管板与厚管板组装时的照片。

这种形式急冷换热器成功满足了高温气和高压水对管板结构的不同要求，自 1993 年首次引入中国以来，供货数量将近 140 台。但这种形式换热器的缺点是解裂气侧不能直接烧焦，操作大约 2～3 个月必须采用高压水机械清焦一次。

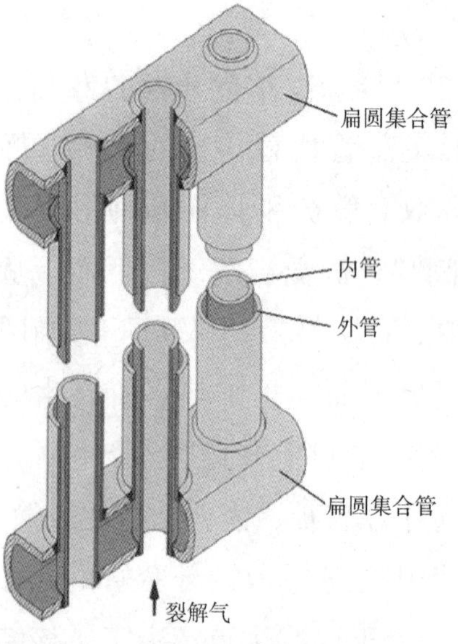

图 14－1　典型的椭圆集流管和双套管结构

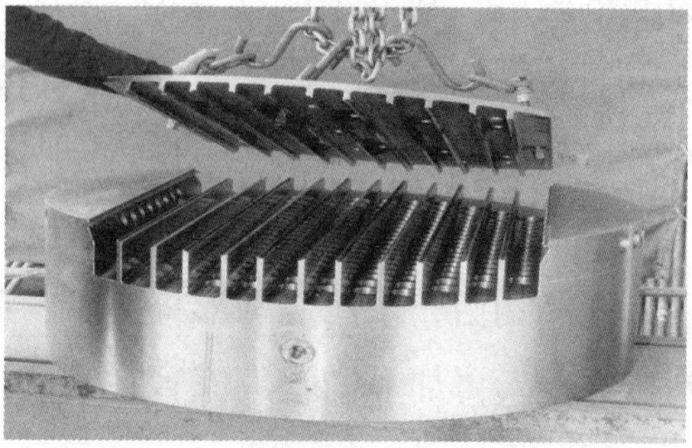

图 14－2　薄管板与厚管板组装

1989 年，Borsig 成功开发了线性急冷换热器（BLQ），该形式急冷换热器具有如下特点：

（1）裂解气入口带叉锥体采用三种不同的隔热衬里，使金属壁温由 900～1000℃快速均匀地降低至约 340℃；

（2）独特的 C 形密封环结构，保护隔热衬里免受裂解气的侵蚀；

（3）锅炉给水入口采用切向布置，形成涡流，避免杂质沉积。

至今，国内引入该型线性急冷换热器将近 500 台。

5. M－TLX 型

在“Schmidt 型”的基础上，日本三菱重工和三菱油化联合开发的一种新形式急冷换热器。它由高压壳体、汽包、螺旋状冷却管、双套管以及进出口气体通道所组成。管程通裂解气，壳程通高压水及蒸汽混合物。由裂解炉出来的裂解气进入气体入口通道，入口通道具有特殊的结构，能使气体均匀地分配，进入阶梯排列的同心冷却管中。冷却管下部为双套管结构，上部为管壳式换热器结构，冷却后的裂解气由壳体顶部进入气体出口通道。

为了补偿冷却管在烧焦时产生的热应力，在壳体内的蒸发管弯成近乎半圆的螺旋状。高温裂解气由下而上，经过双套管的内管进入壳体内的蒸发管，管外用自然循环的冷却水间接冷却。锅炉给水由上部的汽包进入中心下降管，然后流入壳体四侧的四根下降管中，经由分水管、椭圆形集流环管，在双套管环隙及壳程被加热后上升至顶部汽包，分离蒸汽后又流入中心下降管，组成了自然循环。

该形式急冷换热器的最上部是一个高压汽包，内部设有二级分离装置，一般一级分离是迷宫式分离，二级分离是丝网分离，汽水混合物经过二级分离后，蒸汽由汽包顶部排出，水由中心管下降到壳体下部。

该形式急冷换热器结构紧凑，可直接烧焦。但结构复杂，换热部分又有高压壳体，造价较高，由于结构复杂，又使检维护都比较困难，因此此形式急冷换热器自 20 世纪 70 年代上海金山石化引进外，国内未再引进。

6. OLMI 型

这种形式急冷换热器是意大利 OLMI 公司于 20 世纪 90 年代开发的一种新形式急冷换热器，该形式急冷换热器最主要的特点是裂解气入口端采用薄管板（厚度约 20～28mm），管板背面加工出 30～40mm 高凸台，与换热管间通过内孔焊（internal bore welding）实现对接接头。这种结构除了具备薄管板的优点外，由于换热管与管板间采用对接形式，可以100%射线检测，能够保证焊接质量。且该对接焊缝完全处于壳程水侧的冷却环境中，又避免了裂解气的冲蚀，因此设备寿命得到保证。

自1992年，在意大利的爱尼化学工厂首次应用以来，该形式急冷换热器在世界范围内应用数量接近150台。其中，燕山石化在1999年 6×10^4 t/a 裂解炉改造中首次引入了该形式急冷换热器。

随后，OLMI公司又开发成功了独具特色的线性急冷换热器。在裂解气入口带叉锥体的设计上，为了保证从高温到低温的有效过渡，通常采用隔热衬里或蒸汽保护措施。这两种结构，由于容易在局部引起结焦，限制了叉体套筒的自由移动，最终引起套筒变形，一方面使得在叉体套筒与叉体壳体的连接部位产生高的二次应力引发蠕变-疲劳失效，另一方面也会导致隔热衬里遭受裂解气的侵蚀破坏。针对上述问题，OLMI取消了隔热衬里或蒸汽保护等形式，采用裂解气入口与双套管直连的形式（如图14－3所示）。同时，OLMI通过内外套管材料的不同选择，避免了内外套管热膨胀差问题。这种形式急冷换热器于2004年首次用于美国Equistar公司。2013年，福建炼化公司脱瓶颈改造项目将该形式急冷换热器首次引入国内。

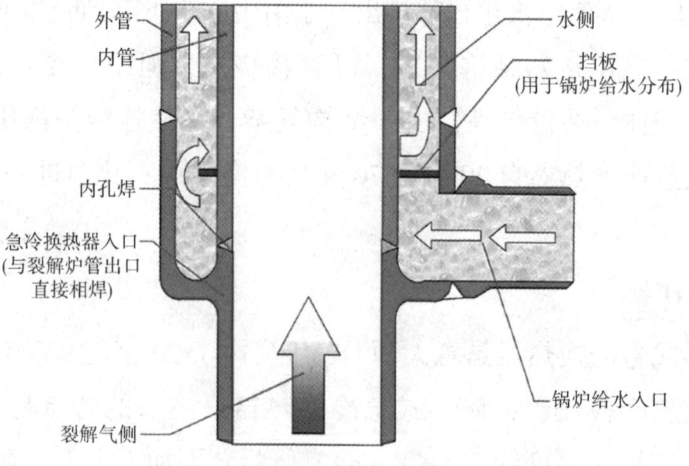

图14－3　裂解气入口与双套管直连的形式

二、急冷换热器的国产化发展历程

由于工艺和结构上的特殊要求，长期以来，急冷换热器一直需要从国外进口，不但花费了大量外汇，且供货周期较长。从20世纪80年代，我国燕山石化、齐鲁石化、扬子石化、金山石化等引进4套30×10^4t/a乙烯装置开始，天华化工机械及自动化研究设计院有限公司（当时的化工部化工机械研究院，以下简称天华院）就着手研究急冷换热器的工艺计算、机械设计和机械制造技术。

中国石化总公司成立后，1985年天华院作为CBL中国北方炉（以下简称CBL）三家开发单位之一，承担了CBL炉用急冷换热器系统的研发和设计工作，并承担了机械制造的技术支持。第一台CBL炉采用二级急冷技术，因第一急冷换热器是套管式换热器，为了解决结构和强度问题，天华院在径向采用1∶1的模型，制造了试验件，进行了应力测试和爆破试验。通过应力测试和爆破试验验证了设计的可靠性和设计余量。1988年10月10日，8台套管式第一急冷换热器和1台卧式挠性薄管板第二急冷换热器一次开车成功，实现了裂解单元急冷换热器国产化从无到有的突破。

从1995年开始，中国石化总公司又组织开发单位开发出6×10^4t/a CBL-Ⅲ型、CBL-Ⅳ型裂解炉技术，分别应用于燕山石化和辽阳石化，均采用二级急冷技术。与已有CBL炉不同的是，第二急冷换热器采用了上进下出的立式双套管结构。由于物流-水流呈逆流，物料入口端温度高，传热强度大，水侧上部含气率较高，热容较小，极易造成传热恶化，造成入口管口损坏。天华院经过大量辐射及对流传热计算，开发出了在入口处加装INCOLOY800保护套管的特殊入口管口热保护结构，起到了良好的热保护作用。

进入21世纪，随着计算机技术的发展，天华院将有限元分析方法（FEA）和流体动力学方法（CFD）应用到了急冷换热器的研发之中，如急冷换热器入口端温度场的分析，管板、扁圆管、连接件等关键部件的应力分析，以及急冷换热器裂解气侧和水侧的流场分布研究等，尤其是确定急冷换热器入口段合理的流道结构。

2000年，天华院开发出了线性急冷换热器。入口锥体由传统第一急冷换热器的蒸汽保护改为填塞非金属隔热材料。通过强度试验、有限元应力分析及入口温度场的模拟计算，完成了线性急冷换热器主要受压元件结构设计，确定了线性急冷换热器的工艺参数和机械设计参数。开发的线性急冷换热器具有绝热段停留时间短、易与多种炉型辐射段炉管匹配、热应力小、运转周期长等特点，广泛应用于乙烯裂解炉新建和改造项目中。后来针对线性急冷换热器入口部分易损坏的问题，锥体材料由INCOLOY800升级为高温强度、抗氧化性、渗碳性和高温抗腐蚀性更佳的HPmodified + Nb Low Carbon，并采用新型的入口连接结构以降低入口连接件和换热管热强度，这种改进的线性急冷换热器广泛应用于天津$100 \times 10^4 t/a$乙烯、镇海$100 \times 10^4 t/a$乙烯、武汉$80 \times 10^4 t/a$乙烯、惠州$100 \times 10^4 t/a$乙烯、舟山$140 \times 10^4 t/a$、湛江$80 \times 10^4 t/a$乙烯、泉州$100 \times 10^4 t/a$乙烯装置中。

2006年，天华院研制新型大能力急冷换热器。该急冷换热器采用挠性薄管板和弹性连接件，利用其固有的弹性吸收了部分换热管和壳体之间的热膨胀差，利于管、壳程温差的热补偿。该急冷换热器具备质量流速低、阻力降小、出口温度低、蒸汽产量高、运行周期长的特点，结构简单安全，不仅能适应新建裂解炉的需要，也能满足改造裂解炉的需要，广泛应用于中国石化、中国石油、中国海油、中国中化等企业装置中。

近年来中国石化乙烯项目中国内外急冷换热器产品的应用情况详见表14-1。

表 14－1　中国石化乙烯项目中急冷换热器的应用情况

时间	项目名称	急冷换热器形式	急冷换热器供货商	备注
1988 年	辽阳化纤 2×10^4t/a CBL-Ⅰ型工业试验炉	二级急冷	兰州西牛	国产，8 台一级急冷，1 台管壳式二级急冷
1990 年	齐鲁烯烃厂 4.5×10^4t/a CBL-Ⅰ型裂解炉	二级急冷	兰州西牛	国产，16 台一级急冷，1 台管壳式二级急冷
1990 年	吉林有机合成厂 3×10^4t/a CBL-Ⅰ型裂解炉	二级急冷	兰州西牛	国产，12 台一级急冷，1 台管壳式二级急冷
1995 年	辽阳化纤 4×10^4t/a CBL-Ⅱ型裂解炉	二级急冷	兰州西牛	国产，12 台一级急冷，1 台管壳式二级急冷
1996 年	抚顺石化 4×10^4t/a CBL-Ⅱ型裂解炉	二级急冷	兰州西牛	国产，12 台一级急冷，1 台管壳式二级急冷
1998 年	燕山石化 6×10^4t/a CBL-Ⅲ型裂解炉	二级急冷	兰州西牛	国产，20 台一级急冷，1 台管壳式二级急冷
1999 年	辽阳化纤 6×10^4t/a CBL-Ⅳ型裂解炉	二级急冷	兰州西牛	国产，24 台一级急冷，1 台管壳式二级急冷
2000 年	中原乙烯 6×10^4t/a CBL-Ⅲ型裂解炉	Schmidt 式	南京大化机	国产，4 台
2001 年	天津乙烯 6×10^4t/a CBL-Ⅲ型裂解炉	Schmidt 式	南京大化机	国产，4 台
2002 年	齐鲁石化 9×10^4t/a CBL-Ⅲ型裂解炉	线性	兰州西牛	国产，16 台
2003 年	中原乙烯 5×10^4t/a CBL-Ⅴ型裂解炉改造	U 型	兰州西牛	国产，2 台
2005 年	天津石化 5×10^4t/a CBL-Ⅳ型裂解炉改造	双套管	Schmidt	进口，2 台
2005 年	齐鲁石化 6×10^4t/a CBL-Ⅲ型裂解炉	双套管	兰州西牛	国产，4 台
2006 年	齐鲁石化 8×10^4t/a CBL-Ⅲ型裂解炉	线性	兰州西牛	国产，3 台
2000 年	燕山石化 10×10^4t/a SL-Ⅰ型裂解炉	浴缸式	Schmidt	进口，12 台
2005 年	茂名石化 80×10^4t/a 乙烯改扩建项目	Tunnelflow 型	Borsig	进口，共 27 台
		线性	哈尔滨电力设备总厂	国产，共 12 台

续表

时间	项目名称	急冷换热器形式	急冷换热器供货商	备注
2009 年	沈阳蜡化 50×10^4t/a CPP 装置	二级急冷	Borsig	进口，6 台线性一级急冷，1 台管壳式二级急冷
2010 年	天津石化 100×10^4t/a 乙烯装置	Tunnelflow 型	Borsig	进口，共 30 台
		线性	哈尔滨电力设备总厂	国产，共 36 台
2010 年	镇海炼化 100×10^4t/a 乙烯装置	线性	Borsig	进口，共 38 台
		线性	哈尔滨电力设备总厂	国产，共 30 台
2013 年	武汉石化 80×10^4t/a 乙烯装置	线性	Borsig	进口，共 30 台
		线性	哈尔滨电力设备总厂	国产，共 12 台
		线性	茂名重力	国产，共 6 台
2014 年	靖边 150×10^4t/a DCC 装置	二级急冷	Borsig	进口，16 台线性一级急冷，2 台管壳式二级急冷
2012 年	马来西亚 TITAN 新增裂解炉项目	线性	Borsig	共 4 台
2013 年	福建脱瓶颈改造项目	线性	OLMI	进口，共 16 台

三、结语

随着乙烯裂解工艺的不断发展，对急冷换热器也不断提出新的要求。例如，为了更多地回收超高压蒸汽，近期多个乙烯项目要求采用二级，甚至三级急冷技术。其中，某乙烯项目的第二级急冷换热器要求采用立式薄管板式急冷换热器，裂解气上进下出。虽然在以往国内设计的国产化 CBL 裂解炉中，当采用轻质原料时也使用过二级急冷换热器技术，但当时的换热管根数较少，且换热管长度较短，单台能力只适用于 6×10^4t/a 以下的裂解炉。10×10^4t/a 以上的裂解炉要用一台第二级急冷换热器，在设计和制造中会遇到很多新问题，如挠性薄管板的强度和结构设计、入口管板的下部如何避免形成“汽垫”、换热管与薄管板间的焊接如何消除间隙腐蚀、薄管板如何避免焊接变形等问题。此外，某项目的第三级急冷换热器，工艺要求在对应裂解气相原料或液相原料时，急冷换热器壳侧的水源是不同的，这就要求急冷换热器在壳侧结构上要同时满足不同水流传热的要求。总之，随着乙烯裂解工艺的不断发展，急冷换热器也在不断迎来新的挑战。而随着国内外更多的优秀厂商参与到急冷换热器的结构设计及制造中，必然为急冷换热器更好的发展和完善提供条件。

SEI 高翔　撰写

第十五章

PTA蒸汽管回转圆筒干燥机发展历程

一、概述

在 PTA 装置生产工艺中，将二甲苯（PX）氧化生成粗对苯二甲酸（CTA），然后将 CTA 进一步提纯，进行加氢反应去杂质后，即可得到精对苯二甲酸（PTA），在这两个生产工序中，蒸汽管回转圆筒干燥机是其关键设备之一，其作用主要是将结晶、过滤后的 CTA 和 PTA 分别进行干燥，从而获得 CTA 和 PTA 的粉状产品。因此，每套 PTA 装置一般至少都要配套用于干燥 CTA 和用于干燥 PTA 两台蒸汽管回转圆筒干燥机。

PTA 蒸汽管回转圆筒干燥机是 PTA 装置中的关键设备，CTA 干燥中的挥发分为醋酸，腐蚀性强，对材质要求高，PTA 干燥中的挥发分为水，由于水的相变潜热比醋酸大，因此后者干燥所需的传热面积大。PTA 蒸汽管回转圆筒干燥机均为密闭型结构，在筒内安置了蒸汽加热管，加热管贯穿整个干燥机，以同心圆方式排成 1 ~6 圈。干燥过程中，被干燥物料在干燥机内部通过蒸汽加热管与其内部的饱和蒸汽间接换热，同时，由于干燥机设计有一定的倾斜角度，因此，被干燥物料在干燥机筒体的转动作用下，一边被加热干燥，一边向出料口移动，蒸发出来的挥发分由干燥机尾部或头部设置的尾气出口排出。密闭型蒸汽管回转圆筒干燥机主要由以下几大系统组成，其结构如图 15 – 1 所示。

（1）筒体，主要有壳体、蒸汽管、蒸汽分配器及锤击器等部件；

（2）进、出料端密封、入口螺旋；

（3）蒸汽旋转接头；

（4）传动系统，包括电机、减速机、齿轮、托轮及油路。

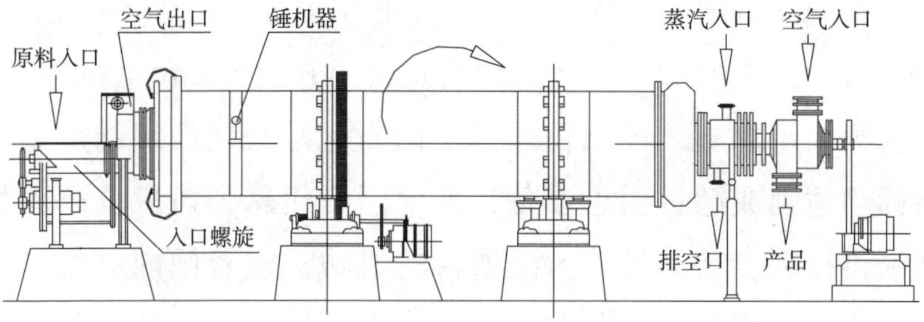

图 15 – 1　密闭型蒸汽管回转圆筒干燥机的结构示意图

早期国内 PTA 装置中的蒸汽管回转圆筒干燥机完全依赖进口。而进入 20 世纪 90 年代，国内对该干燥机有了一定的了解，并尝试进行国产化。在“八五”国家科技攻关计划中就列入了开发蒸汽管回转圆筒干燥机的计划，该技术的发展历程可以概括为国产化、大型化、国际化三个阶段。

二、发展历程

1. 国产化阶段

在该阶段，国内企业及科研单位主要是引进、消化和吸收国外的技术。

由于蒸汽管回转圆筒干燥机不仅是 PTA 装置的关键设备，同时也是高密度聚乙烯（HDPE）装置的关键设备。天华化工机械及自动化研究设计院有限公司（以下简称“天华院”）是最早对蒸汽管回转圆筒干燥机进行攻关的单位之一，也是目前市场占有率最高的单位。早在20世纪80年代天华院先后赴日本、西德等国进行了干燥设备的考察，对国外技术的发展状况做了深入的了解。1991年在中国石化总公司国产化办公室的组织下，天华院等单位对国内引进干燥设备进行了调研，收集了大量的资料。

1992年，在中国石化总公司国产化办公室的主持下，天华院对14×10^4t/a HDPE蒸汽管回转圆筒干燥机进行消化吸收与攻关，逐步掌握了干燥机的设备结构及技术核心，自主开发出一套完整的设计方法。

1994年，天华院成功地为燕山石化公司开发出2台460m^2 HDPE蒸汽管回转圆筒干燥机，该项目通过中国石化总公司组织的鉴定，各项技术指标均达到或超过引进设备，获中国石化总公司科技进步奖二等奖，国家科技进步奖三等奖。该项目的成功标志着国内对HDPE蒸汽管回转圆筒干燥机的设计和制造完全实现了国产化，结束了完全依赖于进口的局面。

从1994年开始，天华院对蒸汽管回转圆筒干燥机的传动结构、蒸汽管管架支承结构、内圈蒸汽管的不凝气排放结构进行进一步攻关、再创新，取消笨重的机械式无级变速器，改为对主电机的变频调速，并通过干燥工艺的放大设计，为兰化公司开发出了560m^2的HDPE蒸汽管回转圆筒干燥机，并于1997年投入运行。

1995年11月，由中国成达化学工程公司设计、南化公司化工机械厂制造了一台规格为ϕ3200mm×17500mm、换热面积为700m^2的TA蒸汽管回转圆筒干燥机，在扬子石化公司PTA装置上实现了一次开车成功，填补了国产TA干燥设备的空白，并于1998年4月通过了化工部科技司组织的科学技术成果鉴定。

2. 大型化阶段

大型化阶段也是国内对蒸汽管回转圆筒干燥机再创新的阶段。同时，由于PTA干燥机的设备比较庞大，进行放大以后，需要在设计、制造、运输、安装各个环节解决很多技术难题。

2000～2003年，天华院承担了国家“十五”重大技术装备研制项目——TA蒸汽管回转圆筒干燥机研制，依托洛阳石化总厂30×10^4t/a PTA装置扩能改造工程，研制了一台强制出料结构的TA蒸汽管回转圆筒干燥机，设备投入工业生产，运行良好。该项目荣获中国石油化工集团科技进步奖三等奖。随后，天华院在以上开发经验的基础上，对进、出料端密封结构进行轻型化改造，同时，通过改变托轮与滚圈材质以提高其耐磨寿命。

2004年，天华院承担了中国石油化工股份有限公司科技开发项目大型PTA装置关键技术——大型CTA干燥机数学模型及关键技术研究，将扬子石化公司ϕ2400mm的CTA干燥机改造为工业研究实验装置，在单位建了一套蒸汽管回转圆筒干燥机试验装置（见图15－2）和一套直径4m的蒸汽凝液排放试验装置（见图15－3）。进行数学模型及关键技术的研究开发，通过工业试验研究，建立了传热数学模型、物料在干燥机内停留时间数学模型、蒸汽－不凝气冷凝数学模型；解决了关键零部件可靠性设计、减缓CTA湿料粘壁等技术难题。同时调研了国内多台蒸汽管回转圆筒干燥机的工业运行数据，结合试验研究及工业运行数据，建立了大型干燥机数学模型和设计软件，为大型工业装置的设计及优化操作提供了理论计算依据。

图15－2　蒸汽管回转圆筒干燥机试验装置

图15－3　直径4m的蒸汽凝液排放试验装置

2005年，天华院与上海石化公司共同承担了中国石化科技开发课题“PTA关键设备研制”回转干燥机子项的研究。

2006年，天华院为太原钢铁（集团）有限公司380t/h煤干燥系统研制了一台ϕ4200mm，换热面积为2200m^2，用于煤粉干燥的超大型蒸汽管回转圆筒干燥机，并将该技术推广应用到宝钢、攀钢、国华电力等企业的煤粉干燥项目。天华院通过该技术的不断开发和应用，解决了双相不锈钢的焊接、加工等技术难题，同时也解决了超大型设备工程放大的设计、加工、运输等诸多技术难题。为百万吨PTA装置提供大型蒸汽管回转圆筒干燥机做了充分的技术储备。

2007年，天华院先后为福建石狮佳龙石化纺纤有限责任公司100×10^4t/a PTA装置设计了一台ϕ3800mm×22000mm的PTA蒸汽管回转圆筒干燥机和一台ϕ3800mm×28500mm的CTA蒸汽管回转圆筒干燥机，换热面积分别为1295m^2和1917m^2。该项目的成功运行，证明了国内对百万吨PTA蒸汽管回转圆筒干燥机的研制技术已经非常成熟。

图15－4　国内首套百万吨级PTA干燥机组（浙江逸盛）

2009年前后，天华院先后为浙江逸盛石化有限公司、嘉兴石化有限公司、翔鹭石化（漳州）有限公司（一期）等公司的百万吨级PTA装置提供了多台PTA蒸汽管回转圆筒干燥机，标志着国内超大型PTA干燥机已经完全获得用户的认可（图15－4）。

2010年8月，天华院设计，并在天华院的制造基地——南京天华化学工程有限公司制造车间成功下线的蒸汽管回转圆筒干燥机，其规格为直径4.8m，长度35m，设备总重量660t，是当前国际上最大规模PTA装置和单台设备最大规格的蒸汽管回转圆筒干燥机。这台干燥机曾经被CCTV第二频道经济信息联播节目做了专题报道（图15－5）。

图15－5　中央电视台播出的世界最大规格的干燥机出厂画面

该干燥机是为翔鹭石化（漳州）有限公司400×10^4t/a PTA装置的干燥机组（三条线）研制的，单线处理能力最大达到160×10^4t/a，标志着我国在超大型PTA蒸汽管回转圆筒干燥机的设计和制造方面已经均领先于世界水平。

2011年6月，中航黎明锦西化工机械（集团）有限责任公司和中国纺织工业设计院联合研发、设计制造的2台百万吨级PTA/CTA蒸汽管回转干燥机，通过由中国机械工业联合会组织的国产化首台（套）重大装备科技成果专家鉴定。这2台百万吨级PTA/CTA蒸汽管回转干燥机产能最大分别为136t/h和138t/h，规格分别为直径4.2m，长32m和直径3.8m，长27.5m，重量分别达到390t和285t，这2台百万吨级PTA/CTA蒸汽管回转干燥机在重庆蓬威石化公司投用。

3. 国际化阶段

2009年，BP公司为旗下比利时吉尔工厂PTA装置采购PTA蒸汽管回转圆筒干燥机进行国际招标，天华院以技术优势顺利中标，标志着国内PTA蒸汽管回转圆筒干燥机技术水平已经达到或领先国际水平，并得到国际PTA工艺包开发商的认可，见图15－6。

图15－6　BP公司研制的干燥机出厂检验

截至2017年年底，天华院已经为各类用户研制了近100台套蒸汽管回转圆筒干燥机，其中ϕ4000mm以上规格的有近50台套，目前已经占据了绝大部分百万吨级PTA干燥机的市场。

三、结语

随着PTA装置规模从45×10^4t/a，逐步扩大到100×10^4t/a，甚至到400×10^4t/a，所需要的PTA蒸汽管回转圆筒干燥机也经历了从小型（$\leqslant\phi$2200mm）、中型（ϕ2400～3200mm）、大型（ϕ3200～3800mm）到超大型（ϕ4000～4800mm）的不断突破和发展。在此过程中，天华院与中国石化及其各家分公司进行了广泛的合作，不断进行创新和研究，使国内PTA蒸汽管回转圆筒干燥机的发展在短短20多年时间从需要引进设备、到自主研制、再到自主创新，最后将设备出口到国外。

天华院在蒸汽管回转圆筒干燥机的研究开发过程中，不断创新，拥有32项与蒸汽管回转圆筒干燥机相关的专利技术，其中有14项为发明专利，3项为国外专利。

同时，中国成达化学工程公司、中航黎明锦西化工机械（集团）有限责任公司、中国纺织工业设计院等单位也为PTA蒸汽管回转圆筒干燥机的国产化工作做出了不小的贡献。

参考文献

[1] 刘一横，陈瑞庚，郑琪．TA干燥机国产化技术．化工设计，2000，10（3）．
[2] 岳永飞，孙中心，刘永忠．蒸汽管回转干燥机传热系数研究．石油化工设备，2008，37（2）．
[3] 钱伯章．精对苯二甲酸的技术进展与市场分析（上）．上海化工，2012，37（3）．

天华化工机械及自动化研究设计院
有限公司　孙中心　张万尧　岳永飞　撰稿
SEI　李胜利

第十六章

丁基橡胶装置聚合反应器发展历程

一、概述

丁基橡胶简称 IIR，是 Isobutylene Isoprene Rubber 的缩写，是合成橡胶的一种，由异丁烯和少量异戊二烯合成。具有良好的化学稳定性和热稳定性，最突出的是气密性和水密性。它对空气的透过率仅为天然橡胶的 1/7，丁苯橡胶的 1/5，而对蒸汽的透过率则为天然橡胶的 1/200，丁苯橡胶的 1/140。因此主要用于制造各种内胎、蒸汽管、水胎、水坝底层以及垫圈等各种橡胶制品。

丁基橡胶工业的起步伴随着第二次世界大战的战鼓声。1937 年，美国 Exxon 公司获得了丁基橡胶的专利，1939 年建成中试装置，最终于 1943 年首次实现工业化生产。1944 年，加拿大的 Polysar 公司（后被德国 Bayer 公司兼并）也在美国建厂投产。二战后，各大公司对丁基橡胶进行了改性研究，发展了卤化丁基橡胶的工艺。首套卤化丁基橡胶的工业化装置于 1960 年由 Exxon 建成，Polysar 于 1971 年建成了溴化丁基橡胶装置。

由于丁基橡胶的生产工艺复杂，技术难度大，自其诞生 80 年来，

Exxon 和 Bayer 这样的西方公司始终掌控着领先的生产技术和研发能力，并且绝不对外转让技术。

为了突破技术封锁，苏联也开始了丁基橡胶技术的摸索。丁基橡胶工艺技术主要有淤浆悬浮聚合技术和溶液聚合技术，其中淤浆悬浮聚合技术为主流，苏联无法取得该技术，不得不独辟蹊径于 20 世纪 60 年代研发了溶液聚合技术，并于 20 世纪 70 年代建厂生产。但是无论是产能、生产稳定性还是技术经济指标都无法与淤浆悬浮聚合技术相比。苏联不得已于 20 世纪 70 年代末开始与意大利的 Pressindutria（下文简称 PI）公司开始合作，由 PI 公司提供与西方主流不同的淤浆悬浮聚合技术，在 10 年的时间里为其摸索发展了三代技术，逐渐实现了接近 Exxon 的工艺水平，但这一切随着苏联的解体戛然而止。

改革开放后，随着国民经济的飞速发展，我国也开始寻求发展丁基橡胶技术，但是占据技术主流的西方公司不会对我国转让技术。20 世纪 90 年代，由于苏联生产基地关闭不得不寻求技术转让出路的 PI 公司遇到了中国石化，由 PI 提供工艺技术，中国石化于 1999 年在燕山石化建成了 3×10^4t/a 的丁基橡胶装置，并于 2000 年投产。2006 年，PI 公司决定清盘解散，因此中国石化买断了 PI 公司的工艺技术。接下来的 2 年里，结合燕山石化的生产经验，中国石化对该技术进行了国产化研发，并做了大量改进，进一步在燕山石化于 2009 年建成投产了 3×10^4t/a 溴化丁基橡胶装置，于 2013 年建成投产了 9×10^4t/a 丁基橡胶装置。目前，中国石化拥有我国唯一合法的丁基橡胶自主工艺技术。

丁基橡胶聚合反应器是丁基橡胶装置的核心关键设备。由异丁烯和异戊二烯按一定比例配制的混合物料，在聚合反应器中与引发剂溶液发生共聚反应生成丁基橡胶，生成的丁基橡胶从反应器内的氯甲烷溶剂内析出，形成丁基橡胶淤浆。反应热由反应器内的管束中的 −115℃ 乙烯冷剂汽化带走。

丁基橡胶产品在聚合反应器内产生，可以说装置内的所有其他工艺设备都是围绕着聚合反应器，并为其服务：其上游有对循环氯甲烷溶剂和混合物料进行两级制冷的丙烯冷却器和乙烯冷却器，冷却至 -98℃送入聚合反应器；为了循环使用氯甲烷，设置了氯甲烷回收系统，回收的氯甲烷经恒温系统调温后溶解 $AlCl_3$，得到饱和的 $AlCl_3$ 溶液，再经氯甲烷溶解，配成稀 $AlCl_3$ 溶液，经两级制冷丙烯冷却器和乙烯冷却器冷却至 -95℃送入聚合反应器。其下游有脱气釜和汽提釜，反应产生的丁基橡胶淤浆从聚合反应器顶部的溢流管线连续流入脱气釜，在搅拌下与热水接触，闪蒸出未反应单体和氯甲烷，同时加入分散剂和防老剂，形成的胶粒水送入汽提釜，在负压下脱除胶粒水中残留的氯甲烷和未反应单体，胶粒水再送至后处理系统加工成丁基橡胶产品。脱气釜和汽提釜中脱除的氯甲烷和未反应单体经压缩、干燥、回收循环使用。丁基橡胶工艺流程如图 16-1 所示。

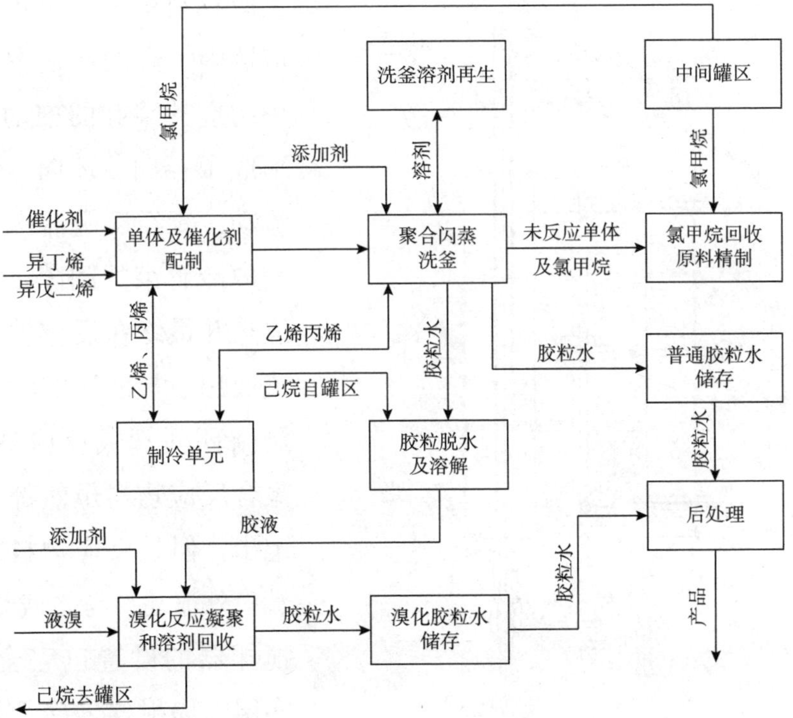

图 16-1　丁基橡胶工艺流程图

丁基橡胶聚合反应器反应温度低、反应速度快同时放出大量热量，因此要求反应器混合能力强，传热、传质效率高，否则会因局部反应过热，造成反应器挂胶和堵塞。丁基橡胶聚合反应器主要有两种形式：轴流式强制循环列管式和多层多向搅拌内冷列管式。

Exxon 和 Bayer 公司采用轴流式强制循环列管式反应器。该反应器为比较传统的形式，聚合反应物料由底部进料，通过底部的推进式叶轮与扩散器推动在中心管内上升，通过周边管束快速循环，聚合反应产生的热量被管间流动的冷剂带走。

中国石化的丁基橡胶聚合反应器采用的是源于 PI 技术的多层多向搅拌内冷列管式反应器。由于 PI 公司最初是以研制搅拌器起家，因此改变了搅拌器的形式，设置了由上至下贯通反应器的搅拌器，中间有若干组不同形式的搅拌桨叶。聚合反应物料由底部进料，在反应器内上升的过程中经过途中的搅拌桨叶的推动，同时形成了径向、环向、轴向的流动，流经反应器内若干组的内冷管束的间隙，消除反应热并最终在反应器顶部溢流而出。与前述的轴流式强制循环列管式反应器相比，聚合反应物料虽然都是下进上出，但是反应物料在内冷管束外流动，与之截然相反，搅拌器的设置也完全不同。多层多向搅拌内冷列管式反应器如图 16－2 所示。

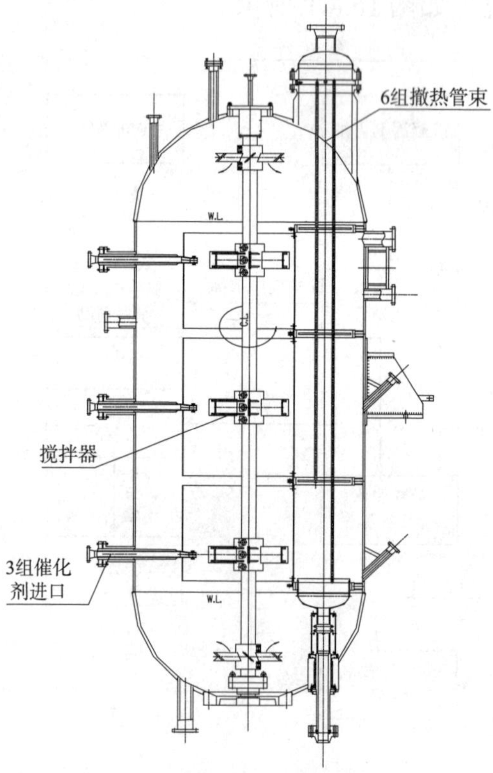

图 16－2　多层多向搅拌内冷列管式反应器

几十年来，丁基橡胶反应器的基本形式未发生过重大改变，技术提升的方向主要是以下几个方面：

（1）反应淤浆稳定剂的升级研发；

（2）反应引发溶剂的升级研发；

（3）取代异戊二烯的第二单体的研发；

（4）搅拌系统的升级研发；

（5）内冷管束的升级研发。

二、丁基橡胶装置聚合反应器的研发

燕山石化 3×10^4t/a 丁基橡胶装置于 2000 年开车成功投产以来，创造了巨大的经济效益。由于橡胶市场形势一直处在供不应求的状态，中国石化于 2004 年决定启动丁基橡胶 4.5×10^4t/a 改扩建工程。

聚合反应器是丁基橡胶装置中的关键设备，原有聚合反应器常年处于满负荷运转状态下。如果要实现 4.5×10^4t/a 的产量，则必然要新增聚合釜。原有聚合反应器是作为 PI 的专利设备引进的，而 PI 公司同时作为丁基橡胶装置的工艺包提供商，对本装置的产量有着上限的要求。如果超过技术引进合同中的产量上限 4×10^4t/a，每超过 100t/a PI 公司都会相应收取高额的专利费用。同时，如果作为专利设备引进，PI 公司的报价非常昂贵。因此，在当时的情况下，只能想办法实现聚合反应器的国产化，以绕开 PI 公司的技术壁垒。

针对聚合反应器国产化研制问题，2004 年中国石油化工集团公司重大装备国产化办公室决定单独立项，并确定由中国石化工程建设公司（以下简称 SEI）进行国产化设计工作，由燕华机械厂进行制造。SEI 负责总体设计和静设备部分，并负责和燕山石化业主方面的接口工作，对业主单点负责。燕华机械厂化机所承担聚合反应器中搅拌部分设计。

SEI 为此成立了技术攻关小组，由副总工程师段瑞牵头担当审核人，谢智刚担任校核人，丁旭担任设计人。在经过公司技术评审、应力计算、施工图设计等近5个月的工作后，在2005年5月完成了聚合反应器的初版设计图纸。

正当此时，由于PI公司主动与中国石化接触，希望中国石化能买断丁基橡胶的全套工艺技术。经过半年多的谈判，中国石化与PI签订合同，买断丁基橡胶技术，扫除了聚合反应器国产化研制在知识产权上面的障碍。之后，在2006年6月，SEI经过与燕山石化业主的交流，根据业主在使用原PI聚合器时的意见对设计方案进行了改进；经过与制造方燕华机械厂的沟通，协助其制订了全套制造、检验方案，最终于2006年6月完成了终版设计图纸。

2008年3月，聚合反应器制造完成并在燕山石化现场安装，5月随着改扩建装置一起一次开车成功，并产出合格丁基橡胶产品。6月，中国石化集团公司对聚合反应器进行了验收。

2009年，丁基橡胶聚合反应器国产化开发获得了中国石油化工集团公司科技进步奖二等奖。

如前所述，聚合反应器要求反应器混合能力强，传热、传质效率高，因此结构复杂、设备应力环境恶劣、制造难度大。苏联在PI公司指导下，奋斗十余年，研制了3代聚合反应器尚且不能完全达到理想的效果，可见开发难度之大。为此，在技术攻关小组成立之初，就在消化吸收PI公司技术的基础上，重点分析聚合反应器在设计、制造上的难点，并一一找出对策。聚合反应器由于低温运行，整体采用不锈钢制造，其主要结构见图16－3。

聚合反应器研发的主要技术难点在于：

（1）设计标准和计算方法的选择；

（2）撤热装置的设置；

（3）内表面高精度抛光；

（4）高精度的制造加工。

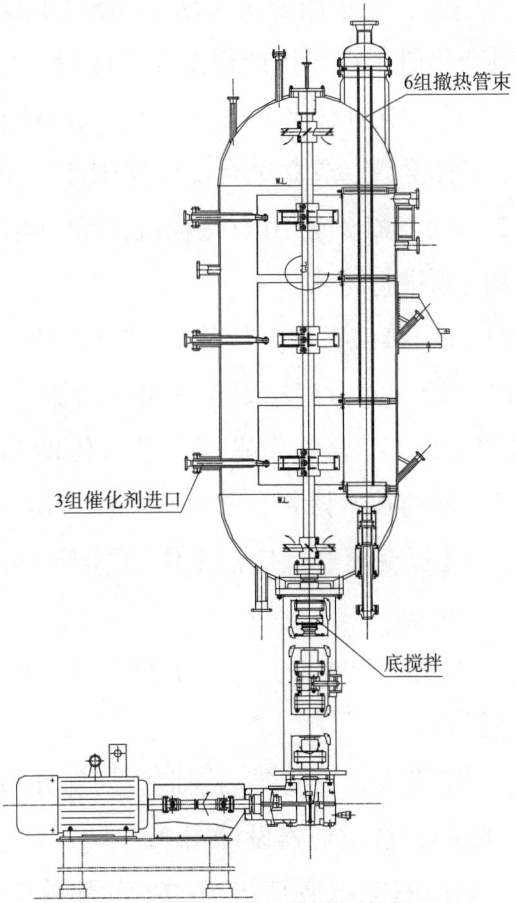

图 16－3　聚合反应器结构

三、丁基橡胶装置聚合反应器的发展历程

2004 年 12 月，燕山石化决定在不考虑知识产权的前提下，启动聚合反应器国产化设计。

2004 年 12 月 9 日，SEI 对聚合反应器设计方案进行了技术评审。

2005 年 1 月，燕山石化与 SEI 签订聚合反应器工程设计合同。

2005 年 2 月，SEI 完成了聚合反应器的疲劳应力分析和换热管束、膨胀节等零部件的计算工作。

2005 年 5 月，SEI 完成了聚合反应器的初版设计图纸。

2006 年 2 月，中国石化集团公司买断 PI 公司丁基橡胶工艺包，扫除了聚合反应器国产化研制在知识产权上面的障碍。

2006 年 5 月 30 日，中国石化集团公司重大装备国产化办公室召开聚合反应器国产化工作会议，成立聚合反应器国产化项目攻关组。

2006 年 6 月 20 日，SEI 对燕山石化橡胶厂和燕华机械厂进行初次设计交底，对技术问题进行核实。

2006 年 6 月 21 日，燕山石化人员赴 PI 技术交流，对聚合反应器设计、制造问题与 PI 交流，并考察原聚合反应器制造厂。

2006 年 7 ~ 8 月，SEI 配合燕华机械厂进行传动部分中电机、减速机、机械密封、变频器的技术谈判，并签订了技术协议。

2006 年 8 月，SEI 提交聚合反应器本体的图纸，可供釜体的材料订货和制造。

2006 年 11 月，燕山石化橡胶厂、SEI 和燕华机械厂对聚合反应器本体的制造方案进行审查。

2007 年 2 月，SEI 将聚合反应器的制造传动部分和釜体的图纸进行总体整合，提供终版的聚合反应器设计图纸。

2007 年 8 月，燕山石化橡胶厂组织 SEI 及外单位的专家对聚合反应器制造方案进行专家评审。

2008 年 3 月 11 日，聚合反应器试组装成功。

2008 年 5 月 25 ~ 27 日，聚合反应器试运转，并投料聚合。运转时间满足工艺要求，产品质量合格，与进口的聚合反应器没有区别。

2008 年 6 月 18 日，中国石油化工集团公司组织多方对聚合反应器进行预验收。用户方面反映对使用情况感到满意。

2009 年 4 月，中国石油化工集团公司对聚合釜国产化项目进行了鉴定，一致认定聚合釜的研制成功，完全实现了国产化并能替代国外专利设备。同年，聚合釜国产化开发项目获得中国石化科技进步奖二等奖。

四、结语

经过数年的艰苦研发，SEI 的技术人员在手头只有有限的技术资料的条件下，与制造厂和燕山石化业主紧密合作，终于为中国石化研制出了具有完全自主知识产权、完全国产化的丁基橡胶聚合反应器，并一次开车成功，产出了合格的丁基橡胶产品。研发的聚合反应器突破了国外的技术壁垒，完全能替代进口设备。在西方公司垄断市场，对我国实行技术封锁的国际大环境下，终于让我国具有了自己的完整的、接近国际先进水平的丁基橡胶生产技术，为我国合成橡胶工业的发展迈出了关键性的一步。

SEI 丁旭　撰写

第十七章
掺混料仓发展历程

一、概述

料仓是石油化工聚烯烃生产中的重要设备，它不仅用于储存工艺粉体物料（原料、产品、中间产品等）和辅助物料（如催化剂等），而且用于均化物料性能、平衡工艺物料以及事故情况下的物料紧急存放等。

在聚烯烃的生产过程中，由于原料组成的波动或反应条件（如压力、温度、催化剂的活性、反应时间等）的变化，而引起最终产品性能的波动，如密度、相对分子质量、熔融指数、等规度、灰分等参数的变化，尽管这些性能波动并不大，但仍是可测到的，由此可能导致最终产品质量的不稳定，甚至不合格。

还有一种情况是散料颗粒的离析现象。散料颗粒在仓储过程中会发生离析现象。当颗粒物料进入料仓时，使较细的颗粒分布在中间，较粗的颗粒则靠向仓壁，而料仓在放出料的时候，靠中心的料先出来。因此，貌似混合均匀的物料经过装仓和卸料，离析现象使得散料颗粒的均匀度受到了质疑。输送混合物料时同样会发生离析现象，较细颗粒和较粗颗粒物料的运动速度不一致，进入料仓的时间也不一致，会进一步加剧颗粒的离析。

为了得到物性稳定的产品，一般在包装前对一个时期内的产品进行掺混使其均化，这就是聚烯烃类产品的掺混过程。目前国内各烯烃厂的颗粒掺混都是在大型掺混料仓内完成的。

普通料仓，开始卸料的瞬间，尽管卸料阀打开较小的通道，但几乎会对整个料体产生影响，因储料静平衡被破坏，致使料层下移，引起很大的动压力；又由于摩擦的作用，靠近仓壁的物料流动较慢，而中心部位物料快速下冲，结果形成上部呈漏斗状的储料堆体。但总的来说，底层的物料最先流出，出料既不均匀也不稳定。所以陆续出现外掺混和多种内掺混即重力掺混的掺混技术。

二、外掺混技术

为了提高出料组成的均匀度，早期国外一般均采用循环掺混技术，就是将底部卸出的物料，用风机等输送设备将其再送回到料层的顶部。但由于料仓的流出顺序仍是先进先出，掺和效果并不理想，往往需要经过多次循环（一般循环时间为 6～10h）。如 1976 年引进的北京燕山石化化工二厂的 8×10^4t/a 聚丙烯和扬子石化的 14×10^4t/a 聚丙烯及大连石化 4×10^4t/a 聚丙烯等一些聚烯烃装置均采用了这种掺混方式，由于这种掺混是依靠外部强制循环而实现的故称为外掺和。

对于聚烯烃工业装置，外掺和存在如下缺点：

（1）设备投资大，运行费用高；

（2）粒料经多次循环、传送，磨损较大，产品有拉毛现象，且易产生粉尘和静电；

（3）安全性差。由于大量粉尘和静电的产生，在一定条件下会引起闪爆和火灾；

（4）粉尘、噪声污染环境。

20世纪60年代起就有人开始研究如何提高外掺混的效率以降低循环次数，甚至实现无动力掺和。通过深入的理论研究和大量实验取得了较大突破，相继有多项专利技术问世。

为了提高料仓卸料的组成均匀度，减少外循环次数，人们开始在料仓内设置各种各样的内件，即内掺混件。抗动载管能使上层料首先卸出，在这一现象的启发下，设计了掺混料仓。实验证明，这种料仓在出口处能得到非常均匀的物料，物料均匀度主要取决于筛管的开孔数及其尺寸及孔在管上分布的均匀程度，同时它们也决定了卸料速率。

随着试验手段的完善和理论研究的深入，内掺混技术日趋成熟，并在实践中逐渐取代了外掺混，直至出现了仅依靠物料自重进行无动力消耗的内掺混，即重力掺混。重力掺混解决了外掺混存在的全部缺点，带来了十分显著的社会效益和经济效益，从90年代以后引进的聚烯烃装置全部采用了重力掺混技术，而一些原外掺混装置也陆续改造为重力掺混。

三、重力掺混技术

重力式掺混料仓依靠料仓内物料颗粒自身的重力而流动，混合过程的能耗由物料的重力提供，适用于颗粒均匀、流动性能良好、内摩擦角较小的自由流动体系。通常这种混合器底部设计成锥形，混合器内装有垂直的均化管，管子上开有物料进入孔，由于孔的高低位置不同，可实现从不同的高度位置取料、汇合，达到混合的目的。

重力式掺混料仓根据其混合作用的构件类型可分为漏斗型、单均化管型和多均化管型。漏斗型掺混料仓仅依靠料仓底部锥体起掺混作用，无内构件，出料仓的物料混合度不高；单均化管掺混料仓在仓中心装有一根不同高度开孔的均化下料管，依靠不同高度的孔取料、汇合，来达到混合的目的；多均化管掺混料仓则具有多根均化下料管，一般设有6根，每根管设有3个通道，共18个通道，来自每根管的物料在底部的混合器内汇合，形成良好的混合度。所有这些构件都是使料仓内的物料形成停留时间分布，来达到不同料层之间的相互混合。在重力式掺混料仓中，以多均化管料仓的均化度为最高。

常见的重力掺混料仓有以下几种形式：中心管式、多管式、贴壁式、多流道式，如图 17 – 1 所示。

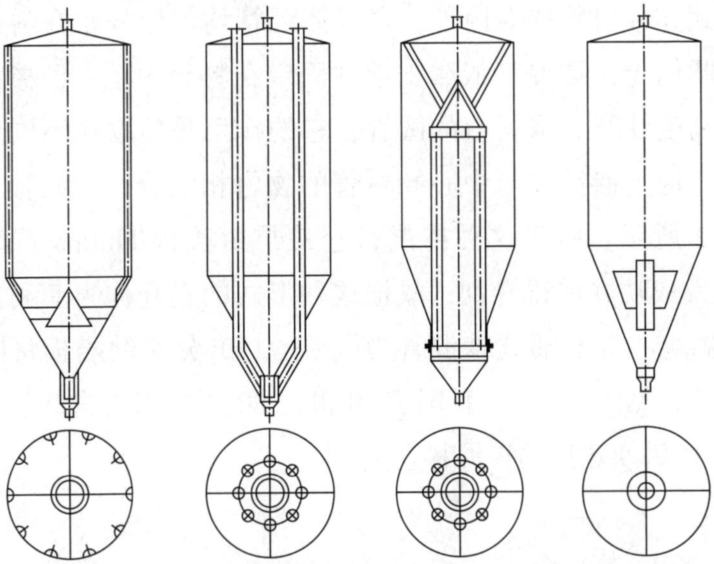

图 17 – 1　重力式掺混料仓的几种形式

1. 中心管式掺混料仓

中心管式，是将所有掺混管汇集在一中心垂直设置的总管中，使物料从侧壁不同高度上的开孔中流入汇合管后排出料仓。中心管式均化器通过连接杆与料仓的顶部实现活动连接，由汇集在料仓内圆筒内壁的圆管和固定隔板组成，底部用导向圈固定，防止均化器在料仓中左右摆动。圆筒侧壁不同高度有开孔口与内壁的圆管相通，不同高度的料粒靠重力经孔口流入圆管内壁，最后进入底部混合室掺混后经集料斗流出，从而实现了物料的掺混。

中心管式掺混料仓内掺混件与料仓筒体呈活性连接，掺混内件可单独加工，均化器加工时不影响料仓的使用，因此与多管式掺混料仓相比现场工作量小，安装简单。均化器材料可以选用不锈钢，强度容易保证。缺点是均化器占用料仓空间较大，连接件在长期的使用过程中容易松动和脱落。

2. 多管式掺混料仓

多管式亦称树状掺混内件，多根掺混管均匀地分布在料仓中心某一直径的圆周上，掺混管依靠支承件固定在料仓内壁上，掺混管是一根在不同高度处开有取料口的圆管，它的作用是拾取在不同标高处的物料，将其送至掺混室与中心卸料管的物料相混合，掺混管支承结构如图 17－2 所示。由于这种掺混料仓最早由美国 Philips 石油公司于 1984 年开发成功并取得专利，故把这种形式的料仓称为菲利浦多管式重力掺混料仓。菲利浦式掺混管为圆管，120°分布的隔板将圆管分为三个工作腔，见图 17－3。我国于 20 世纪 80 年代末引进此技术，并应用于 90 年代后期建造的掺混料仓中。

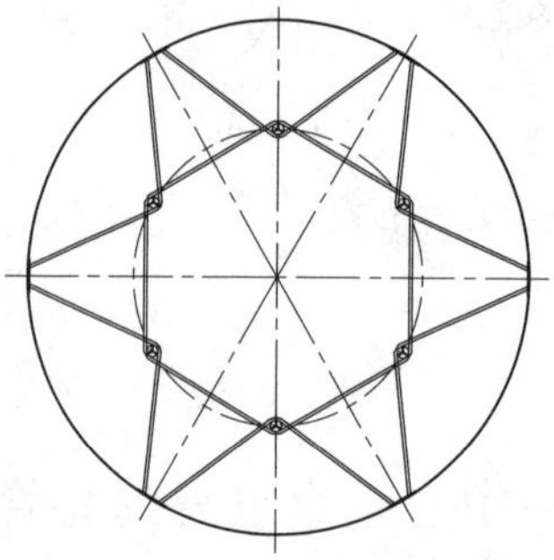

图 17－2　多管式掺混管支承结构

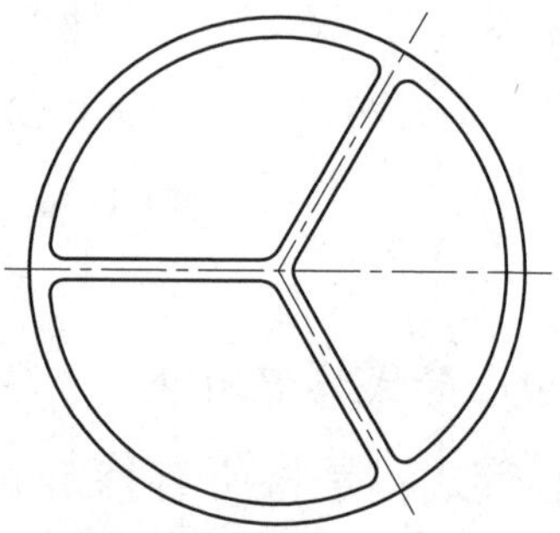

图 17－3　菲利浦式掺混管结构

多管式重力掺混料仓，优点是取样多，混合效果好，但由于掺混管形状的特殊性，掺混管的材质受限制，只能用铝合金材质制造成形。掺混管采用多层支架支承，其结构相对复杂，施工难度大，悬置于料仓中间的掺混管在进料时容易受到物料的冲击，装置运行数年后，出现掺混管断裂、支承松动并脱落的现象，而且用于支承掺混管的支承件交错布置，这样容易集料，不易清洗。国内众多采用该形式的掺混料仓出现问题：1999 年 8 月，大庆石化塑料厂聚丙烯装置 5 个 $500m^3$ 的铝镁合金料仓采用多管式结构建成投用。在使用过程中，出现掺混树人字支架焊缝开裂，掺混树变形，甚至掺混管断裂现象。九江石化 $7\times10^4t/a$ 聚丙烯装置中掺混料仓采用的是菲利浦多管式掺混结构，装置经过多年运行后，在物料的冲击下，掺混管支承结构出现了松动并脱落的现象。中原石化聚丙烯车间的多管式重力掺混料仓，由 Zepplin 设计，国内单位施工。自 1996 年投产以来，4 台掺混料仓在运行时经常发生内部的掺混管断裂和支承结构塌陷的问题。随着修复次数的增加，损坏的频率也在逐步增加，而且损坏主要集中在支承部位。长岭石化聚丙烯装置的重力掺混料仓采用菲利浦多管式重力掺混料仓共 4 台，1998 年投产使用。2003 年 12 月，发现进料侧两根掺混管及顶上一层加固支承弯曲断裂等问题。武汉石化也出现类似故障，天津联化、中原石化和洛阳石化等同类型装置，也是故障率高，返修率高。

3. 贴壁式掺混料仓

贴壁式掺混料仓是多管式掺混料仓的一种变形，由于多管式掺混料仓内固体物料流场力的大小和方向不断变化，极易引起掺混管支承件的疲劳破坏，掺混管支承结构不合理，就会导致料仓内构件的破坏，影响料仓的掺混效果，为了避免以上情况的发生，将多管式掺混料仓的掺混管改为半圆管式等角度分布的三芯管，见图 17－4，每根掺混管被分为 3 个通道，直接焊接在料仓筒壁上，见图 17－5，掺混管侧壁不同高度开有设计合理的孔口，物料从不同高度同时靠重力流入掺混管内部，汇集到料仓底部，最后汇入设备底部的混合室完成物料的混合，物料的混合原理与多管式相同。德国 Zeppelin 公司开发的 Multi-channel 形式的产品和荷兰 J&D 公司开发的 Avery 形式的产品是贴壁式重力掺混料仓的典型代表，据 J&D 公司介绍，Avery 贴壁式重力掺混料仓直径最大可达到 10m，掺混管可设置到 9～12 根。

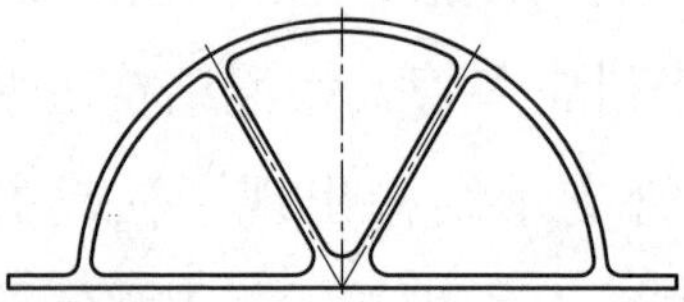

图 17-4 贴壁式掺混管结构

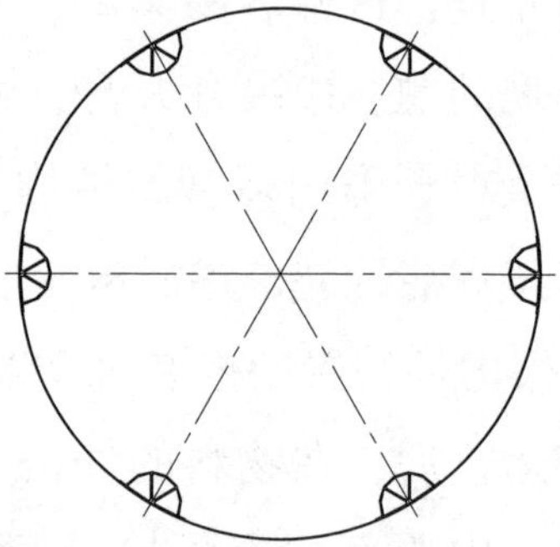

图 17-5 贴壁式掺混管支承结构

贴壁式重力掺混料仓完全克服了多管式的缺陷，无支承件，其结构简单，施工方便；不易积料，清洗容易；制造成本低；在料仓进料时受物料的冲击力较小，贴壁掺混管沿料仓壁均匀间隔分布，底边直接和料仓壁焊接在一起，固定简单且牢固，同时也增强了料仓壳体的强度，安全性好。

正是由于贴壁式掺混料仓具有上述明显优点，这种类型的掺混料仓目前在国外已普遍采用。2000 年，中国石化工程建设公司设计的燕山石化 20×10^4t/a 高压聚乙烯装置首次从 Zeppelin 公司引进此项技术，对该技术进行消化和吸收后，SEI 在以后承担设计任务的装置如镇海炼化股份公司 20×10^4t/a 聚丙烯装置（2002 年）和延炼实业集团 10×10^4t/a 聚丙烯装置（2003 年）均采用了这一新技术。九江石化 7×10^4t/a 聚丙烯装置中掺混料仓原先采用的是菲利浦多管式掺混结构，装置经过多年运行后，在物料的冲击下，掺混管支承结构出现了松动并脱落的现象，2001 年料仓改造中采用了贴壁式掺混结构，装置运行至今，使用效果良好。到目前为止，SEI 承担设计任务的聚烯烃装置中已有近几百台的掺混料仓均采用了贴壁式掺混结构。

4. 多流道式重力掺混料仓

多流道式重力掺混料仓具有一个混合锥，通过法兰连接或焊接在料仓底部，混合锥有一中心管，中心管周围架设隔板形成多个腔，中心管和多腔构成了流道，不同高度的物料以不同的速度进入这些流道，实现掺混，多流道式重力掺混料仓结构如图 17－6 所示。流道的设计应能使物料在流道中以不同的速度下落，即流道应能改变物料在料仓内的流动次序，让先进和后进的物料同时流出料仓，物料流动过程如图 17－7 所示。从图中可以看出：这种类型的掺混料仓相当于不同标高上有无数层的物料同时进入掺混室进行混合，从而实现物料的掺混。但是当料仓高径比 $H/D > 1.5$ 时，这种类型掺混料仓的掺混效果不是很明显，必须采用外循环进行辅助掺混才能达到较好的掺混效果。德国 Zeppelin 公司开发的 Multi-flow 形式的产品和荷兰 J&D 公司开发的 CFB 形式的产品属于这种类型的掺混料仓。

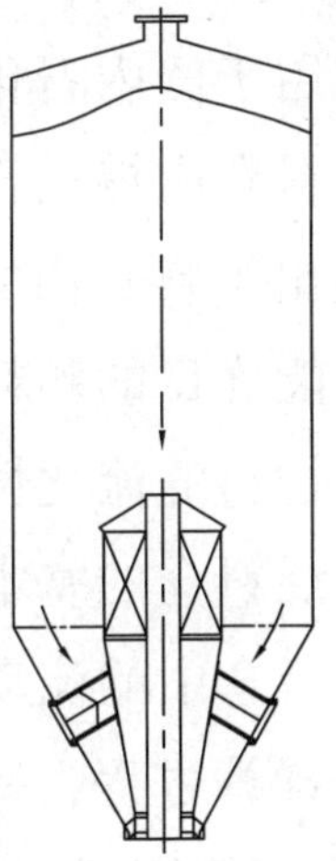

图 17－6　多流道式重力掺混料仓结构

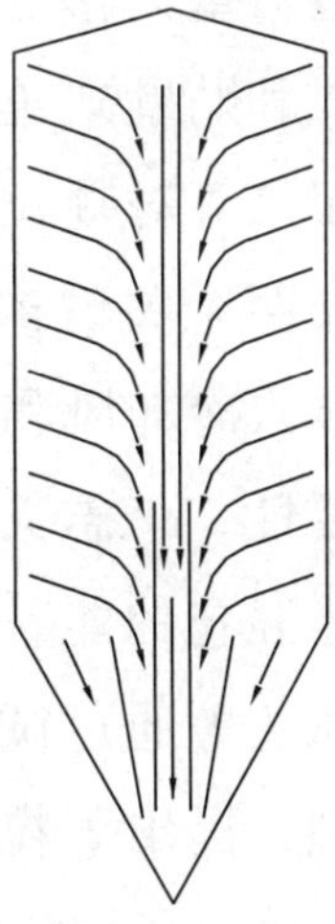

图 17－7　多流道式重力掺混料仓物料流动

天华化工机械及自动化研究设计院，根据重力掺混料仓均化机理和设计理论，在国外现有设备形式的基础上加以消化吸收和改进，设计多流道旋叶式掺混料仓，对旋叶片数量、分布角度、折流角度进行合理设计，并且增设了二次掺混器。实现了国内聚烯烃行业第一套国产化工业应用装置，全面完成了扬子石化 20×10^4t/a 聚乙烯装置多流道掺混料仓的工程设计、设备制造及工程应用。

重力掺混料仓主要构成包括料仓和掺混件，料仓的作用是储存物料，为物料聚集重力流动所必需的势能。掺混件是实现物料内部掺混的重要元件，它的作用是拾取在不同料层处的物料，并将其送至底部的掺混室，从而实现物料在设备内部的掺混均化。

20 世纪 90 年代，石化行业的聚乙烯、聚丙烯、ABS 等装置进口了各种形式掺混料仓，大部分为重力掺混料仓。长期重复进口的原因主要在于，国内对颗粒物料在料仓内的流动和混合机理未能掌握，对颗粒物料通过孔口的流动，掺混管的取样特性缺乏必要的认识，因此难以把握掺混料仓的设计方法。

但是，中国的科技人员从来就没有放弃过对掺混料仓的研究。王佩珍等通过对重力掺混均化技术的理论研究和工业试验，先后成功开发了多管式和贴壁式重力掺混料仓，并广泛应用于国内石化聚烯烃装置中。陈银飞等对颗粒重力式掺混料仓结构和料仓内掺混管的孔型结构和孔分布两个关键掺混技术进行了研究，提出了料仓内的流型、操作方式、鼓入冷却风和料仓容积对设计一个性能优良的颗粒物料掺混料仓的重要性。李志义等通过研究，根据粉体物料的流化性能和流动特性以及掺混仓的能量提供方式，给出了粉体混料仓的基本形式及适用性。范凤兰等通过试验，研究了颗粒物料在料仓中的流动形式及颗粒混合机理，提出了粒料通过垂直管孔的流率计算方程，针对重力掺混的特性，确立了评价颗粒混合效果的混合指数计算模型。

多管重力式掺混料仓中均化管的孔型结构和孔分布是掺混料仓的两个关键的技术因素。评价一个掺混料仓的性能，可用脉冲示踪方法，设计优良的掺混料仓的停留时间分布对脉冲示踪的响应应该接近于方波函数。设计一个性能优良的颗粒物料掺混料仓，必须考虑物料在料仓内的流型、操作方式、鼓入冷却风和料仓容积等。经过多年的研发，这些关键技术均已实现国产化。

四、国内掺混料仓的发展历程

（1）以 Phillips 专利技术为主的多管式重力掺混料仓，在聚烯烃装置上得到了广泛应用。较早引进的盘锦石化聚丙烯、洛阳石化聚丙烯、金山石化聚丙烯以及随后引进的天津石化聚丙烯、中原石化聚丙烯、广州石化聚丙烯等，均采用了 Phillips 的多管式掺混技术，但结构有所改进。规模分别为：天津石化 4×10^4t/a 聚丙烯装置掺合料仓、盘锦石化 4×10^4t/a 聚丙烯装置颗粒料仓、广州石化 7×10^4t/a 聚丙烯装置掺合料仓。

（2）1995 年中国石化工程建设公司（原中国石化北京石化工程公司）研发成功了多管式掺混料仓，成功运用于长岭石化 7×10^4t/a 聚丙烯项目；

（3）2001 年中国石化工程建设公司研发成功 600m^3 贴壁式掺混料仓，成功运用于金山石化 20×10^4t/a 聚丙烯装置；

（4）2005 年中国石化工程建设公司研发成功 1000m^3 贴壁式掺混料仓，成功运用于茂名石化 80×10^4t/a 乙烯改扩建工程 30×10^4t/a PP 装置；

（5）2013 年中国石化工程建设有限公司研发了 1200m^3 贴壁式掺混料仓，随着时代的发展，装置规模不断扩大，料仓大型化带来其物理过程变化及料仓本体机械设计的复杂和难度提高，该规格掺混料仓的开发，进一步提高了掺混料仓的设计和运用水平。

（6）2016 年中国石化工程建设公司的贴壁式掺混料仓成功运用于泰国 IRPC 聚丙烯项目，实现了国产掺混料仓的出口。

（7）2009 年以来，应用中国石化工程建设公司的贴壁式和多管式掺混技术的聚丙烯装置和聚乙烯装置达到几十个，成功运用于数百台掺混料仓中，主要如下（多为 1000m^3 或 600mm^3）：

2017～2018 年，宝来、恒力等 PP、PE 装置；

2016 年，泰国 IRPC 聚丙烯装置；

2016 年，台塑美国 40×10^4t/a HDPE 装置；

2014 年，中海炼化惠州炼油二期 40×10^4t/a PE 装置；

2014 年，中海炼化惠州炼油二期 30×10^4t/a LLDPE 装置；

2014 年，中海炼化惠州炼油二期 30×10^4t/a HDPE 装置；

2014 年，中天合创 30×10^4t/a LLDPE 装置；

2013 年，中天合创 35×10^4t/a PP 装置；

2012 年，宁夏宝丰 30×10^4t/a PP 装置；

2012 年，宁夏宝丰 30×10^4t/a LLDPE 装置；

2012 年，福建 55×10^4t/a PP 装置改造；

2012 年，中景 35×10^4t/a PP 装置；

2012 年，河北海伟 30×10^4t/a PP 装置；

2012 年，茂名 20×10^4t/a PP 装置；

2012 年，燕山一聚 20×10^4t/a PP 装置改造；

2011 年，洛阳 14×10^4t/a PP 装置；

2011 年，石家庄 20×10^4t/a PP 装置；

2010 年，北海炼油异地改造石化项目 20×10^4t/a PP 装置；

2010 年，靖边 30×10^4t/a PP 装置（一、二线）；

2010 年，靖边 30×10^4t/a HDPE 装置；

2010 年，宁波禾元 35×10^4t/a PP 装置；

2010 年，中原 26×10^4t/a LLDPE 装置挖潜改造；

2010 年，中原 10×10^4t/a PP 装置；

2009 年，武汉分公司 40×10^4t/a PP 装置；

中江 PP 装置；

中原 MTO 项目 10×10^4t/a PP 装置；

中国石油独山子石化改扩建炼油及新建乙烯工程 55×10^4t/a 聚丙烯装置；

福建炼油乙烯项目 40×10^4t/a 聚丙烯装置；

镇海炼化 100×10^4t/a 乙烯工程 30×10^4t/a 聚丙烯装置；

天津 100×10^4t/a 乙烯及配套项目 30×10^4t/a 聚丙烯装置；

天津 30×10^4t/a LLDPE 装置；

茂名 80×10^4t/a 乙烯改扩建工程 30×10^4t/a PP 装置；

2005 年，茂名 25×10^4t/a LDPE 装置；

2004 年，茂名 35×10^4t/a HDPE 装置；

青岛炼化工程 20×10^4t/a 聚丙烯装置；

海南实华炼化续建项目 20×10^4t/a 聚丙烯装置；

陕西延长石油（集团）有限责任公司炼化公司 20×10^4t/a 聚丙烯装置；

绍兴三圆石化 20×10^4t/a 聚丙烯项目；

金山 20×10^4t/a 聚丙烯装置；

长岭、九江、武汉、福建、济南等 7×10^4t/a 聚丙烯项目；

天津 100×10^4t/a 乙烯及配套项目天津 30×10^4t/a PE 装置；

天津 20×10^4t/a PE 改造；

齐鲁 20×10^4t/a PE 改造；

中原 20×10^4t/a PE 改造。

五、结语

20 多年来，中国石化工程建设公司的掺混料仓技术已在聚乙烯、聚丙烯等装置中成功实施，经过时间和实践充分的检验，料仓规格和可靠性也得到不断发展，取得巨大的经济效益，成果辉煌。随着装置的大型化和中国技术对外输出的需求，可运用数值模拟分析和试验验证方法，提高掺混元件的结构分析设计，形成更加优化的掺混元件技术（包括结构形式、计算方法、材料选择、制造和检验技术等），为装置大型化和该技术走向国际化做出新的贡献。

SEI 杨良瑾　胡伟旋　夏莉　撰写

第十八章
合成氨装置氨合成塔发展历程

一、概述

1754 年由 J. Priestley 在加热氯化铵和石灰混合物时发现了氨。1784 年 C. L. Berthollet 确定氨由氮和氢组成。1908 年德国化学家 F. Haber 获得了第一个合成氨专利，它所叙述的使未反应氮、氢气返回重新合成的原理至今仍为合成氨生产所遵循。

1913 年 BASF 在德国 Oppau 建成并投入运转了世界上第一套合成氨示范装置。这套装置规模是产氨 30t/d，采用了一氧化碳变换，高压水洗脱除二氧化碳和铜氨液洗涤精制，并用以铁为主体的氨合成催化剂。这已完全具备了现代氨厂的主要特征，从而使氮肥工业进入了新纪元。

1991 年在比利时的安特卫普建成了日产 1800t 的合成氨装置。

20 世纪 70 年代始，开发节能型新工艺和技术改造成为合成氨生产改进的重点。具有代表性的低能耗制氨工艺有 4 种：Kellogg 公司的 KREP 工艺、Braun 公司的低能耗深冷净化工艺、UHDE-ICI-AMV 工艺、Topsoe 工艺。

1949年新中国成立时，全国仅在南京、大连有两家合成氨厂，在上海有一个以水电解法制氢为原料的小型合成氨车间，三家厂的年生产能力不到6000t。

1956年，为贯彻实施国家“农业发展纲要”增产粮食，国家急需发展化肥工业。1958年，在我国著名化工专家、原化学工业部侯德榜副部长的指导下成功开发小合成氨（碳酸氢铵）生产装置，化学工业部上海化工医药设计院（中石化上海工程有限公司前身）承担了800t/a规模的工程设计。

1959年，上海化工医药设计院承担年产合成氨50000t（二套25000t/a装置）的吴泾化工厂一期工程设计，并在1962年11月顺利投产，开创了现代化肥工业在我国生根发展的新局面。新中国成立以来，我国合成氨氮肥工业遵循自力更生和国外引进两条腿走路的方针，已经拥有居世界首位的生产能力和先进技术及装备的综合实力，合成氨以及催化剂生产工艺技术已居世界领先水平。

20世纪末我国化肥工业高速发展，引进了大量氮肥生产的先进技术装备，因而促进了民族工业的发展。我国合成氨氮肥生产，从新中国成立初期的年产几万吨，经过多年的发展达到近亿吨。

目前我国合成氨氮肥厂有大中小型氮肥装置近千个，大型氮肥装置重复引进32套，国产化装置超过20套，中型装置近百套，小型装置约600多套，合成氨生产能力达到3000×10^4t/a。

以天然气为原料生产合成氨的典型流程见图18-1。主要生产步骤如下：

（1）造气，即制备含有氢、氮和一氧化碳的粗原料气；

（2）净化，无论选择什么原料，用什么方法造气，都必须对粗原料气进行净化处理，以除去氢、氮以外的杂质；

（3）压缩和合成，将纯净的氢、氮混合气压缩到高压，在铁催化剂与高温条件下合成为氨。

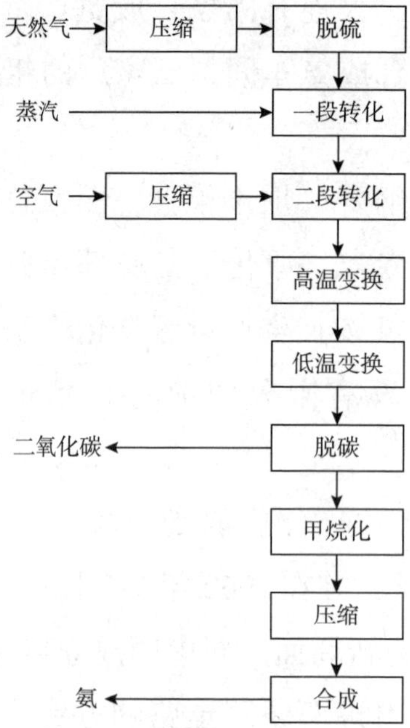

图 18－1　以天然气为原料的制氨流程

氨合成塔在合成氨装置中是最核心、最关键的心脏设备。氨是在高温、高压和催化剂存在的条件下由氢氮气合成。氢对碳钢材料有明显的腐蚀作用。为了适应氨合成反应条件，氨合成塔通常由内件与外筒两部分组成，内件置于外筒之内。进入合成塔的气体先经过内件与外筒之间的环隙，内件外表面设有保温层，以减少向外筒的散热。因此外筒主要承受高压，而不承受高温。可用低合金钢制成，充分发挥低合金钢的强度优势。内件虽然在500℃左右的高温下操作，但只承受环隙气流与内件气流的压差，一般仅 1～2MPa，从而可以放宽对内件材料的要求。内件可用合金钢制作。内件使用寿命一般比外筒短得多。

氨合成塔内件结构形式繁多，目前主要有冷管式和冷激式两种。前者属于连续换热式，后者属于多段冷激式。近年来的新技术是将传统的塔内气流轴向流动改为径向流动，以减少压力降，降低循环功耗。其中冷激式又分为轴向冷激式和径向冷激式。大型合成氨装置轴向冷激式氨合成塔简图见图 18－2，径向冷激式氨合成塔简图见图 18－3。

径向冷激式氨合成塔与轴向冷激式氨合成塔相比较有以下优点：

（1）气体呈径向流动，流速低，压力降小，催化剂的生产强度大；

（2）对于一定的氨生产能力，催化剂装填量较少，故塔径较小，采用大盖密封便于运输、安装与检修。

氨合成塔的技术难点在于：

（1）为便于安装和维护、维修内件，设备采用端部法兰结构。端部法兰的大开口密封结构采用双锥环结构，由于直径达3200mm，所以端部法兰（端部筒体）与配对法兰的结构可靠性、结构尺寸的确定以及材料要求和制造、检验要求的确立是关键。

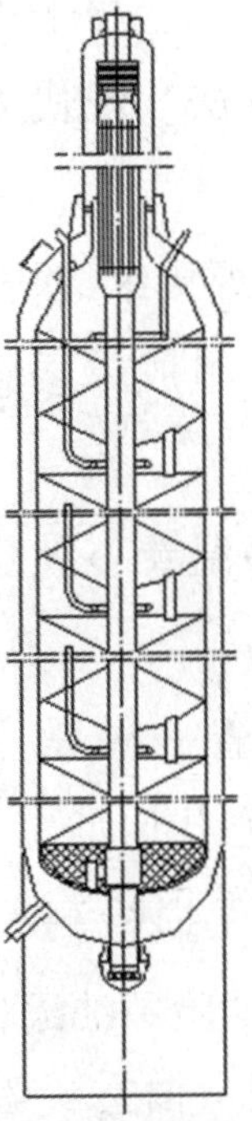

图 18－2　轴向冷激式氨合成塔

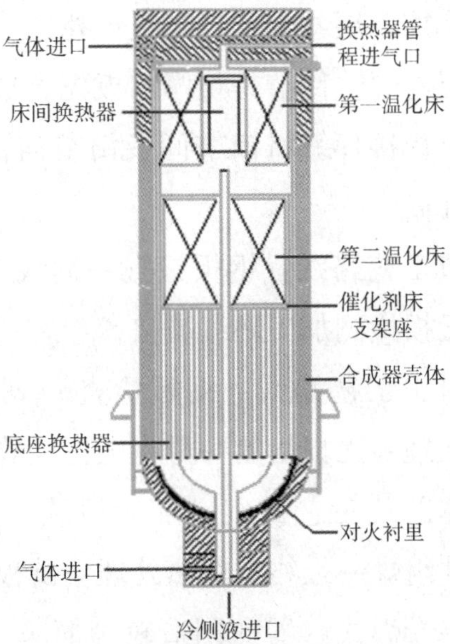

图 18－3　径向冷激式氨合成塔

（2）设备筒体结构一般有单层厚板焊接结构、热套结构、锻件结构和多层包扎 4 种。多层包扎虽然制造周期长、材料利用低，但有层板强度高、薄钢板性能稳定可靠、没有深的纵焊缝、内筒和层板分别采用不同材质以满足不同要求、多层结构抗裂性高等特点，是保证设备安全运行的一种合适的结构形式。内筒和层板分别采用抗氢钢和高强钢充分发挥内筒的使用性能和层板的强度性能要求。同时，采用先在壳体环缝端面堆焊镍基焊材，并对相应需热处理部件焊后热处理再焊接环焊缝的方法解决深环焊缝的热处理难题。

（3）氨合成塔内件非常复杂，而且要在内件与外筒体之间形成环形气流通道以冷却外筒体。多层催化剂筐和中心管及气体通道均需机加工制造并精心装配。对内件的支承和定位更需精确加工。对内件筒体的成型尺寸、装配尺寸和焊接变形的控制等均需严格控制。

氨合成塔的制造技术如下：

氨合成塔的外壳结构有单层卷焊式、层板包扎式、扁平钢带倾角错绕式、热套式、绕板式等，相应有不同的制造方法。现代大型氨合成塔多采用单层卷焊式、层板包扎式。

单层卷焊式筒节是将厚钢板先卷成筒体，然后焊接纵缝构成筒节，最后通过焊接环缝将筒节间及筒节与筒体顶底封头组成单层卷焊式氨合成塔外筒。

筒节工艺路线：钢板检查→划线气割并除渣→温卷→纵缝焊接→校圆→无损检测加工环缝坡口。

球封头工艺路线：钢板检查→划线气割并除渣→拼焊→热压成形→热处理→无损检测→母材试板检验→环缝和中心孔加工。

筒体总装工艺路线：环缝组装→环缝焊接→无损检测→总体检查→零件组焊→最终焊后热处理→试板检验→水压试验→油漆包装。

单层卷焊式容器的制造较为简单，生产周期短，但要求有大型卷板机和热处理设备，同时要求有质量很高的低合金高强钢厚钢板。

层板包扎式筒节一般是由 13～32mm 的钢板卷焊制成一内筒，经热处理和无损检测合格后再将卷成的瓦片形的厚度为 4～12mm 的钢板覆盖在内筒上，用钢丝绳扎紧并以点焊固定。然后松去钢丝绳，焊接纵缝并将焊缝铣平，以后用同样的方法逐层包扎，直至层数达到设计要求为止。筒节两端经机加工并封焊后车出环缝坡口。为安全起见，在每一个筒节上开有几个安全孔。

内筒工艺路线：钢板检查→划线气割并除渣→预弯→滚卷→纵缝焊接→校圆→热处理→无损检测→内筒焊接试板检验→喷砂。

层板制造和包扎工艺路线：钢板检查→划线下料→校平→卷圆→内筒端面分层次线→装内撑胎具→划线并气割两直边→层板喷砂→包

扎层板→搭焊→焊接→检验及铣平焊缝逐层包扎至完毕→层板焊接试板检验→筒节端面和透气孔加工→端面封焊。

筒体装配工艺路线：环缝组装→环缝焊接→无损检测→总体检查→零件组焊→水压试验→油漆包装。

层板包扎式容器的制造，不需要大型设备，受内压时应力分布均匀，且有利于应用等强度设计原理。

二、氨合成塔发展历程

1956 年，永利宁厂机械厂（即中国石化集团公司南京化学工业有限公司化工机械厂的前身，以下简称“南化机”）试制成功我国第一台多层包扎式高压容器，周恩来总理亲自签发国务院嘉奖令，《人民日报》为此发表了题为《自己动手制造更多的工业设备》的社论，南化机因而被誉为我国第一台高压容器的故乡（见图 18－4）。

图 18－4 国务院嘉奖令和人民日报报道

1958年，依托永利宁厂，在我国著名化工专家、化学工业部侯德榜副部长的指导下开发成功小合成氨（碳酸氢铵）生产装置。

1958年，永利宁厂化机厂（中国石化南化机前身）为北京化工实验厂制造年产10000t合成氨装置的全套高压容器，包括直径710mm的氨合成塔、直径600mm的冷交换器、直径500mm的滤油器、直径500mm的氨分离器、直径600mm的铜液塔，以及直径500mm的碱液塔。

1960年代初，南化机又相继开发年产40000～60000t合成氨装置的全套高压容器。

1962年，上海化工医药设计院承担的合成氨5×10^4t/a装置在吴泾化工厂顺利投产，开创了现代化肥工业在我国生根发展的局面。

1964年，金州重型机器厂试制成功我国第一台直径1000mm绕带式高压氨合成塔外壳。

1965年，南化机试制成功直径800mm和直径1000mm系列的带内置式余热回收器的氨合成塔，以及带中置式余热锅炉的直径1000mm的氨合成塔。

1969年，南化机开始成批量制造年产60000t合成氨高压设备，主要有直径1000mm、31.76MPa压力的氨合成塔、直径800mm冷凝塔、直径700mm滤油器、直径700mm氨分离器、直径1500mm氨蒸发器、直径1500mm余热回收器、套管式水冷器（换热面积169m^2为主）。

1975年，兰石厂研制成功国内第一台双层热套氨合成塔。

1976～1978年，从国外引进的13套大型制氨装置集中建成投产，使我国氮肥面貌大为改观。

1988年，南化机制成供南化氮肥厂使用的直径1.6m氨合成塔。

1989年，南化机为四川化工总厂成功地制造了20×10^4t/a合成氨装置的组合式氨冷器（见图18－5）、二段转化气废热锅炉、高压蒸汽过热器。其中，组合式氨冷器为当时世界上第二次制造。组合式氨冷器获国家重大技术装备成果一等奖，转化气废锅获国家重大技术装备成果二等奖；20×10^4t/a 合成氨装置获国家科技进步奖一等奖。

图 18－5 20×10^4t/a 合成氨装置的组合式氨冷器

1990 年，中国二重为四川化工厂设计制造的 20×10^4t/a 氨合成塔，内径 2.4m，壁厚 112mm，长度 22.59m，重量 185t，材料为 SA508 Cl.3 锻件。该产品为二重承制的国内首台大型氨合成塔，制造技术与能力达到 20 世纪 80 年代国际先进水平。该项目荣获四川省 1990 年度科技进步奖二等奖。

1991 年，南化机参加研发的四川化工总厂 20×10^4t/a 合成氨装置，获国家重大技术装备成果特等奖。

1991 年，南化机制造的吴泾 30×10^4t/a 合成氨完善化装置、川化组合式氨冷器和中原化肥厂高温变换炉，获国家重大技术装备成果一等奖。

1994 年，南化机参与的“四川化工总厂 200×10^4t/a 合成氨国产化装置”，又获国家科技进步奖一等奖。

1996 年，南化机研发的 NC 新型轴－径向氨合成塔内件，获国家科技进步奖三等奖。

1997 年，南化机开发研制整体包扎多层压力容器技术，提高了效率和安全性能，同时降低了成本。

1999 年，南化机为南京化学工业公司大型化肥项目完成 30×10^4t/a

合成氨装置 *DN*2330mm 氨合成塔。

2003 年，南化机首次为山东华鲁恒升化工股份有限公司大型化肥项目完成 30×10^4t/a 合成氨装置 *DN*3200mm 氨合成塔（见图 18－6）及内件国产化制造。这是“十五”国家重大技术装备研制项目中的重要设备。实现了我国化工行业几代人的梦想，标志着我国在合成氨工艺上有了完全自主知识产权和设计制造能力。

图 18－6　30×10^4t/a 合成氨装置 *DN*3200mm 氨合成塔

2008 年，南化机为德州化肥厂制造的 30×10^4t/a 大型氨合成塔获得国家科技进步奖二等奖。

2008 年，金州重型机器有限公司为山西晋丰煤化工有限责任公司承制的国内首套 65×10^4t/a 合成氨、80×10^4t/a 尿素五大关键设备尿素合成塔、氨合成塔一次开车成功。

2013 年，南化机为宁夏石化 45/80 大化肥项目完成氨合成塔内件的制造，使我国氨合成塔内件的制造水平又上了一个新台阶。

三、结语

随着合成氨技术的逐步发展，氨合成塔也逐渐向大型化、节能型方向发展。典型的是 Kellogg 和 Braun 两公司合并后，以布朗工艺为基础，推出的改进的 KBR 合成氨工艺，其每吨氨综合能耗是常规流程的 80% 左右，是当今合成氨低能耗生产技术的代表。在我国被使用于中海石油化学股份有限公司一期化肥 45×10^4t/a 合成氨装置，其综合能耗达到世界领先。

中国石化南化机等制造厂在氨合成塔的研制上，始终与科研院所、设计院、工程公司和用户通力合作，跟踪世界先进水平，立足国内，为我国拥有完全自主的合成氨工艺知识产权和设计制造能力而不懈努力。

南化机 毛家才 殷俊 撰写

第十九章
煤气化炉发展历程

20 世纪 70～90 年代，我国相继从国外引进了多套以轻油、渣油为原料的大型合成氨装置，这些装置集世界上各种先进的技术为一体，代表当时的国际水平。但随着原料价格的上涨，企业经济效益下滑，对原料结构进行调整已迫在眉睫，因此我国引进了国际先进的煤气化技术，以煤为原料代替轻油、渣油生产合成气，降低成本，增加效益。其中引进最多和使用较广的两项技术为 Shell 干粉煤气化技术和 GE 水煤浆气化技术。同时国产煤化工技术也蓬勃发展，中国石化也开发了具有自主知识产权的“SE－东方炉”粉煤加压气化技术和“SE－水煤浆”气化技术。

1. Shell 粉煤气化炉

2003 年，中石化宁波工程有限公司（原兰州设计院）为中国石化三套“煤代油”化肥装置进行工程化设计，分别是湖北化肥分公司、安庆分公司和岳阳合资公司。煤气化技术都采用 Shell 粉煤气化工艺（Shell Coal Gasification Process），简称 SCGP。装置规模单炉投煤量约为 2000t/d。

Shell 粉煤气化工艺（SCGP）是以干煤粉为原料，纯氧和蒸汽作为气化剂，液态排渣，加压气流床气化。干煤粉、氧气及蒸汽的混合物流经粉煤喷嘴喷入气化炉内在4.2MPa的压力，1400～1700℃的温度范围内发生非催化部分氧化反应，产生粗合成气（$CO + H_2$）。出气化炉的粗合成气温度约为1500℃，用进入气化炉顶部的循环气体激冷冷却至900℃后经输气导管进入合成气冷却器（废热锅炉）进一步换热冷却，并过热中压蒸汽及产生饱和中压蒸汽。三套煤代油装置气化炉参数见表19－1。

表19－1　三套煤代油装置气化炉参数

装置名称	设计压力(G)/MPa	壳体设计温度/℃	主体材料	单炉投煤量/(t/d)	壳体壁厚/mm	设备重量/t
岳阳煤气化	5.2/FV	350	SA387Gr11CL2	2000	95	785
安庆煤气化	5.2/FV	350	SA387Gr11CL2	2000	95	785
湖北煤气化	5.2/FV	350	SA387Gr11CL2	2000	95	785

气化炉是煤气化装置的核心设备。它主要由承压外壳、环形空间和膜式水冷壁内筒组成，高温气化反应在膜式水冷壁围成的内筒内进行。在膜式水冷壁与承压外壳之间的是环形空间，主要用于放置容纳水和蒸汽的输出、输入管线及联箱管、分配管；另外，环行空间也便于膜式水冷壁与承压外壳的连接安装及其以后的检查与检修。膜式水冷壁提高了SCGP的效率，不需额外加入蒸汽，并可副产中压蒸汽，同时也增强了工艺操作强度。另外，膜式水冷壁在壁内衬有一层耐火衬里，用“以渣抗渣”方式保护膜式水冷壁不受侵蚀。与其他结构形式的气化炉相比，由于不需要耐火砖绝热层，使Shell粉煤气化炉运转周期长，粉煤烧嘴操作寿命长，可单炉运行，不需要备用炉，可靠性高。

Shell粉煤气化炉从运输和组装上又可分为气化反应器、导管、气体返向室和合成气冷却器（废热锅炉）4部分，如图19－1所示。

Shell粉煤气化炉属于超高宽、超重设备，各段运输尺寸和重量见表19－2，整体包括内件和耐火衬里的总重量超过了1000t，由于无法整体运输，需要将气化反应器、导管、气体返向室和合成气冷却器单独运至现场后再将各段焊接为一体。

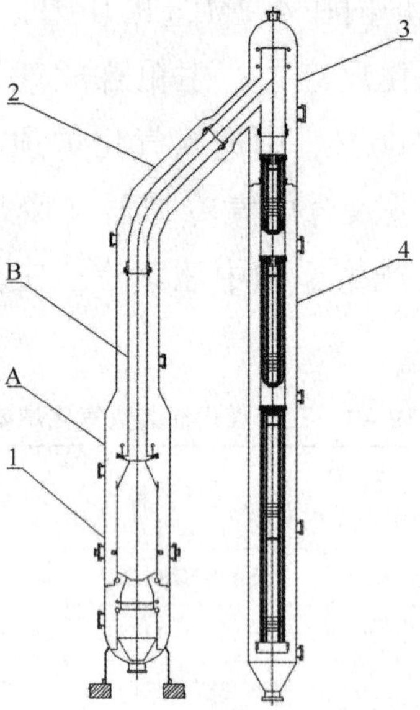

图 19－1　Shell 粉煤气化炉结构示意图

1—气化反应器；2—导管；3—气体返向室；4—废热锅炉；
A—压力容器外壳；B—内件

表 19－2　2000t/d 粉煤气化炉各段运输规格

	气化反应器	导管	气体返向室	合成气冷却器
尺寸/m	ϕ4.6×31	ϕ3.0×12	ϕ3.4×9.7	ϕ3.4×40.5
重量/t	426	83	205	460

现场壳体组焊焊缝因无法进行水压试验，在现场组焊完毕后，必须对焊缝提出特殊的技术要求。

2. GE 水煤浆气化炉

2004 年，中石化宁波工程有限公司为中国石化齐鲁分公司做了一套气化能力 $10\times10^4 m^3/h$ 水焦浆气化制氢装置的工程设计。气化技术采用 GE（原德士古）水煤浆气化技术（Texaco Coal Gasification Process），简称 TCGP，单炉投煤量 750t/d。

GE 水煤浆气化炉是一个非催化部分氧化反应器，在高温高压下，通过顶置单烧嘴喷入的水煤浆和气化剂（氧气＋蒸汽）在炉膛受限空间内进行自发式气化反应，生成主要成分为一氧化碳和氢气的粗合成气。气化炉结构为立式，采用耳式支承，内部空间可分为上下两室，上部燃烧反应室，内衬耐火隔热衬里；下部激冷室，设有激冷环、下降管、上升筒等内件，激冷室底部为排渣口。GE 水煤浆气化炉示意图见图 19－2，其相关参数见表 19－3。

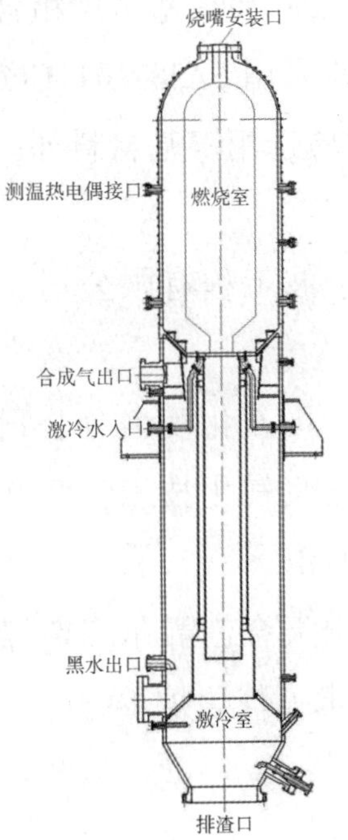

图 19－2　GE 水煤浆气化炉示意图

表 19－3　GE 水煤浆气化炉相关参数

装置名称	设计压力/MPa（G）	设计温度/℃	主体材料	设备规格/mm	设备重量/t
广东茂名制氢项目	7.15/FV	455	SA387Gr11CL2	$\phi3200\times\phi3800\times106$	207
中天合创煤化工项目	7.15/FV	455	SA387Gr11CL2	$\phi3200\times\phi4200\times106$	230

气化炉属于Ⅲ类压力容器，工作压力 6.5MPa，气化反应温度 1100～1480℃，经过衬里隔热的燃烧室壳体设计温度为 425℃。但燃

烧室内衬的见火面耐火砖是一种消耗品，随着高温烧损、高速气流的磨蚀，减薄至一定程度时就需要更换。为了监控局部出现超温，燃烧室壳体外壁布满表面热电偶丝线，壳体表面不设外保温材料。激冷室内有一定高度的水域，通过下降管引导的高温合成气在水域中进行洗涤。

气化炉壳体材质：燃烧室材质为SA387Gr11CL2；激冷室考虑粗合成气中各种酸性气在水域溶解后可能对壳壁的腐蚀采用SA387Gr11CL2 + 316L复合钢板。激冷室内件除与高温气接触的材质选用镍基材料外，其余激冷室内件材质都为316L不锈钢。

为齐鲁石化分公司建造气化炉后，中石化宁波工程有限公司又相继完成了两个同类装置：

（1）2011年，中石化宁波工程有限公司为中国石化茂名分公司做了一套煤（石油焦）制氢气项目，采用GE水煤浆气化技术，两开一备，$20\times10^4m^3/h$制氢，气化炉单炉投煤量1500t/d。

（2）2012年，中石化宁波工程有限公司为中天合创鄂尔多斯煤化工项目做的煤气化装置，采用GE水煤浆气化技术，气化炉10开4备，气化炉单炉投煤量1500t/d。

3. 中国石化自主知识产权的干煤粉气化技术——“SE－东方炉”

“SE－东方炉”干粉煤气化技术是由中石化宁波工程有限公司和华东理工大学合作研究开发。鉴于我国差煤多、好煤少的资源现状，SE－东方炉针对化工合成气制备的工艺特点，集成了粉煤气化和水煤浆气化的优势，与现有国内外煤气化技术相比，可以在更高温度下操作，能气化高灰熔点煤、处理高灰分煤，从而扩宽了气化煤种的范围。

“SE－东方炉”气化炉属非催化部分氧化反应器，见图19－3，参数见表19－4。气化炉工作压力4.0MPa，气化反应温度1400～1700℃，燃烧室与激冷室壳体设计温度都为350℃。气化炉结构分为上部燃烧室和下部激冷洗涤室，烧嘴设置在燃烧室的顶部。燃烧室内安装有膜式水冷壁内件，膜式水冷壁与壳体之间预留安装检修空间。激冷洗涤室有激冷水分布器、下降管、鼓泡床等内件。在材质选择上，“SE－东方炉”气化炉全部采用国产材料。燃烧室选用国产14Cr1MoR；激冷室选用14Cr1MoR ＋316L复合板，激冷室内件除激冷水分布器、下降管采用镍基材料外，其余都选用316L不锈钢材料。

图19－3　SE－东方炉

表19－4　“SE－东方炉”气化炉参数

装置名称	设计压力/MPa（G）	设计温度/℃	主体材料	单炉投煤量/（t/d）	壳体壁厚/mm	设备重量/t
扬子煤化工项目	4.8/FV	350	14Cr1MoR	1000	78	170
中安煤化工项目	4.8/FV	350	14Cr1MoR	1500	80	265
中科煤化工项目	4.8/FV	350	14Cr1MoR	2000	82	290

2010年之后的应用推广情况如下：

2011年，首台1000t级“SE－东方炉”落户扬子石化煤气化装置，并取得一次投料成功，2016年该装置又新建一台1000t级“SE－东方炉”。

2012 年，中石化宁波工程有限公司为中安联合煤制甲醇及转化烯烃项目做了一套“SE - 东方炉”干粉煤气化装置的工程设计，1500t 级“SE - 东方炉”气化炉共 7 台，5 开 2 备。

2017 年，中石化宁波工程有限公司为中科炼化一体化项目做了一套“SE - 东方炉”干粉煤气化装置的工程设计，2000t 级“SE - 东方炉”气化炉共 2 台，1 开 1 备。

4. 中国石化自主知识产权的水煤浆气化技术——“SE - 水煤浆气化炉”

2016 年，镇海炼化制氢原料结构调整项目采用“SE - 水煤浆”气化技术，通过采用炼油厂副产的低价高硫石油焦和煤作为原料，满足炼油厂成品油加氢改质的需要，同时大幅度降低工业氢气的生产成本，提高企业的整体经济效益，增强企业的抗风险能力。气化炉采用 2 开 1 备，单炉投煤量 1000t 级。

SE - 水煤浆气化炉采用耐火衬里结构，能够承受高温和高压，整体分为上下两个室，上段为气化室，水煤浆在气化室中与气化剂氧气发生气化反应，生成粗合成气；下段为洗涤冷却室，利用引入的激冷水对气化反应生成的粗合成气进行激冷、洗涤和饱和，为下游粗合成气的初步净化创造条件。激冷室除激冷环、下降管等内件外，还有冷却除尘效果较好的复合式鼓泡床层。“SE - 水煤浆”气化炉参数见表 19 - 5，实物见图 19 - 4。

表 19 - 5 “SE - 水煤浆”气化炉参数

装置名称	设计压力/MPa（G）	设计温度/℃	主体材料	单炉投煤量/（t/d）	壳体壁厚/mm	设备重量/t
SE - 水煤浆气化炉	7.15/FV	425	14Cr1MoR	1000	92	175

图 19－4　SE－水煤浆气化炉

5. 结语

煤气化技术是适合我国国情的能源替代首选路线，而加压气流床技术是大型煤气化技术的主要发展方向，在我国完全拥有自主创新的粉煤加压气化商业化技术之前，由于国内相当区域范围的煤种（高灰熔点煤或难制浆褐煤）问题，我们还无法摆脱引进技术。

2014 年中国石化科技部组织专家对扬子石化 1000t 级“SE－东方炉”粉煤气化技术进行了满负荷运行标定，结果显示有效气、比氧耗、比煤耗等各项技术经济指标达到单喷嘴粉煤气化技术的国际先进水平，这是自主创新的粉煤加压气化技术实现产业化的重大突破，其推广应用将为国家节省大量的外汇。

中石化宁波工程有限公司　陈央　撰写

第二十章 尿素装置尿素合成塔发展历程

一、概述

1828 年，德国化学家 F. Wohler 将氰酸与氨的水溶液反应，产生一种白色结晶，这是第一次在人类历史上用人工方法从无机物制得有机物尿素，成为现代有机化学兴起的重要标志之一。

1868 年，俄国化学家巴扎罗夫发现了长时间加热氨基甲酸铵而得到尿素。

1922 年，第一座以氨和二氧化碳为原料生产尿素的工业装置建成于德国法本工业公司的 Oppau 工厂。

50 年代起，发达国家陆续开发出半循环法和全循环法生产工艺。

1963 年和 1965 年，Stamicarbon 和 SnamProgetti 分别提出了气提法。气提法由于工艺较简单、热能的综合利用率高、设备故障较少等优点、推广很快。成为尿素生产发展过程的一次飞跃。1965 年以来国外建造的尿素厂中，有 50% 以上采用气提法。

我国尿素工业发展始于 1966 年，当时引进荷兰 Stamieathon 公司技术，建设了四川泸天化公司的 2 套水溶液全循环法装置。之后以此工艺技术自行设计并建设了中型尿素装置，第1套装置建于石家庄化肥厂，开车时间先于泸天化的引进装置；后期16套装置大多建在碳酸氢铵改产尿素的小尿素企业。从1986年开始，国家选定有较好条件的小氮肥企业进行碳酸氢铵改产尿素的技改，建成150套（4~6）$\times 10^4$t/a小尿素装置，同期还建设了13套大尿素装置，其中11套为二氧化碳气提法工艺。单套装置的尿素产量最高达52$\times 10^4$t/a。

目前，气提法是尿素生产的最先进的工艺方法，采用气提技术使尿素合成塔出来的反应液中部分未转化的NH_3和CO_2从尿液中分出，并重新返回合成塔。与传统方法相比，能耗及生产费用明显降低，而且具有流程简单等一系列优点。

尿素生产所用气提法分为：二氧化碳气提法、氨气气提法和它们的变形。

二氧化碳气提法和氨气气提法的流程分别如图20-1和图20-2所示。

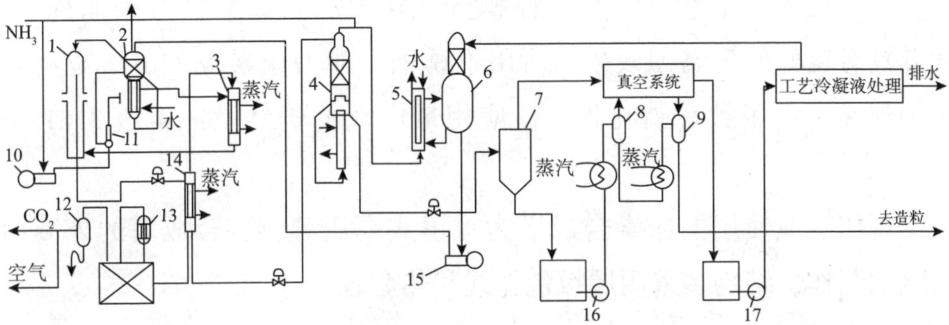

图20-1 二氧化碳气提法典型工艺流程

1—合成塔；2—高压洗涤器；3—高压甲铵冷凝器；4—精馏塔；5—低压甲铵冷凝器；6—低压洗涤器；7—闪蒸槽；8—一段蒸发器；9—二段蒸发器；10—高压氨泵；11—高压喷射器；12—二氧化碳压缩机；13—脱氢反应器；14—二氧化碳气提塔；15—高压甲铵泵；16—尿液泵；17—工艺冷凝液泵

尿素合成塔、二氧化碳气提塔、高压甲铵冷凝器和高压洗涤器4台设备构成了系统的高压循环圈，是尿素装置的核心设备。

尿素合成反应在尿素合成塔内进行，它是高温高压设备，并需要承受工艺介质的强烈腐蚀作用，它还具有相当大的体积容积，以保证物料有足够的保留时间。

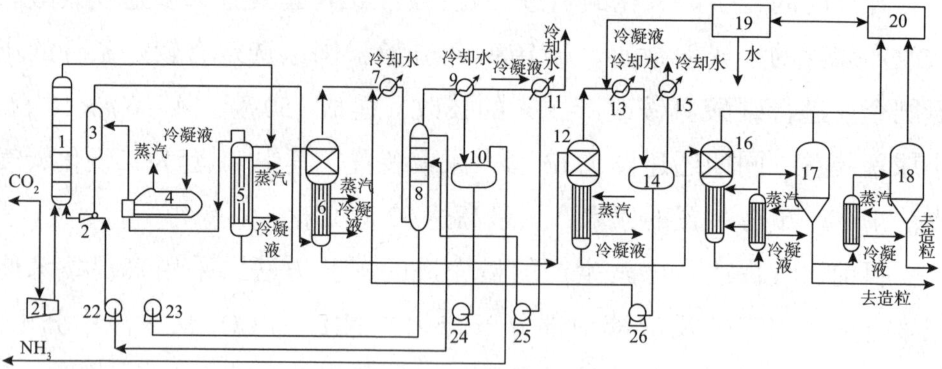

图 20－2　氨气气提法典型工艺流程

1—合成塔；2—甲铵喷射器；3—气液分离器；4—高压甲铵冷凝器；5—氨气提塔；6—中压分解塔；7—中压冷凝器；8—中压吸收塔；9—氨冷凝器；10—液氨贮槽；11—中压尾气洗涤塔；12—低压分解器；13—低压冷凝器；14—低压碳铵液收集槽；15—低压尾气洗涤塔；16—真空预浓缩器；17—一段蒸发器；18—二段蒸发器；19—解吸－水解系统；20—真空冷凝系统；21—CO_2 压缩机；22—高压氨泵；23—高压甲铵泵；24—低压氨泵；25—氨水泵；26—低压甲铵泵

20 世纪 50 年代，国外开发了以铬镍不锈钢为衬里的合成塔，在操作中连续通入一定数量的氧（体积分数 0.2% ~3%）使其表面钝化，使其具有良好的抗腐蚀效果，所用不锈钢一般为尿素级 316L。近些年来国外又开发了钛和锆衬里，但应用最广泛的仍然是尿素级 316L 不锈钢。

现代工业使用的尿素合成塔为衬里式高压容器，合成塔的外筒由高强钢制作，结构多采用层板包扎式和热套式。

合成塔要有足够容积以保证介质在塔内的反应时间。NH_3 和 CO_2 生成甲铵的反应瞬时即可完成，而甲铵脱水生成尿素的反应较慢。但这并不是说，反应物料一进入合成塔内，甲铵的生成过程即告结束，随后保持物料在合成塔内的停留时间只是为了使脱水反应进行到所要求的程度。实际上，整个过程包括几步：首先，气相中的 NH_3 和 CO_2 通过传质进入液相；其次，液相中的 NH_3 和 CO_2 化合生成甲铵；然后，甲铵转化为尿素和水（其中以可能分为几步），以及反应产物（H_2O）部分地转入气相。在整个过程中，一直有两相共存。虽然合成甲铵的反应是瞬时的，但气相的 NH_3 和 CO_2 传质并非即刻完毕，而是随着液相反应的进行，不断地转入液相，并不断反应。正由于此，物料在合成塔内的温度变化，并不是在一开始就达到最高（气体溶解和甲铵生产要放出大量的热量），而是逐渐上升，然后又逐渐降低而流出反应器。

大型尿素装置的合成塔内设挡板，反应物料自下而上通过，每一挡板间隔都存在气液两相，气体以鼓泡形式穿过液层。由于充分的扰动，可以认为两相均处于完全混合状态。气相通过挡板上的小孔进入上一反应器，液相则沿挡板与塔壁间之间的环隙进入上一反应器。挡板在很大程度上阻止了上一小室的流体回流入下一反应器，因而提高了反应转化率。挡板层数越多，塔内物流流动越接近于理想平推型流动。

尿素合成塔结构简图如图 20－3 所示。

尿素合成塔的制造存在较多技术难点，主要如下：

（1）由于介质的强腐蚀性，对衬里材料的要求极为严格。一般选用 316LMod 或 X2CrNiMo25-22-2，并对它们的化学成分、力学性能、铁素体含量、休伊试验、选择性腐蚀试验和金相检验均提出了更为严格的规定，这对钢材的冶炼、轧制和固溶处理等提出了更高的要求，目前世界上只有少数厂家能稳定生产这种特殊钢材。

（2）衬里结构和检漏系统的设计是设备可靠运行的关键因素之一。一般尿素合成塔采用不锈钢内筒的多层包扎结构，封头多采用堆焊结构。包扎结构和衬里结构的检漏系统的设计采用镶块塞焊再加工检漏孔，由于结构空间的限制，需采用特殊焊接方法和工艺施焊和加工。

（3）密封结构的更新。由于堆焊工艺复杂、焊接工作量大、易产生堆焊缺陷，且难以检漏，所以，以前的堆焊结构基本上被镶环结构取代。镶环结构是在碳钢上镶嵌入镶环然后焊接，再在镶环上加工密封面。镶环下设有检漏孔，用于焊接的排气和设备操作时的检漏。密封垫片采用齿形复合垫，在金属齿形垫两边贴有 0.5mm 厚的石棉板。

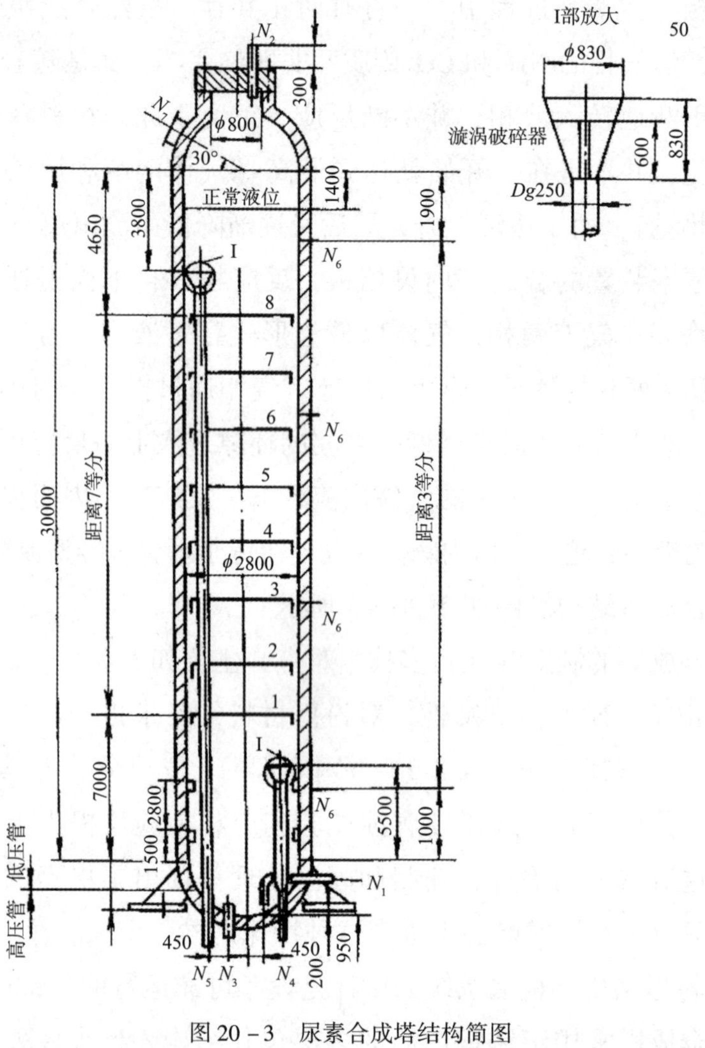

图 20－3　尿素合成塔结构简图

N_1—高压甲铵冷凝器来的气体；N_2—出气；N_3—高压甲铵冷凝器来的液体；N_4—甲铵液去喷器；N_5—出液；N_6—器壁温度接口；N_7—液面计传送器

（4）由于带极堆焊工艺具有熔敷率高、熔深浅、稀释率低、焊道宽、覆盖率高、不易产生缺陷等优点，因而被泛应用于封头、管板的堆焊。堆焊分两层，先在碳钢上堆焊过渡层，再堆焊耐蚀层，每层厚度不小于4mm，总厚度大于等于8mm。带极堆焊的焊道排列成同心圆形，中心无法进行带极堆焊的部分则采用手工堆焊。过渡层与耐蚀层的焊道的熔合线不能处在同一垂线上，应错开一定距离。焊接过程中要保持焊接参数的稳定，以确保焊接质量和熔敷金属的一定的宽度和厚度。堆焊完后，过渡层与耐蚀层堆焊后分别进行超声波检测、液体渗透检测和超声波测厚，耐蚀层堆焊后还需进行铁素体检测，铁素体检测含量应小于等于0.6%。

(5) 尿素合成塔为厚壁压力容器，需要用4MeV高能直线加速器对壳体承压焊缝进行无损检测。此外各项检测手段应齐全，尤其是专用的休伊试验装置和精确的铁素体测量设备更是必不可少的。

二、发展历程

1956年，永利宁厂机械厂（中国石化南化机前身）研制成功中国第一台多层包扎式高压容器，为发展中国的氮肥工业和石化工业解决了高压设备制造问题。

1956年，周恩来总理在化工部为此项目的请奖报告上做了批示，南化机获国家奖励。多层包扎式高压容器研制技术已达当时国际水平。

1957年，南化机试制成功铬镍不锈钢，即苏联的18-8型铬镍不锈钢（Cr18Ni8），是主要耐酸钢之一，广泛应用于化工和氮肥工业。

1958年，永利宁厂机械厂建设了我国第一个尿素中间试验车间。

1964年，金州重型机器厂试制成功我国第一台直径800mm绕带式尿素合成塔。

1968年，南化机试制成功采用A4钢（OCr17Mn14Mo2N）板材卷筒做衬里的直径800mm尿素合成塔，开创了不锈钢板衬里式尿素合成塔制造新工艺。

1971年，按照武汉化工设计院的设计，南化机制成直径1400mm松衬式尿素合成塔。

1975年，金州重型机器厂为上海吴泾化工厂设计制造了我国第一套24×10^4t/a尿素装置中的尿素合成塔。

1980年，南化机消化吸收荷兰凯洛格（Kalog）公司的尿素设备设计制造先进工艺标准，改松衬式结构为包扎结构，制成新型的直径1400mm尿素合成塔。

1982年，南化机与太原钢厂合作开发生产出00Cr17Ni14Mo2不锈板，用于尿素合成塔衬里材料。其耐蚀性能良好，平均年腐蚀率小于0.1mm，达到80年代初国外进口不锈钢水平。还为本溪化肥厂制造了直径1.4m尿素合成塔，经3年的运行，1991年通过专家鉴定。

1983年，南化机仅用9个月的时间制造成功2台$52 \times 10^4 t/a$尿素装置中关键设备——直径2.8m尿素合成塔（见图20－4），先后发往镇海石化总厂和新疆乌石化总厂。该项目先后获得国家重大技术装备国家嘉奖和国家科技进步奖一等奖。

图20－4　尿素合合成塔发运照片

1985年，南化机"红三角"牌ϕ1400mm尿素合成塔，获国家金质奖章。

1987年，南化机$52 \times 10^4 t/a$尿素成套装置中ϕ2800mm尿素合成塔，获国家重大技术装备国家嘉奖。李鹏总理亲自颁发获奖证书。

1987年，南化机制成泸州天然气化工厂采用世界银行贷款进行技术改进的直径1.5m尿素合成塔，该塔被世界银行有关机构称为"世界银行贷款项目设备招标承制的典范"。

1988年，南化机研制成功中国第一台按照意大利斯纳姆（SNAM）工程标准设计氨气提工艺流程的直径2.2m尿素合成塔，

1988 年，南化机 ϕ2800mm 尿素合成塔，获国家技术开发优秀成果奖。

1990 年，南化机制成 4 台采用世界银行贷款进行中型化肥装置技术改造示范工程的关键设备——直径 1.25m 尿素合成塔。

1990 年，南化机编制的 GB 9842—88《尿素合成塔技术条件》获化学工业部科学技术进步奖二等奖

1994 年，南化机 48×10^4t/a 尿素高压冷凝器 获江苏省科学技术进步奖三等奖。

1994 年，南化机尿素 CO_2 气提塔，获国家级新产品称号。

1995 年，南化机尿素高压（甲胺）冷凝器，获国家级新产品称号。

1995 年，南化机国产尿素级不锈钢 00Cr17Ni14Mo2 衬里 ϕ1400mm 尿素合成塔获化学工业部科学技术进步奖二等奖。

1995 年，南化机与哈尔滨焊接研究所合作研发 30°弯管焊机和窄间隙焊机，为尿素合成塔等高压设备焊接提供技术支承。

1997 年，南化机开发研制整体包扎多层压力容器技术，提高效率，降低成本，同时提高了安全性能。

2000 年以来，南化机相继为山西晋丰煤化工公司、山西兰花科创公司和杭州锦江集团有限公司等单位制造了多台尿素合成塔。

2008 年，金州重型机器公司为山西晋丰煤化工有限责任公司承制的国内首套 65×10^4t/a 合成氨、80×10^4t/a 尿素五大关键设备尿素合成塔、氨合成塔一次开车成功。

2008 年，金州重型机器公司自主开发制造的国内首台国产化设备——直径 1.5m、长 43m、重 200t 大型单层壁尿素合成塔顺利运抵泸天化，交付用户。

2010 年，金州重型机器集团有限公司为山东瑞星公司研制成功 100×10^4t/a 尿素合成塔。

2011 年，金州重型机器集团有限公司为山东瑞星公司研制的 100 ×

10^4t/a 尿素四大关键设备，是我国应用最广泛的二氧化碳气提法生产尿素流程装置中最大一套关键设备。

2014 年，金州重型机器集团有限公司为陕西龙门煤化工有限责任公司制造的整体包扎尿素合成塔，见图 20－5。

图 20－5　整体包扎尿素合合成塔

三、结语

经过多年坚持不懈的努力，国内主流机械厂所生产的尿素合成塔涵盖当前尿素合成工艺中的水溶液全循环法、二氧化碳气提法、氨气提法和它们的改进型，其性能指标达到世界先进水平。国产化的尿素合成装置用压力容器极大地满足了国内化工行业的发展需求，同时使我国装备制造行业的技术水平得到了快速提升。

今后，尿素合成塔将向更大型化方向发展，以获得更大的规模效益。在尿素合成装置设备的用料方面，会出现双相钢材料、有色金属材料的衬里，以提高设备的耐腐蚀性能。

中国石化南化机在半个多世纪的历程中，不断进取为中国氮肥工业的发展做出巨大的贡献。未来，还将秉承永利宁厂的理念，为中国的氮肥工业的发展再创辉煌。

南化机　毛家才　殷俊　撰写

第二十一章 甲醇合成反应器发展历程

一、概述

甲醇俗称“木醇”，是重要的有机化工原料和液体燃料，广泛应用于有机合成、医药、涂料等行业。随着我国煤化工的迅速发展，尤其是煤气化经甲醇制烯烃路线、煤制乙二醇工艺路线、煤制二甲醚工艺路线的工业化成功应用，甲醇工业迎来了前所未有的发展机遇和长远的发展前景，在国民经济中占据了十分重要的地位。

我国的甲醇工业始于20世纪50年代，在兰州、吉林、太原等地由苏联援建采用锌铬系催化剂制甲醇工艺装置。60~70年代，上海吴泾化工厂建立了以焦炭和石脑油为原料的甲醇合成装置。同时，南京化学工业公司研制了中压铜基催化剂，推动了甲醇工业的发展。南京化学工业公司在催化剂研制上历史悠久（见图21-1），在铬、钒、铜、镍基等催化剂的研制开发，促进了化学工业的进步。

70~80年代，四川维尼纶厂引进了我国第一套以乙炔尾气为原料的ICI低压激冷式甲醇合成工艺装置；齐鲁二化引进了以渣油为原料的Lurgi低压甲醇合成装置。同期，西南化工研究院开发了性能良好的低

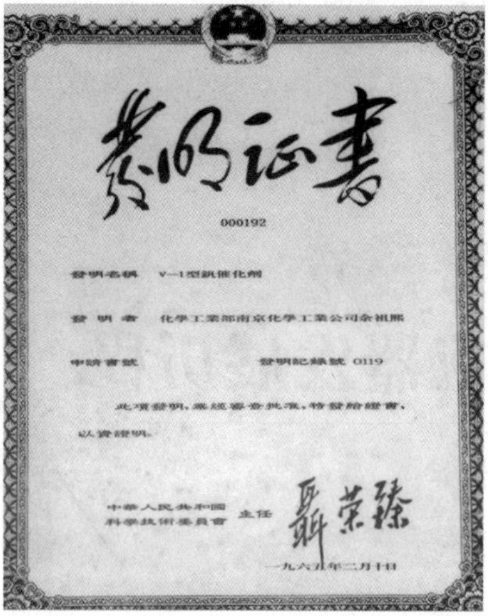

图 21 – 1　南化公司催化剂发明证书

压甲醇催化剂，吴泾化工厂等陆续进行了催化剂的更换，甲醇生产有了新的进步。

90 年代以后，甲醇需求快速增长，利用引进技术和自主技术建成了上百套甲醇装置，如格尔木的 $10 \times 10^4 t/a$ 甲醇、上海焦化厂的 $20 \times 10^4 t/a$ 低压甲醇装置的建设投产，使我国甲醇生产得到了前所未有的增长。到 2010 年，国内甲醇年产能达 $3750 \times 10^4 t/a$，是全球最大的甲醇生产和消费国家。2015 年国内甲醇产能达到了 $7670 \times 10^4 t$，预计到 2020 年，国内甲醇产能将达到万万吨级别，全球甲醇的生产能力将突破 $2 \times 10^8 t/a$。

甲醇合成反应器是甲醇装置中的核心关键设备，其结构形式、移热能力、温度控制等是衡量反应器性能的主要因素。先进的甲醇反应器应具有结构可靠、热补偿性能优良、空间利用率高、移热能力强、温度分布均匀、催化剂装卸方便等特点。高效的反应器结构离不开合理的工艺流程，而反应器的不同结构形式又决定了工艺流程的设置，图 21 – 2 为某甲醇合成部分的工艺流程图。

近年来，甲醇合成技术的发展呈以下几个趋势：原料路线多样化；生产规模大型化；合成压力多为低压；多采用铜基催化剂；充分利用余热，降低能耗。匹配的甲醇合成反应器按催化剂床型分为固定床、浆态床、流化床反应器；按气体流向分为轴向或径向反应器。

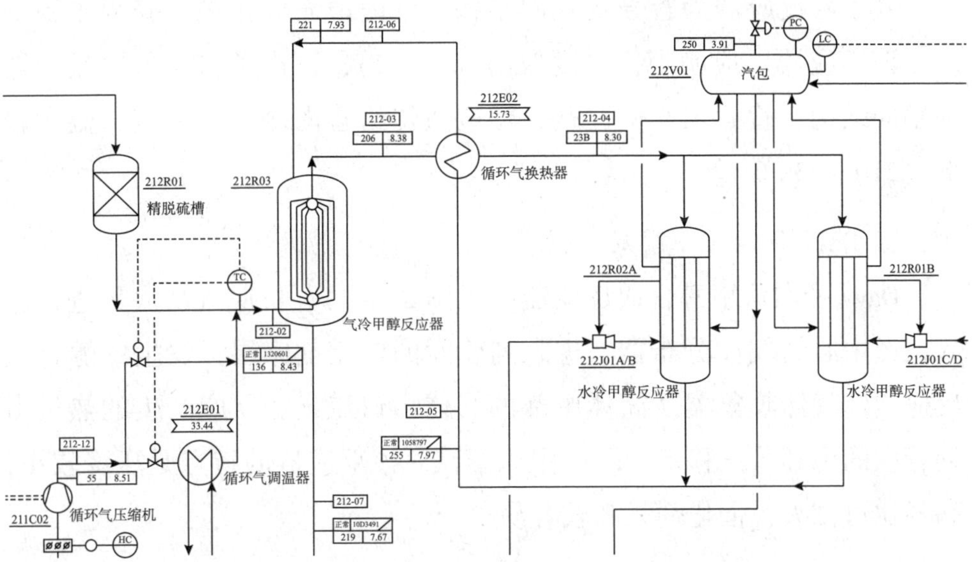

图 21－2　甲醇合成部分工艺流程图

二、国内外甲醇合成反应器介绍

1. Lurgi 等温列管式甲醇反应器

Lurgi 甲醇技术采用的是串联流程，将列管式水冷反应器和气冷反应器进行串联（见图 21－3），较好地在甲醇合成反应动力学和反应热力学进行了平衡，高温加快反应速度，低温有利于甲醇生成，从而提高反应的单程转化率，降低循环气量。

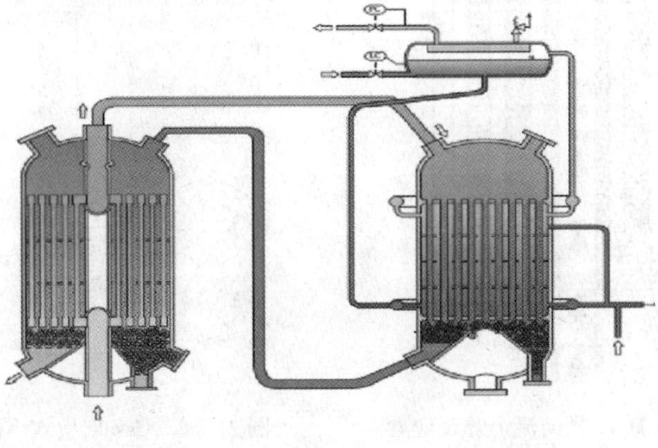

图 21－3　Lurgi 甲醇反应器

其水冷反应器为管壳式轴向结构，管内填充催化剂，壳程走锅炉水，该反应器反应剧烈，温度较高（260℃），富产蒸汽。气冷反应器为轴向结构，管间填充催化剂，反应热传给管内冷的原料气，温度较低（210～230℃）。

2. Davy 径向流甲醇反应器

Davy 径向流甲醇合成反应器（见图 21－4），反应气从底部进口进入，经中心的气体分布器，进入列管间的催化剂床层，发生甲醇合成反应，经气体收集器从筒体中部的气体出口流出。反应产生的热量由列管内的饱和蒸汽移走，副产中压蒸汽。该反应器的特点是压降较小，高径比可做大，催化剂装卸较容易。

3. Casale 板式甲醇反应器

Casale 板式甲醇反应器（见图 21－5），是将换热板片径向沿设备中心扇形排开，埋入催化剂床层内，换热板内走锅炉给水，产生中压饱和蒸汽，将反应热移出催化剂床层。板片式换热原件面积较大，催化剂装填系数高，空间利用率高，单台反应器生产能力高，其内件结构复杂。

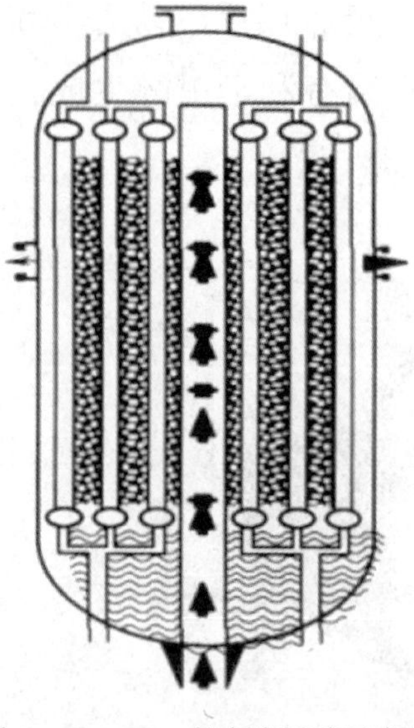

图 21－4　Davy 径向流甲醇反应器

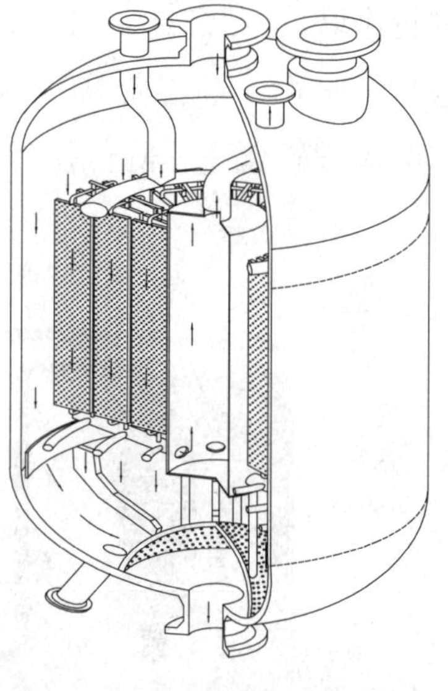

图 21－5　Casale 板式甲醇反应器

4. 杭州林达甲醇合成反应器

林达公司先后开发了卧式水冷均温型（见图 21－6）、立式水冷均温型、JW 低压均温型甲醇合成反应器，在国内的中煤集团、陕煤渭化等企业中应用，生产规模多为 20×10^4t/a、30×10^4t/a、60×10^4t/a。2016 年，该公司的绕管式水冷甲醇反应器（*DN*3600mm），在河南顺达化工科技有限公司 30×10^4t/a 甲醇项目上投运成功。

5. 华东理工大学甲醇合成反应器

20 世纪 90 年代，华东理工大学与中国石化兰州设计院（现宁波工程公司）共同开发等温列管式带绝热段甲醇反应器（见图 21－7），反应器由绝热段与管壳段组成，在管板上部设置 1m 左右高度的绝热层。催化剂装填在管内，管间充满循环沸水，汽水系统自然循环。该反应器床层温度优化分布，绝热层可在较低温度下进行反应，管壳层接近等温下反应，温度易于控制。

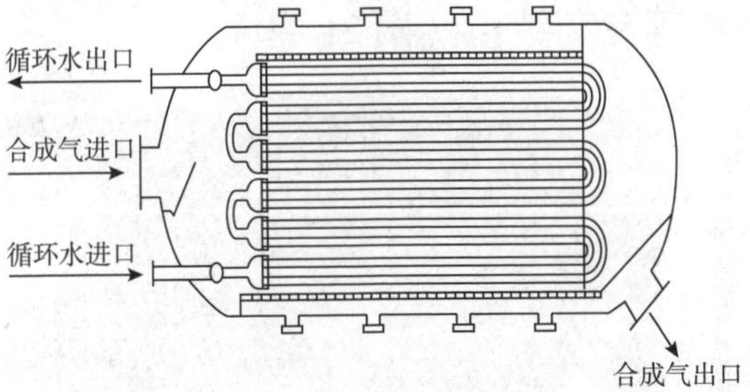

图 21－6　林达卧式水冷反应器

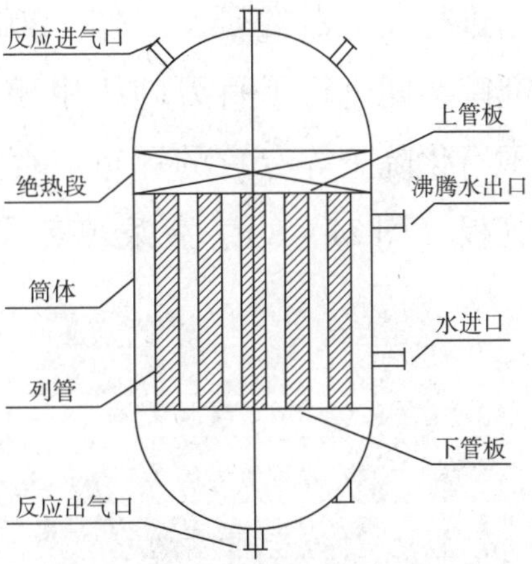

图 21－7　华理甲醇反应器

三、中国石化甲醇合成反应器技术介绍

1. 甲醇装置工程项目

自 20 世纪 90 年代起，中石化宁波工程有限公司持续承担了国内多

套甲醇装置的工程设计工作，表 21－1 列出了典型的甲醇装置及反应器数据。

表 21－1　甲醇装置及反应器数据表

序号	装置名称	规模/(10^4t/a)	技术路线	反应器规格/mm	反应器制造
1	格尔木炼油厂甲醇装置	10	自有技术	*DN*2800×7000	国内
2	玉门石油管理局甲醇装置	15	自有技术	*DN*3400×7500	国内
3	中国石化川维甲醇装置	77	Davy	*DN*4880×20760	印度 L/T
4	重庆卡贝乐甲醇装置	85	Davy	*DN*4090×19910	韩国斗山
5	中天合创甲醇装置	360（2 系列）	Lurgi	*DN*4150×15400（水冷）	南化机
6	中安联合甲醇装置	180	Lurgi	*DN*4178×18250（气冷）	南化机

2. 百万吨甲醇反应器技术开发

中国石化从具有自主知识产权的 10×10^4t/a 甲醇反应器开始，不断进行反应器的研发工作。2011 年，联合华东理工大学、南化集团研究院共同进行了百万吨级甲醇反应器的技术开发，研发成果通过了中国石化院士等专家的评审。百万吨级反应器的突出特点包括浮动环形管板（图 21－8）、夹条式支承格栅等专利结构（图 21－9）。

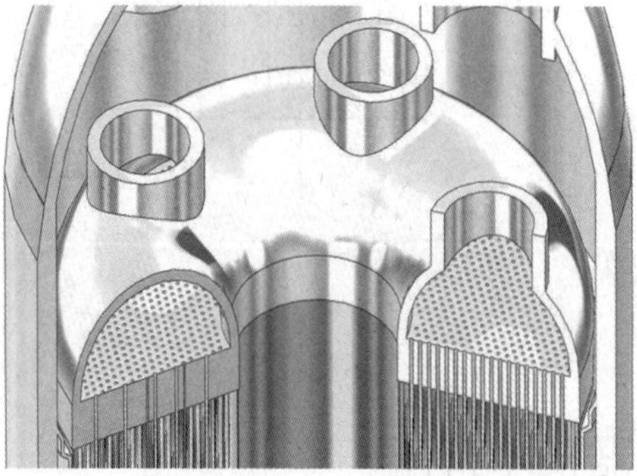
图 21－8　浮动环形管板

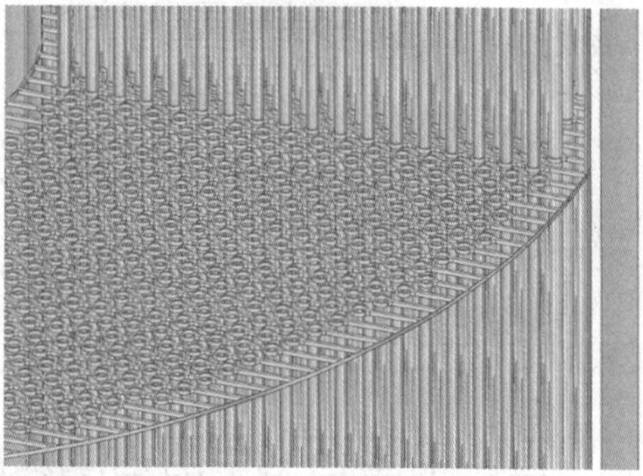
图 21－9　夹条式支承格栅

3. 大型甲醇反应器国产化设计及制造

2012 年，依托中天合创鄂尔多斯煤化工项目，根据 Lurgi 专利商提供的工艺数据，由中石化宁波工程有限公司、中天合创能源有限责任公司、中国石化集团南京化学工业有限公司化工机械厂组成的联合技术开发组，承担了 180×10^4t/a 的 Lurgi 水冷/气冷甲醇反应器的国产化设计与制造工作。通过技术开发，国产化反应器于 2015 年 9 月出厂，2016 年 4 月装置中交，同年 9 月 24 日生产出合格的甲醇，标志着大甲醇反应器国产化的成功。

四、甲醇合成反应器技术发展状况

1. 反应器材料

在反应器的设计中，材料的选择是一个很重要的考虑因素，因为合成甲醇原料气中含有大量的 H_2、CO、CO_2，合成过程除了生成甲醇外，还伴随有副反应生成甲酸、甲酸甲酯等酸性产物，存在高温氢腐蚀、一氧化碳腐蚀、有机酸腐蚀等多种腐蚀工况。因此，反应器壳体、进出口管线等选择采用抗氢钢 1. 25Cr-0. 5Mo-Si，内部件多选用奥氏体不锈钢材料，水冷甲醇反应器的换热管选用双相钢材料，解决热膨胀应力问题。

在早期的国内甲醇反应器设计中，由于其规模较小，壁厚较薄，如玉门甲醇反应器，壁厚 52mm，其壳体材料选用了 13MnNiMoNbR。随着甲醇反应器规模的扩大，以及对材料失效模式的深入认知，目前的甲醇反应器多采用 Cr-Mo 钢材料，如中天甲醇反应器，其厚度达到了 138mm，材料选择 1. 25Cr-0. 5Mo-Si。表 21 – 2 为 140mm 厚板材（1. 25Cr-0. 5Mo-Si）的出厂性能检测参数：

表 21－2　反应器板材出厂性能检测参数

厚度/mm	取样位置	R_m/MPa	$R_{p0.2}$/MPa	A/%	Z/%	冷弯试验 $b=2a$	－18℃夏比冲击功/J
140	头部 T/4	561	448	28	71	合格	191 185 179（185）
	尾部 T/4	556	436	30	73	合格	177 169 192（179）
	头部 T/4	558	443	29	72	合格	161 247 190（199）
	头部 T/4	551	451	28	71	合格	156 174 159（163）

Max. PWHT：675℃ ＋14℃ ×20h
Min. PWHT：675℃ ＋14℃ ×6h

2. 反应器模拟及计算

在早期的甲醇反应器设计过程中，基本不进行流场模拟计算。目前的反应器设计，流场模拟是必需的部分，图 21－10 为某反应器的气体分布流场模拟结果。

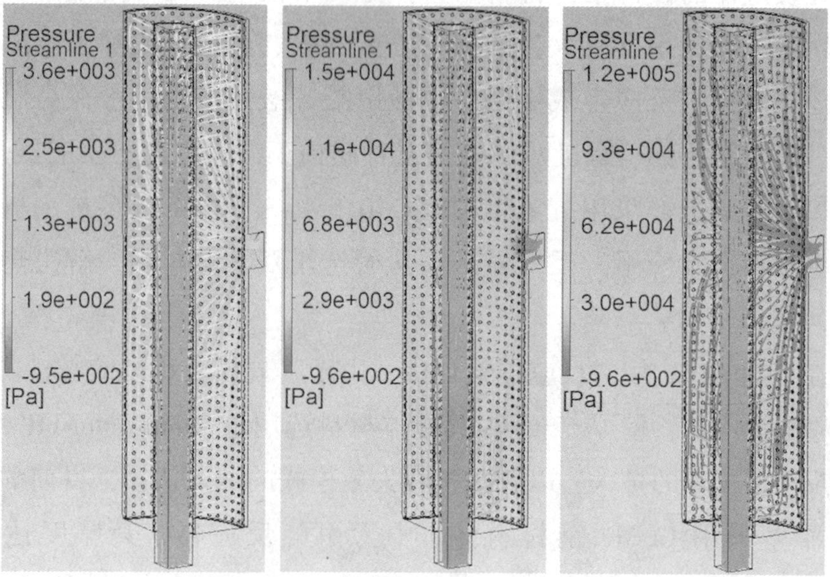

图 21－10　反应区不同阻力系数下流场分布

在强度计算方面，以往多是按常规设计标准用通用软件进行强度计算，目前的强度计算多是由 ANSYS 软件进行应力分析建模计算。图 21－11 为某甲醇反应器的应力分析计算模块。

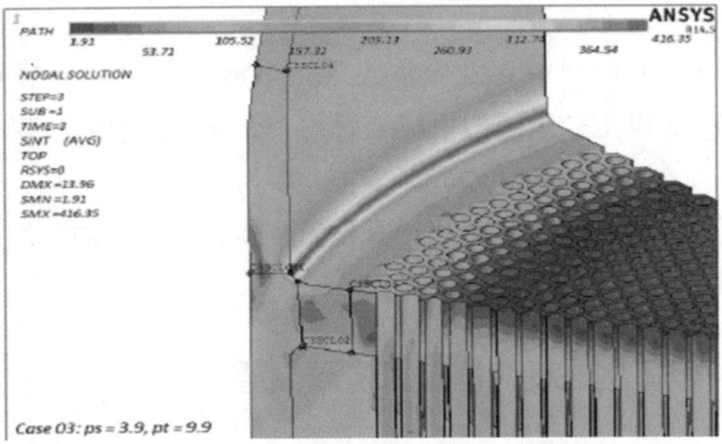

图 21－11　管板应力分析计算模块

3. 制造装备技术

自 20 世纪 90 年代以来，随着国民经济的发展，国内的制造装备及生产技术不断进步，图 21－12 为 1998 年当时国内最大的 10×10^4t/a 甲醇反应器车间制造图。

甲醇装置的大型化，使得甲醇合成反应器的规模及壳体厚度不断增加，在卷板、钻孔、焊接、热处理、无损检测技术等方面提出了更高的要求。目前国内大型机械厂的装备能力提高较快，满足了大型甲醇反应器的制造要求，图 21－13 为大型数控机床加工反应器管板。

图 21－12　10×10^4t/a 甲醇反应器车间制造图

图 21－13　大型数控机床加工反应器管板

4. 自主技术的发展

近年来，我国甲醇产业发展迅速，目前的甲醇有效装置产能达 $8000 \times 10^4 t/a$ 以上，全国的甲醇装置约 192 套。其中最大规模单系列 $180 \times 10^4 t/a$ 的中天合创甲醇及延安能化甲醇均已开车成功，但是国内百万吨以上的甲醇装置均采用国外技术，经过几年来的发展，林达的自主甲醇技术已接近百万吨水平。

五、甲醇合成反应器技术发展展望

随着国内科研开发、技术手段、制造装备等方面的不断进步，推动了甲醇合成反应器技术的持续提高。中国石化从最初的 $10 \times 10^4 t/a$ 甲醇反应器自有技术，到中天合创 $180 \times 10^4 t/a$ 甲醇反应器的国产化成功，标志着我国的甲醇反应器设计制造能力达到了国际先进水平。中国石化的专家曾指出：对于大甲醇自主技术的研发，一是在催化剂开发方面，要适应大甲醇反应器的要求，开发出高温长寿、低温高活性的催化剂；二是在甲醇反应器方面，要充分利用中国石化以往的技术积累，开发列管式固定床甲醇反应器；三是要关注浆态床技术，坚持浆态床的技术开发，注重长远规划。甲醇合成反应器是甲醇技术的核心，对于未来甲醇合成反应器的研究，建议的要点如下：

（1）以催化剂为基础建立动力学和反应器数学模型，开展计算和工程分析，确定合理优化的反应工艺方案，为反应器研发提供方向；

（2）采用热力学和动力学有机结合的观点开发大型甲醇合成技术，力求装置先进、可靠、节能；

（3）甲醇合成反应器的动力学参数是甲醇合成反应器的关键，决定了反应器的效率、最高温度等参数；

（4）换热管内饱和水温度变化对甲醇转化率，出口甲醇质量及蒸汽产量有影响，影响的强度跟管间距有关系，管间距缩小影响强度增大；

（5）建立大型甲醇反应器的工程设计合理方案，对应力分析计算模型的合理建立、应力评定原则的选择等方面进行科学研究。

持续推进国内具有自主知识产权的百万吨级甲醇反应器的应用进程，对于我国甲醇行业的健康发展具有十分重要的意义。

中石化宁波工程公司　崔金栋　撰写

第二十二章 变换炉（CO变换反应器）发展历程

一、概述

变换炉是合成氨、煤化工、IGCC 等装置中的关键设备之一，在变换炉内一氧化碳和蒸汽主要发生可逆放热化学反应。

大型变换炉是变换单元核心设备，该设备性能将直接影响到一氧化碳变换率、能耗、投资以及装置的长期稳定运行。

变换工艺流程见图 22－1。

一氧化碳变换有中温变换和低温变换之分。对于低温变换，由于在这一过程中一氧化碳转化量少，催化床层温升小，仅需一段绝热催化剂反应即能满足工艺生产要求，因而低温变换炉的结构形式单一。而对于中温变换，由于一氧化碳转化量多，催化床层温升大，相应的中温变换工艺有所不同。

变换反应属强放热反应，受热力学控制，在工业生产中往往需借助催化剂才能使反应顺利进行。根据热量回收的方式，变换炉可分为绝热变换炉和等温变换炉，目前工业上变换工艺中多采用绝热变换炉。

绝热变换炉仅有极少量的热损失，基本上与外界绝热。可逆放热的变换反应依靠自身释放出的反应热就能使反应气体温度逐步升高，相应的表观反应速率逐渐降低，同时催化剂床层温度应介于催化剂的起始活性温度与耐热温度之间。对于反应温升不大的工况，可采用单反应段，反之则采用多反应段。绝热变换炉根据内部结构形式，分为轴向变换炉、轴径向变换炉。

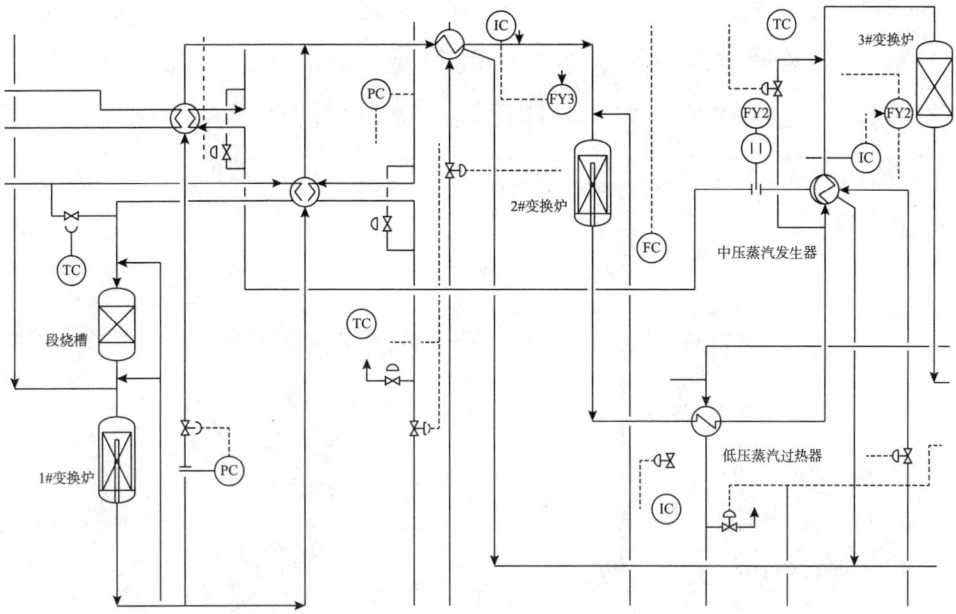

图 22－1　变换工艺流程

轴向变换炉、轴径向变换炉在大型煤制油、煤化工项目中应用业绩较多，而等温变换炉在大型煤制油、煤化工项目中应用业绩较少。

1. 轴向变换炉

传统的变换炉多为轴向变换炉，因其结构简单、无需特殊维护、更换催化剂方便，在化工工业中使用最广泛、最可靠。

轴向变换炉内部沿气体流动方向，设有催化剂床层，流体轴向通过催化剂床层，轴向返混小，流体分布装置结构简单，为了保证气体在床层气流有较好的分布，高径比一般为 1.3～1.5，床层下部和上部铺设有瓷球和丝网，顶部气体进口附近设置有气体预分布器。由于催化剂上层除了进行变换反应之外，还要阻挡入口气体中夹带的灰、砷、汞等有毒物（其易结块，导致催化剂床层压降上升较快），所以在催化剂装填时，一般考虑在床层之上装填少量的保护剂，用于捕集气体中夹带的灰尘及砷等对催化剂有毒害组分。该型变换炉结构简单，没有复杂的内件，投资省，仅控制入口温度，操作简单；但流体通道受设备横截面的限制，一般流通面积较小，催化剂床层较高，床层压降较大，低负荷及低水气比时，容易引起超温。对催化剂的强度要求也较高，同时催化剂颗粒较大，流体流速高，为保证变换反应深度，所需的催化剂装填量较多，在生产过程中易产生偏流。轴向变换炉结构示意见图 22－2。

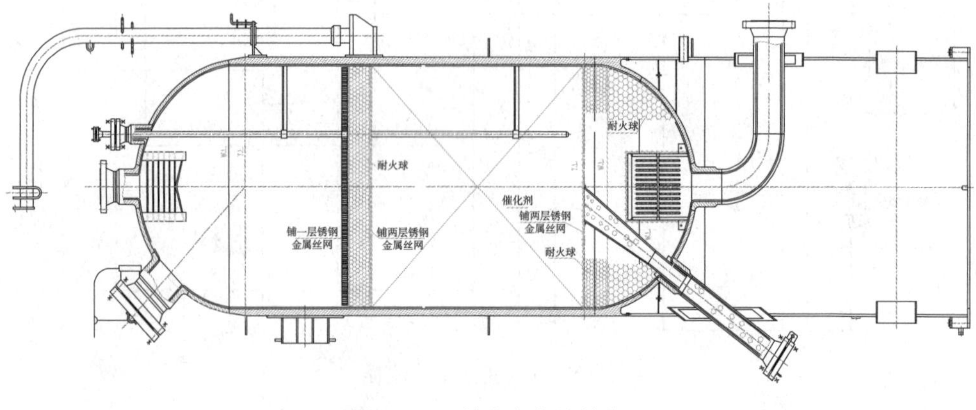

图 22－2　轴向变换炉结构

2. 轴径向变换炉

将轴径向结构应用于变换流程中最先是由卡萨利公司提出，并于1988 年首次应用在贵州赤天化股份有限公司的化肥厂。随着轴径向的内件投资降低及国产化，在大型化工项目中，轴径向结构变换炉的应用越来越多。

在轴径向变换炉中，壳体内部设置开孔的外筒和中心管，外筒和中心管之间装填催化剂，大部分气体沿径向从外筒进入催化剂床层，少部分气体从顶部沿轴向进入顶部催化剂，最后两股气体进入中心管汇集后，离开变换炉。轴径向变换炉中气流分布主要是通过外筒和中心筒上的开孔，以及顶部催化剂装填高度来实现，催化剂床层的流速低、压降小，即使负荷较低时，也能保证气体的均匀分布。

轴径向结构的主要目的是改变气体流动方向和增大流通面积，降低床层阻力降，提高单台设备气体处理能力。反应气通过入口分布器进入炉内，沿着壳体内壁分布，约90%的反应气均匀地沿着壳体直径方向穿过催化剂床层后，汇合于中心管送出，反应气流道长度缩短，阻力降降低，同时变换炉壳体温度降低，在安全性和节能方面更突出。

轴径向变换炉有如下优点：①气体流通面积增加，速度低，减少了冲刷，使入口催化剂颗粒不易破坏，与此同时，与传统的轴向床层相比，压降小得多。催化剂床层的粉尘容纳能力显著增加，床层阻力上升缓慢。②由于轴径向变换炉的气体均匀穿过床层，避免气体偏流、短路。压降主要集中在外分布器和中心管，而非催化剂上，所以变换炉的压降非常稳定，减少了对生产的影响，并且压降很小，节约下游合成气压缩机功耗，且使催化剂免受转化气随二段炉热回收时夹带来的水滴侵蚀。③适合于装填不同体积的催化剂，一般可采用粒度更小、活性更高的催化剂。小颗粒的催化剂降低内扩散阻力，比表面积大，活性好，接触面积大，寿命更长，在相同的装填量下生产能力更高。④由于催化剂床层变薄，易于传热，不易超温，降低了副反应的发生，同时催化剂升温、还原及硫化也更加容易，大大缩短开车时间。⑤气体从外向内流动，变换炉壳体处于相对低温状态，因此更加安全可靠，壳体使用寿命长，特别是对CO含量更高的粉煤加压气化工艺，出床层的高温变换气体只影响到设备中心管和出口管，所以在壳体选材时可以考虑冷热区分开，安全性和经济性都可得到保障，适合于大型工业装置。但同时也应注意到轴径向变换炉带来的缺点：①轴径向变换炉结构复杂，需要单独购买内件，内件为专利设备，投资较高。②内件结构较为复杂，且检修不便。③装催化剂的制备过程更苛刻。

轴径向变换炉结构示意见图22－3。

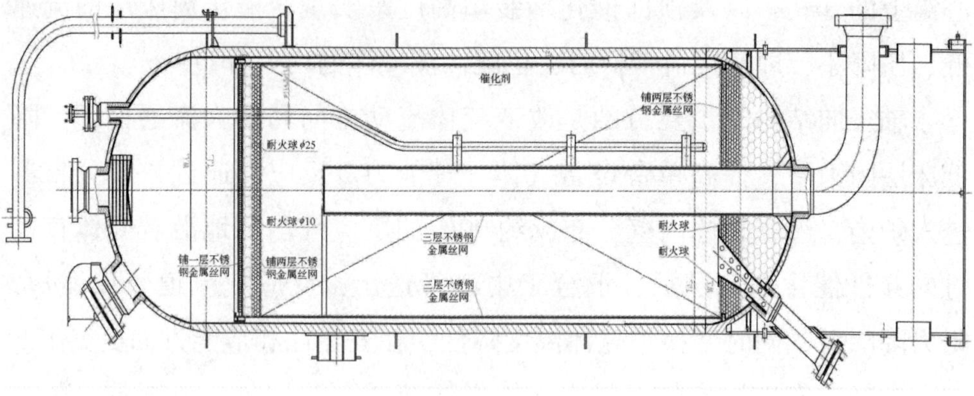

图22－3　轴径向变换炉结构

3. 等温变换炉

对于变换率要求较高的流程，因平衡常数的影响，单段绝热反应层难以达到要求，需要设置数个反应层。由于反应过程中产物不断增多，床层温度不断升高，表观转化率下降，温度到达一定范围内，就应该降低温度后再进入后续反应层继续变换，同时床层温度持续的上升，会超出催化剂的适用温度范围，也要求设置多个反应段，使每个反应段均处于适宜温度下，兼顾变换率和经济性。这又带来的一个问题就是工艺流程长，换热网络复杂。为了简化工艺流程，国内外对等温变换和等温变换炉进行了进一步研究。

等温变换炉相当于在炉壳体内增设1台换热器，快速移走反应热，保持整体床层温度低且稳定。具有如下优点：①由于壳体内温度降低，平衡常数增大，利于变换反应，单程变换率更高，所需催化剂装填量最少。换热管内的汽/水循环保证了反应温度的恒定，催化剂床层接近于等温操作，床层温度易于控制，并可进行调节；另外，催化剂床层操作温度较低且变化梯度小，催化剂床层中温度分布趋于一致，更符合动力学理想参数，能够最大限度地发挥催化剂的效能。同时针对变换装置开车引气过程中易超温的问题，可通过炉中的换热结构控制，避免设备超温。②反应器床层压降低，可以通过提高空速来提高产量。可以适度缩减等温变换炉的直径，通过加长轴向长度的方法，放大生产规模。③采用小颗粒催化剂，提高催化剂颗粒内效率因子，也即提高宏观反应速率。④在等温反应过程中，催化剂颗粒产生的应力小，延长了催化剂的使用寿命，降低了生产操作强度，且最大限度地发挥了催化剂的低温活性。

不过因壳体内部增设了内件而导致了催化剂的装填系数降低，同时高位反应热只能副产饱和的中低压蒸汽，对装置的能效有一定的影响。

等温变换炉是在绝热轴径向变换炉的基础上发展而来的，如托普索公司开发了一种等温反应器，在反应器中插入许多列管，列管中装催化剂，管外用锅炉给水汽化带走热量，同时在催化剂床层中设有氢渗透薄膜管，同心地设置在反应器管内，将生成的氢气渗透出，可以使反应程度加深，并且维持稳定的反应温度。北京航天万源煤化工工程技术有限公司通过将气-气换热器内置于变换炉中，使得变换反应产生的热量在产生之初就被换热管所吸收，此结构形式提高了换热效率，降低了压降，可大幅减少换热面积。

二、变换炉发展历程

20 世纪 70 年代以来，我国相继引进了多套以天然气、轻油、渣油和煤等不同原料、各种不同工艺流程的 1000t/d 合成氨装置，采用的 CO 变换技术及催化剂主要为国外专利技术，变换炉主要依托进口。从 70 年代开始，我国在变换工艺、催化剂及变换炉方面，进行了大量的科研开发和技改工作。到 80 年代中期，随着国内中低温变换催化剂及宽温耐硫变换催化剂的研制成功，以及中低温变换工艺的研发，国内工厂均使用自有技术进行改造和建设，开始实现自主建造变换炉。

中石化宁波工程公司先后设计了岳阳中石化壳牌煤气化（2003

年）、中石化湖北煤代油（2003 年）、中石化安庆煤改油（2003 年）、柳化合成氨改造（2004 年）、九江分公司煤代油改造（2007 年）、齐鲁资源优化（2007 年）、华能绿色煤电（2009 年）、伊泰煤制油（2006 年）、福建炼油乙烯项目（2006 年）、茂名石化煤制氢（2012 年）、扬子单喷嘴冷壁式粉煤加压气化工业化示范装置（2012 年）、中天合创鄂尔多斯煤炭深加工示范项目（2014 年）、镇海炼化制氢原料结构调整改造项目（2016 年）和浙石化炼化一体化项目一期工程煤焦制气装置（2018 年）等项目的多个变换炉。表 22 – 1 为中石化宁波工程公司设计的典型变换炉设备。

表 22 –1　典型变换炉设计参数

序号	装置名称	设计压力/MPa（G）	设计温度/℃	主体材料	设备规格/mm	变换炉结构	设备重量/t
1	齐鲁资源优化项目	7.0	475	SA387 GR22 CL2 堆焊 E309L、E347	*DN*3600 ×5800	轴向	169
2	福建炼油乙烯项目 Pox/Cogen 装置	6.0	520	SA387 GR22 CL2 堆焊 E309L、E347	*DN*3800 ×4750	轴向	167
3	茂名石化煤制氢气项目	7.0	500	12Cr2Mo1R 堆焊 E309L、E347	*DN*4800 ×11600	轴向	444
4	扬子石化单喷嘴冷壁式粉煤加压气化工业化示范装置	4.2	510	12Cr2Mo1R 堆焊 E309L、E347	*DN*2800 ×4800	轴向	60
5	中天合创鄂尔多斯煤炭深加工示范项目	7.0	480	SA387 GR22 CL2 堆焊 E309L、E347	*DN*3600 ×9500	轴径向	181.5
6	镇海炼化制氢原料结构调整改造项目	7.0	495	12Cr2Mo1R 堆焊 E309L、E347	*DN*3600 ×10000	轴径向	178
7	浙石化炼化一体化项目一期工程煤焦制气装置	7.0	495	12Cr2Mo1R 堆焊 E309L、E347	*DN*4200 ×10000	轴径向	210

变换炉是临氢压力容器，其主体材料选用铬钼钢。由于其设计温度较高，其材料一般选用 12Cr2Mo1R（SA387 GR22 CL2），且应控制材料

中化学成分，特别是 $P \leqslant 0.010\%$、$S \leqslant 0.010\%$；回火脆化敏感性系数 $J \leqslant 100$、$X \leqslant 15ppm$；分步冷却脆化处理后应 $VTr55 + 2.5\Delta VTr55 \leqslant 10℃$。

国外 CO 变换技术的研究早于中国，该技术在国外的应用已有近百年的历史，广泛用于制氢、合成氨、合成甲醇、合成汽油以及城市煤气的生产中。国外的变换技术经过多年的工业应用，已经非常成熟。

2012 年，中石化宁波工程有限公司发明了一种全径向等温变换炉（见图 22－4），气体进出口均位于上封头，同时冷却介质从下封头进入，从变换炉侧面分为多个出口，该反应器具有结构简单、设备投资少、可控性强的特点。湖南安醇高新技术有限公司开发的恒温低温水管式变换炉、南京敦先化工科技有限公司开发的水移热等温变换炉、石家庄正元塔器设备有限公司开发的等温径向变换炉和华烁科技股份有限公司开发的移热控温变换炉，均具有结构简单、压降低的特点，已应用于中小型的化工装置中。

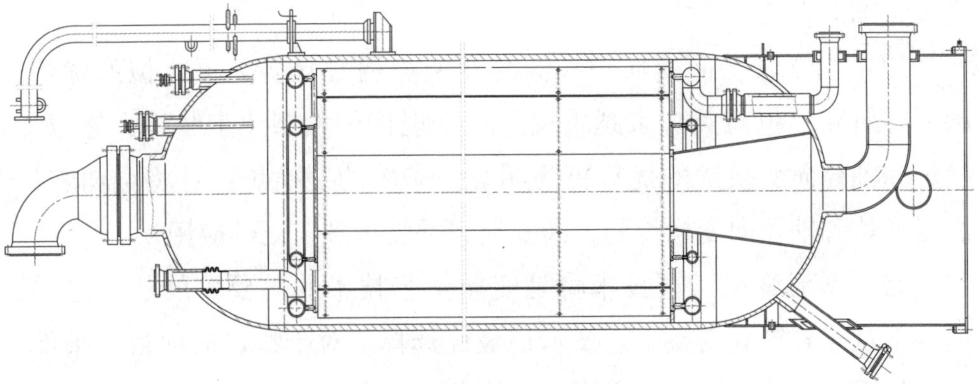

图 22－4　等温变换炉结构

等温变换炉尽管优势明显，但目前仍处于工业优化和推广阶段，缺少大型化工装置应用业绩，主要难点在于设备结构复杂、尺寸大、制造难度较高、检修困难，且还要进一步解决开停车冷凝液腐蚀等问题。在设备设计、选材和制造成熟，同时具备丰富操作经验的条件下，等温变换炉及其技术将得到极大地推广，这也是变换技术主要的发展趋势之一。

三、结语

目前，随着节能降耗的要求，变换炉也由绝热变换炉向等温变换炉转变。

(1) 变换工艺技术的发展主要集中在新型催化剂的开发、新型结构变换炉的设计及相应的工艺流程设计等方面。

(2) 新型变换催化剂的研制主要是通过载体改良或找到其他性能更优的助剂或活性物质，研制出具备更佳的活性、强度及稳定性，同时低温活性好、再生能力强、抗毒物能力强、更宽的水气比和使用温度范围、耐低硫能力增加、重金属减少的催化剂。

(3) 更小颗粒尺寸和具有更大比表面积的异形变换催化剂可以促进气体在催化剂颗粒内快速扩散，提高催化剂的表观活性，这也是变换催化剂的发展趋势之一。

(4) 由于轴径向变换炉和等温变换炉拥有众多无可比拟的优势，国内外研究单位对其越来越重视。对于现代的大型化工装置，等温变换炉和轴径向变换炉的优势更为明显，未来的变换炉设计将会向着等温变换炉和轴径向变换炉的方向发展，并将得到广泛的应用。

(5) 等温变换工艺技术将是变换工艺技术的主要发展趋势之一，但并不意味着等温变换工艺技术是最优选择。对于特定的项目或条件，选择最适合该项目特点的变换工艺技术才是最优的。

中石化宁波工程公司　黄军锋　杨俊岭　撰写

第二十三章 气相法聚乙烯反应器发展历程

一、概述

随着我国改革开放，经济大发展的需要，各行各业对塑料制品的需求大大增加，进口聚乙烯产品已远远无法满足需求，我国多地的石油化工企业开始了聚乙烯装置的引进，以满足国内市场对塑料制品的需求。

气相流化床工艺因工艺流程短、设备台数少、占地面积小、设计条件温和、操作稳定性好、装置可靠性高、能耗物耗低、需要的操作和维修人员少、工程投资和操作成本低等突出的优点而被广泛选用。该工艺可以生产密度范围为917～960 kg/m^3的全密度聚乙烯产品，产品覆盖薄膜、注塑、管材、电缆、中空吹塑、单丝等应用范围。

气相流化床反应器是聚合反应系统中的关键设备，工艺流程简图见图23－1。聚合催化剂以淤浆或固体的形式送入流化床反应器内，精制后的乙烯、共聚单体等原料气体以及助催化剂分别注入循环气管线中，跟循环气一起从流化床反应器底部进入，乙烯和共聚单体在催化剂的催化作用下发生聚合反应生成聚乙烯树脂。通过控制循环气体中共聚单体和氢分压等参数，以生成密度、熔融指数等性能符合要求的聚乙烯树脂。

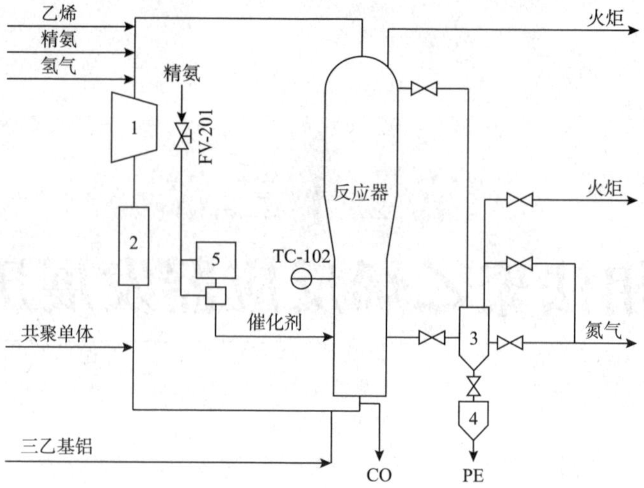

图 23－1　气相法聚乙烯反应器工艺流程简图

循环气带动聚乙烯树脂在流化床反应器内流化，达到近似全混的状态，未反应完的气体携带部分细粉继续向上流动，在流化床反应器上部扩大段与细粉分离后，气体进入循环气压缩机增压，再经过循环气冷却器移除反应热后，返回到反应器底部。

流化床反应器底部设有 2 套产品排料系统。当反应器料位达到设定值后，开启排料阀，聚乙烯树脂和部分气体排出反应器，进入后续工艺系统。

该流化床反应器是一裙座式圆筒容器，下部为直筒段，内部设有分布板，用于聚合反应的进行，其顶部为扩大段，用于分离气体中的固体颗粒，反应器的操作压力约为 2.3MPa，操作温度约为 88℃，反应器主体材质为碳钢，见图 23－2。

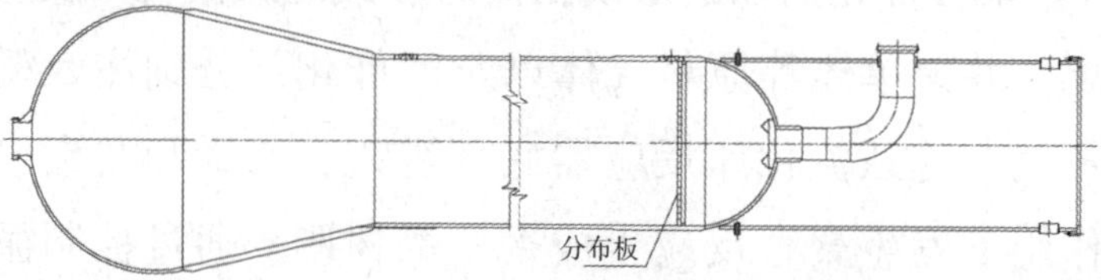

图 23－2　气相法聚乙烯反应器外形图

二、气相法聚乙烯反应器发展历程

在20世纪80年代末90年代初，我国多地的石油化工企业开始了聚乙烯装置的引进，其中以美国Univation气相法工艺流程生产聚乙烯产品居多，主要引进装置见表23－1。

表23－1　20世纪80年代末90年代初聚乙烯引进装置一览表

石化企业名称	产品名称	产能	工艺技术
齐鲁石化	高密度聚乙烯（HDPE）	14×10^4t/a	美国Univation公司气相法
大庆石化	线型低密度聚乙烯（LLDPE）	6×10^4t/a	美国Univation公司气相法
兰州石化	线型低密度聚乙烯（LLDPE）	6×10^4t/a	美国Univation公司气相法
天津石化	线型低密度聚乙烯（LLDPE）	6×10^4t/a	美国Univation公司气相法
中原石化	线型低密度聚乙烯（LLDPE）	12×10^4t/a	美国Univation公司气相法
广州石化	线型低密度聚乙烯（LLDPE）	12×10^4t/a	美国Univation公司气相法

在这一批引进装置中，全部的关键设备都是由专利商提供，由国外厂家设计和制造的，以中原石化12×10^4t/a线型低密度聚乙烯（LLDPE）装置反应器为例，该反应器为整体国外引进，反应器参数见表23－2。

表23－2　中原石化12×10^4t/a线型低密度聚乙烯（LLDPE）装置反应器参数

项　目	参　数	项　目	参　数
设计压力/MPa	2.8	主体材质	SA516 Gr70
设计温度/℃	170	操作介质	反应气及树脂
重量/t	200	容积/m^3	350

经过近10年的潜心研究及消化吸收，加之中国制造行业材料发展、装备进步，在20世纪90年代末21世纪初，我国开始了一轮聚乙烯装置的升级改造工程，这次的改造是在没有专利商参与的情况下，独自完成的设计改造任务。在这一轮改造中，我们实现了除反应器外全部设备的国产化设计及制造，配合工艺改造，实现了一次开车顺利成功。主要改造装置见表23－3。

表 23－3　20 世纪 90 年代末 21 世纪初 PE 改造装置一览表

石化企业名称	产品名称	改造后产能/(10^4t/a)
中原石化	线型低密度聚乙烯（LLDPE）	18
天津石化	线型低密度聚乙烯（LLDPE）	10
广州石化	线型低密度聚乙烯（LLDPE）	18
齐鲁石化	高密度聚乙烯（HDPE）	20

21 世纪初，大规模的聚乙烯装置在中国大地遍地开花，生产工艺除气相法外，也增加了淤浆法、溶液法以及高压聚乙烯工艺，其中气相法产品仍是主导产品，但装置规模大大增加。2006 年中国石油独山子石化引进了 $2\times30\times10^4$t/a 全密度聚乙烯（FDPE）装置，该装置由 SEI 担任详细设计方。

在方案设计阶段，SEI 和制造单位就做好了充分的准备完成气相法聚乙烯反应器的国产化设计及制造，气相法聚乙烯反应器为聚乙烯装置的核心设备，是整个装置能否顺利运行的关键。该反应器为流化床反应器，是一裙座式圆筒容器，顶部有扩大段，设计压力约为 2.8MPa，设计温度为 170℃，材料选用碳钢。在与专利商谈判的过程中，Univation 以不保证装置性能指标为条件，要求至少反应器的核心部件分布板为国外引进，为保证装置的顺利开车，我们也作出了让步，只是尝试反应器壳体的国产化设计及制造。气相法聚乙烯反应器的设计参数见表 23－4。

表 23－4　气相法聚乙烯反应器的设计性能参数

容器类别	三类	焊接接头系数	1
设计压力/MPa	2.8	主体材质	16MnR（正火）
设计温度/℃	170	容积/m^3	730
操作介质	反应气及树脂	重量/t	405.4
设备规格/mm	ϕ8060/5000×43153×40/48/58/76/84		

该反应器的操作工况较为复杂，外部接口多达 90 多个，管口应力情况也较为复杂，进出料管口需进行有限元分析设计。承压元件的厚

度范围大约为 38 ~ 84mm。在国内类似的聚乙烯装置中，反应器的材料都是选用进口材料 SA516 Gr70，本设计中反应器采用国产材料 16MnR，经计算，壁厚最大处为变径锥段——84mm，板材质量能否保证？且反应器的最低设计温度为 -19.4℃，对板材的冲击韧性亦有要求，如何确定材料的订货要求？经过参与设计的全体人员分析讨论，编制了《反应器技术要求》，作为设备材料采购，设备制造、检验、验收的依据。

从制造方面来讲，制造单位也是做了充分的准备，一段段分析制造难点，一件件准备工装，以焊接组对为例，变径锥段厚度达 84mm，分片采用热压成形。由于该锥段无折边，因此其与上封头、下部筒体组对环缝处应力很大。为减少组对应力，封头、筒体焊接成形并经消除应力热处理后再根据封头、筒体的端口周长下锥段料，保证组对环缝处上下端口周长一致。最终使得反应器能满足专利商的要求，并顺利完成内件安装，

独山子石化聚乙烯装置反应器的顺利开车，增强了设计人员及石化企业的信心，在石化企业、设计单位、制造企业的共同努力下，我们又将国产化的步伐向前迈进了一大步。

为了加快化工装置工艺国产化的进程，中国石化自主开发了 30×10^4t/a 国产化聚乙烯工艺包，2008 年为配合国产化工艺包，以天津石化 30×10^4t/a 线型低密度聚乙烯（LLDPE）装置为依托，SEI 和有关单位联合立项开发研制 30×10^4t/a 国产化聚乙烯反应器。

这次的研制内容包括反应器分布板在内的聚乙烯反应器国产化设计及制造。随着技术的进步，先进的计算方法和模拟技术在分布板的设计中得到了广泛的应用，参照国外技术文献，分析分布板的设计原理，通过 CFX 流场模拟，优化分布板的开孔设计。分布板制造与安装精度直接影响到反应器的使用性能，也是该设备制造的重点与最大难点所在。

（1）由于国产厚板本身存在不平度，故分布板订料时应考虑预留加工余量，下料后用油压机对板材本身进行校平，然后焊接拼缝。焊接时尽量做到对称施焊，并严格控制焊接线能量。焊接完成后再对整板进行校平，合格后焊缝进行100% UT检测并单独进行炉内消除应力热处理。热处理后对上下表面及侧圆面进行机加工，并对拼接焊缝表面再进行100% MT检测。

图23－3　天津石化30×10^4t/a线型低密度聚乙烯（LLDPE）装置反应器吊装

（2）分布板安装后与筒体内壁间距保证措施。分布板安装后要求分布板外侧任意一点与筒体内壁间距不得大于9.5mm，这就对分布板安装位置筒体圆度和周长提出了很高的要求。

（3）分布板钻孔加工难度大。通过合理的钻孔工艺，保证开孔的垂直度等指标满足设计要求。

经过近2年的设计及制造，第一台完全具有自主知识产权的聚乙烯反应器在天津石化30×10^4t/a线型低密度聚乙烯（LLDPE）装置现场完成吊装，并于次年顺利开车，一次成功。

三、结语

在最近10年中，更大规模的聚乙烯装置层出不穷，40×10^4t/a、45×10^4t/a、50×10^4t/a。通过不断地摸索与积累，中国的设计单位及制造单位不仅彻底改变了聚乙烯反应器国外引进的历史，在国际装备制造舞台上也具有很强的竞争力，聚乙烯反应器更是作为我国容器制造单位的拳头产品出口海外。回顾聚乙烯反应器的研发历程，离不开先进的设计技术手段和技术人员专业素质，以及制造单位装备能力和检测技术水平的大幅提高，只要不断创新、进取，我国压力容器的制造行业必将在国际市场上占有重要的地位。

SEI 胡伟璇　撰写

第二十四章
大型立式储罐发展历程

一、概述

立式圆筒形储罐（以下简称“立式储罐”）用于在大气环境温度条件下，储存气相压力接近于常压的液体石油及石油产品。

立式储罐是油品储运工程的重要设备之一，在整个储运系统的投资额中，占有较大的比例（30%～50%）。立式储罐选型时，是根据储存介质的特性（特别是挥发性、毒性等）以及储运系统整体的经济性和安全环保性等因素而定。

如果储存物料具有易燃、易爆性质，则必须考虑防火及防爆措施；对于一些工艺上的特殊要求，可采用特殊的措施。例如，使用内浮顶罐时，同时也选用氮气等惰性气体加以密封的密闭式储存，一方面有利于提高储存质量，另一方面也有利于提高储存的安全性。

常用的立式储罐类型有拱顶储罐、锥顶储罐、外浮顶储罐和内浮顶储罐等几个类型。

拱顶储罐在石油化工及相关领域得到最为广泛的使用，主要用来储存挥发性不高、无毒的液体产品，如柴油、渣油、燃料油等重组分石油产品。拱顶储罐具有结构简单、施工方便、造价低廉的特点，并且能够承受较大的内压，是最为经济的一种储罐。其罐顶为球面的一部分，它由构成球面的钢板和加强筋或支承梁组成，直接支承在罐壁上。按其加强（支承）构件的不同，可分为：光壳拱顶、带肋壳拱顶、网壳拱顶等几种形式。

锥顶储罐的罐顶为圆锥形。按其支承条件的不同，可分为自支承、柱支承、桁架支承等几种。自支承锥顶适用于直径较小的储罐，具有结构简单、施工方便等特点；桁架支承式锥顶结构复杂，材料消耗高，施工比较困难；柱支承锥顶除了结构复杂、材料消耗高、施工困难外，对基础的要求也较高。桁架支承式锥顶和柱支承锥顶在国内很少使用。

外浮顶储罐的罐顶是直接漂浮在液面上的浮顶，随液面的高低上下浮动。浮顶与罐壁之间有密封装置，从而最大限度地降低了油品的蒸发损耗。浮顶按其结构分为单盘式浮顶和双盘式浮顶。单盘式浮顶结构简单，材料消耗少，但遭受雨水腐蚀比较严重，整体稳定性较差；双盘式浮顶结构比较复杂，材料用量大，但整体稳定性好，安全性较高。浮顶储罐浮顶上部直接暴露在大气中，不易积存油气，所以安全性最好。大型浮顶在结构上比拱顶更容易处理，且材料消耗较少，故大型储罐几乎全部采用浮顶储罐。由于雨水及尘土能够通过浮顶边缘密封与罐壁的间隙进入储罐内，浮顶储罐通常用于储存雨水等杂质对品质影响不大的油品，例如原油等。

内浮顶储罐的罐顶为固定的拱顶与浮顶的组合，外部为固定的拱顶，内部为浮顶。按其浮顶的结构与材质不同，可分为钢制焊接内浮顶、装配式浮筒式内浮顶和装配式全接触液面内浮顶等。内浮顶储罐的内浮顶可以减少油品的蒸发损失，外部的拱顶又可以避免雨水、尘土等杂物进入罐内污染油品，所以用来储存易挥发的成品油，例如航煤、汽油、轻柴油等油品。

无力矩顶储罐的罐顶由薄钢板和中心柱组成，薄钢板悬挂在罐壁和中心柱之间，罐顶钢板只受拉力，不受弯矩作用，这样可以使用很薄的钢板制作罐顶。由于使用很薄的钢板，所以材料消耗很少。由于顶板过薄，容易损坏，且易遭受雨水腐蚀穿孔，安全性差，现已很少使用。

立式储罐技术的发展进程一直伴随着储存工艺技术的发展和储罐容量大型化的进程。

建国初期，国民经济处于百废待兴的阶段，工业发展的基础薄弱，国民经济体量和对石油的需求有限，国家的国力也很有限，基本建设的大原则是“多快好省”，这一原则也始终贯穿于油品储运设施的建设中。油品储罐容量也不大，几百、几千立方米是常用的容量，上万立方米就是巨无霸了。储罐形式采用结构最简单、最省材料的拱顶储罐和无力矩顶储罐。由于无力矩顶储罐顶板过薄，容易损坏，且易遭受雨水腐蚀穿孔，安全性差，在使用中逐渐被淘汰了，成为拱顶储罐一统天下的局面，用于储存原油、汽油、柴油等几乎所有品种的油品。

进入20世纪60、70年代，随着国家经济的不断发展，对油品的需求量不断增大，同时节能的需求也开始突出起来。采用低挥发损失的罐型储存原油、汽油、航煤等易挥发油品的需求日显突出。随着炼油厂加工量的不断提升，也要求对原油储罐容量进行提升。在此背景条件下，开发外浮顶储罐技术和内浮顶储罐技术迫在眉睫。

中国石化工程建设有限公司（以下简称SEI）的前身原石油工业部北京石油设计院一直引领国内立式储罐技术的发展，在国内首先开发并工业化实施了外浮顶储罐技术和内浮顶储罐技术。

北京石油设计院在消化吸收国外公开技术的基础上，从60年代开始，率先在国内开发了外浮顶储罐技术，浮顶结构采用单盘式和双盘式，边缘密封结构采用机械密封、弹性聚氨酯软密封和管式密封，浮顶排水系统采用回转结构折叠管结构，并在国内数个石化厂成功建设了多台外浮顶储罐。国内第一台外浮顶储罐建设地点是抚顺石油二厂，储罐容量为 20000m^3，用于储存原油。并在充水试验期间进行了相关测试验证。

1975 年，国内首台 $5\times10^4m^3$ 浮顶油罐在上海陈山码头建成，该储罐由北京石油设计院设计。在充水试验期间，进行了浮顶模拟降雨载荷的充水试验，并进行了罐体应力应变测试等相关测试研究工作，这些研究工作为储罐大型化奠定了一个坚实的基础。继后，在石化企业、港口、油田、管道系统建造了数十台 $5\times10^4m^3$ 浮顶油罐。

北京石油设计院与燕山石化东方红炼油厂等单位合作，于 1978 年 3 月，将东方红炼油厂 3000m^3 汽油拱顶罐改造成为了内浮顶储罐，这也是中国的首台内浮顶储罐。该储罐投产后，对蒸发损耗进行了实测标定，结论如下："一台 3000m^3 的内浮顶汽油储罐，年周转次数 50 次，比相同容积的拱顶储罐蒸发损耗减少 200t。因而有效地节约了能源，并成功地控制了油品对环境的污染，经济和社会效益显著。改造费用在投产 3 个月后即可收回"。该储罐内浮顶采用了浅盘式结构，很好地遵循了"多快好省"的原则。

北京石油设计院与中国科学院力学研究所等单位合作，对立式储罐在各种载荷条件下的结构受力和设计计算方法进行了系统性的研究，开发了立式储罐罐壁风力稳定计算方法、浮顶抗沉性计算方法、浮顶强度稳定计算方法等关键技术。在此基础上，于 70 年代完成了拱顶储罐系列、内浮顶储罐系列、外浮顶储罐系列标准图，标准图中储罐最大容量为 $5\times10^4m^3$。与此同时，与浮顶储罐配套的边缘密封装置，浮顶排水系统、适用于苯和芳烃储存的氟橡胶密封元件技术也开发成功。

北京石油设计院等单位开发的内浮顶储罐技术获得 1985 年度国家科技进步奖三等奖，1982 年度石油工业优秀科技成果二等奖。该技术的推广使用情况受到时国务院领导的关注，并亲笔批示"也应列入节能措施，督促进行"。

由于内浮顶储罐具有良好的经济效益和环保效益，在拱顶储罐改造为内浮顶储罐进程中，钢制浮盘的结构特点不利于在改造项目中实施，开发轻便、安装快捷的装配式内浮顶技术便成为需求。1982 年，国内首次从德国引进装配式内浮顶技术，应用在荆门炼油厂汽油罐上。在消化吸收引进技术的基础上，中国石化总公司北京设计院开发了装配式内浮顶技术，并实现了产业化。国产装配式内浮顶技术获得了 1988 年度中国石化总公司科技进步奖二等奖。

在总结国内工程建设经验，并参照国外标准的基础上，北京石油设计院于 1982 年完成了国内首部储罐设计标准 SYJ 1016—82 的编写工作。

进入 20 世纪 80 年代，国民经济进入快速发展时期，对油品的需求量激增，且国内原油产量日益不能满足消耗的需求。伴随着大量石油储罐建设，储罐大型化成为必然的趋势。储罐大型化的优势在于其经济性。大型储罐具有节省钢材、节省储罐附件及罐区管网、减少占地面积、便于操作管理、节约投资的优点。

储罐的大型化要解决的主要技术难题有高强度钢板生产与应用技术、大跨度自支承拱顶结构技术、大型浮动顶结构技术等。对于储存易燃、易爆介质的储罐，还受到消防防火能力、防火堤内容量等因素的制约。

拱顶储罐大型化的结构难点是自支承拱顶结构，其发展也一直围绕罐顶结构的不断改进。包括光壳拱顶结构、带肋壳拱顶结构、单层网壳拱顶结构。带肋壳拱顶结构是中国人独创的结构技术，具有结构简单，安装方便、造价低廉的特点。这种结构的计算方法是由北京石油设计院在经典带肋板壳理论的基础上，借鉴了中国建筑设计研究院的钢筋混凝土带肋板壳结构技术，形成的独创技术。20 世纪 80 年代后期，可适应于自支承大型拱顶的子午线网壳拱顶技术由中国石化总公司北京设计院研制成功，短程线网壳拱顶技术由中国石化总公司洛阳设计研究院研制成功，并得到大量推广应用。1992 年，$2\times10^4 m^3$ 子午线网壳拱顶储罐在大连石化公司建成。其后，$5\times10^4m^3$子午线网壳拱顶储罐在大连福佳石化公司等企业建成。

20世纪90年代，中海壳牌石化从国外引进了直径78m的铝合金网壳顶盖，这是当时国内最大直径的固定顶储罐顶盖。

由于受网壳结构规范的限制，大型自支承拱顶技术发展比较缓慢。目前允许的拱顶网壳最大直径为80m。

外浮顶储罐是储罐大型化主力罐型。外浮顶储罐大型化的难点是罐壁用高强度材料的生产、应用技术以及大型浮动顶盖结构技术。

国内的外浮顶储罐大型化技术发展以$10\times10^4m^3$浮顶油罐建造为主线。$10\times10^4m^3$浮顶油罐建造技术发展可分为三个阶段。第一阶段为整体技术引进，包括材料、设计技术及施工技术。如20世纪80年代中期在大庆南三油库、秦皇岛输油站等地建设的$10\times10^4m^3$油罐，均引进日本的技术，而且此后中国大型储罐技术发展深受日本技术的影响；第二阶段实现了设计技术及施工技术国产化，仅高强度材料进口，如20世纪90年代在上海、镇海、兰州、黄岛等地建设的$10\times10^4m^3$油罐；第三阶段为全面实现国产化阶段，包括高强度材料、设计技术及施工技术，如2000年在北京燕山石化公司牛口峪罐区建设的4台$10\times10^4m^3$油罐，高强度钢板使用武汉钢铁公司生产的WH610D2（12MnNiVR），该项目设计单位是中国石化总公司北京设计院，获得中国石化科技进步奖三等奖。

受中国石化总公司和中国石油天然气公司各自独立的影响，北京石油设计院没有机会参与80年代中期中国石油天然气总公司的大庆、秦皇岛的大型原油储罐建设项目。其实当年北京石油设计院完全具备设计$10\times10^4m^3$浮顶油罐的能力，只因国内没有配套的高强度钢板，因此，浮顶油罐标准图系列里空缺了$10\times10^4m^3$容积规格的油罐。

中国石化大型浮顶油罐建设起步稍晚，但后劲十足。从20世纪90年代，先后于大连西太平洋、高桥石化、镇海、燕山石化、上海白沙湾等地建设了数十台 $10\times10^4m^3$ 浮顶油罐，并首先实现了油罐用高强度钢板的国产化。2003 年，由中国石化总公司北京设计院和茂名石化设计院共同设计的我国最大的 $12.5\times10^4m^3$ 的浮顶油罐，在茂名石化公司北山岭油库建成。2005，由中国石化组织开发的国内最大容量的 $15\times10^4m^3$ 大型浮顶油罐（见图 24－1），在仪征站油库建成投产，该储罐设计单位是中国石化工程建设公司和洛阳石化工程公司，该项目获得中国石化科技进步奖一等奖。此后，中国石化又在上海白沙湾、福建青兰山等地建设了数台 $15\times10^4m^3$ 大型浮顶油罐。

图 24－1　中国石化仪征站油库 $15\times10^4m^3$ 立式储罐

2003 年，国家启动了石油储备基地建设项目，大型储罐建设进入了快速发展时期。为了解决高强度钢板的供货缺口问题，国家发改委于2004 年 7 月委托中国石化负责国家石油储备基地建设油罐用钢板国产化工作，召集国内 5 家骨干钢铁企业、国内相关研究单位和中国石化所属的主要设计施工单位，共同开发和推广大型储罐用国产高强度钢板。这一“集中力量办大事”的举措极大地提升了高强度钢板的技术水平和供货保障能力，有力地保障了“国储一期”的建设目标，实现了“国储一期”以使用国产钢板为主的目标。中国石化工程建设公司作为推广小组的负责单位全程参与该项目，并负责黄岛国储库的 EPC 建设。国家石油储备基地建设用钢板国产化项目获得国家能源局科技进步奖三等奖。

此后，国家又启动了“国储二期”和企业商业石油储备建设项目，主要国有油企、港口企业和众多民营企业也开始了大型自备原油库、港口中转库、商业仓储库建设，罐容以 $10\times10^4m^3$ 为主，辅以 $12.5\times10^4m^3$ 和 $15\times10^4m^3$ 罐容。截至 2017 年，国内 $10\times10^4m^3$ 以上的大型储罐数量已达千余台。

从 20 世纪 90 年代开始，外浮顶储罐采用二次密封技术，代替挡雨板，可以有效地降低油品损耗，并提高环保性能。

内浮顶储罐技术的发展除了依赖拱顶储罐技术发展外，围绕节能降耗，减少蒸发损失的目标，主要是内浮顶结构和材料的变化发展。钢制浮盘结构从浅盘式、敞口浮舱式向单盘式或双盘式演变，可靠性和安全性得到进一步提高，目前规范已经不允许使用浅盘式和敞口浮舱式内浮顶。从 20 世纪 80 年代后期开始，随着装配式内浮顶技术的发展与普及，专业化、产业化的加速形成，新建和改造的轻质油品储罐开始使用铝制和不锈钢制装配式、浮筒式内浮顶。目前，使用装配式内浮顶的储罐最大容量为 $5\times10^4m^3$。国内最大的内浮顶是中海壳牌石化从国外引进的直径 78m 的玻璃钢制内浮顶，该储罐容量为 $10\times10^4m^3$。使用玻璃钢制作浮顶经过了当地安全消防部门特批。在内浮顶结构的发展过程中，国内曾出现过泡沫塑料制浮子式内浮顶，但因其安全性得不到认可，应用很少。

由于各种原因，轻型装配式浮子式内浮顶在国内使用效果并不都很理想，一些储罐存在罐内油气浓度超标问题，带来安全和环保方面的问题。在目前安全和环境要求越来越严格的情况下，装配式全接触液面内浮顶技术和适应密封环形空间间隙超宽的边缘密封技术开始出现并逐渐开始应用，以期提升内浮顶的整体密封效果。

由于轻型装配式内浮顶的抗爆性能较弱，在意外火灾爆炸事故中极易沉顶，使浮顶储罐的边缘密封火灾演变为全面积火灾，应消防部门和安全监管部门的强烈要求，目前石油库设计规范和石油化工企业防火规范等标准，已经明确限制轻型装配式内浮顶的使用，代之以钢制单盘式或双盘式内浮顶。

伴随储存工艺的发展变化，储罐技术也在发展变化中。为了降低拱顶储罐的大小呼吸造成的油品蒸发损耗，拱顶储罐采用密闭储存技术，大幅提高了储存压力范围，将无组织排放变为有组织排放，基本消除了大小呼吸的蒸发损耗。采用氮封技术，提升安全环保性能。

内浮顶储罐采用密闭储存技术，取消了罐壁通气孔和罐顶通气孔，采用氮封技术和油气回收处理技术，实现更低的 VOCs 排放。

目前，储罐大型化发展受到了来自消防安全管理及防火规范的限制，从库区总规模、罐组最大容量，单罐最大容量、浮顶结构及材料等方面进行了限定。这对储罐大型化的发展将产生较大影响。

二、大型立式储罐的发展历程

（除注明者外，其余所有项目均由 SEI 或其前身北京石油设计院、中国石化总公司北京设计院负责设计或 EPC）

1960 年代，浮顶储罐罐型首次在抚顺石油二厂进行工业化使用，储罐罐容为 $2\times10^4 m^3$，用于储存原油，并在充水试验期间进行了相关测试验证。

1975 年国内首台 $5\times10^4 m^3$ 浮顶原油储罐在上海陈山码头建成。结合该项目，系统性地研究了大型浮顶储罐的设计方法，并对浮顶进行了模拟雨水载荷的充水试验和相关测试，在储罐充水试验期间，进行了罐体应力应变测试与研究。

1978 年，内浮顶储罐罐型首次在燕山石化东方红炼油厂 $3000m^3$ 汽油罐上工业化应用。该储罐投产后，对蒸发损耗进行了实测标定，一台 $3000m^3$ 的内浮顶汽油储罐，年周转次数 50 次，比相同容积的拱顶储罐蒸发损耗减少 200t。改造费用在投产 3 个月后即可收回。

1982 年，国内首部储罐设计标准 SYJ 1016—82 编写完成。

1982 年，内浮顶汽油罐技术推广应用情况受到时任国务院总理赵紫阳同志的关注，并在国家经济委员会呈报的“关于内浮顶汽油罐推广情况的报告”上亲笔批示“也应列入节能措施，督促进行”。

1982 年，“内浮顶油罐”技术获得石油工业优秀科技成果二等奖。

1985 年，“内浮顶油罐推广和应用”获国家科学技术进步奖三等奖。

1988 年，《立式圆筒形钢制焊接油罐设计规范》SYJ 1016—82 获得中国石化科技进步奖三等奖。

1988 年，“5000m^3 汽油罐装配式铝制内浮顶研制”获得中国石化科技进步奖二等奖。

1992 年，中国石化首部储罐设计标准 SH 3046—92 编写完成。此标准是在 SYJ 1016 基础上修订的。

1992 年，首台采用子午线网壳结构罐顶的 20000m^3 固定顶油罐在大连石化公司建成。该项目的实施标志着大跨度自支承罐顶技术向前迈出了一大步，实现了质的飞跃。

1993 年，“拱顶储罐 CAD 软件”获得中国石化科技进步奖三等奖。

1997 年，由中国石化首次设计的 $10 \times 10^4 m^3$ 浮顶原油储罐在大连西太平洋石化公司建成投产。

1997 年，SEI 和高桥石化设计院联合设计的 $10 \times 10^4 m^3$ 浮顶原油储罐在高桥石化公司建成投产。

2000 年，国内首台国产化 $10 \times 10^4 m^3$ 浮顶原油储罐在燕山石化公司牛口峪油库建成投产。高强度钢板使用武汉钢铁公司生产的 WH610D2（12MnNiVR），该项目为此后的高强度钢板国产化奠定了基础。在高强度钢板研制初期，拟采用制作球罐的高强度低焊接裂纹敏感性材料 62CF 作为储罐的主材，并开展相关焊接工艺试验，结果发现该材料不适用大型储罐的特殊高效焊接工艺，即大线能量气电立焊焊接工艺，焊接热影响区冲击韧性非常低，不满足技术条件要求。在此情况下，调整技术路线，确定重新研制新材料 WH610D2，以满足大线能量焊接工艺的要求。经过此挫折后，对材料抗焊接过程中大热输入量的机理进行了系统研究，通过筛选优化化学成分、优化轧制生产工艺条件、优化热处理工艺等技术手段，达到了预期的目标。在设计阶段，采用了分析设计方法，对罐体的关键部位进行了应力分析研究；在储罐充水试验期间，对罐体应力进行了测试，对储罐设计的合理安全性进行了验证。

2002 年，依托燕山石化公司牛口峪油库的“100000m^3原油储罐国产化技术开发及应用”获得中国石化科技进步奖三等奖。

2003 年，由中国石化总公司北京设计院和茂名石化设计院共同设计的我国最大的 $12.5\times10^4m^3$的浮顶油罐，在茂名石化公司北山岭油库建成。

2005，由中国石化工程建设公司和洛阳石化工程公司设计的国内最大容量的 $15\times10^4m^3$大型浮顶油罐，在仪征站油库建成投产。在设计阶段，采用了分析设计方法，对罐体（特别是大脚焊缝）的地震安全性和浮顶抗风性能进行了系统性研究，对大厚度高强度钢板的焊接工艺进行了研究；在储罐充水试验期间，对罐体应力进行了测试，对地基的受力进行了测定，对储罐和基础安全性进行了验证。大型储罐技术的突破为国家石油储备基地建设奠定了坚实的基础。

2007 年，黄岛国家石油储备基地建成，库容 $320\times10^4m^3$，32 台 $10\times10^4m^3$浮顶油罐。

2008 年，依托仪征站油库扩建工程的“$15\times10^4m^3$大型浮顶油罐技术开发”获得中国石化科技进步奖一等奖。

2009 年，国家石油储备基地建设用高强度钢板国产化项目获得国家能源局科技进步奖三等奖。

三、结语

中国石化在中国石油储罐技术发展方面一直处于主导地位，引领国内储罐技术的发展。绝大多数开创性工作均由中国石化完成。如外浮顶罐技术研制，内浮顶罐技术研制，储罐罐体设计计算方法（罐壁抗风稳定性、浮顶抗沉性、强度稳定性计算），储罐抗震计算，编制储罐设计规范，开发大型储罐用高强度钢板及其应用技术，优化浮顶边缘密封结构和浮顶排水系统结构，提出边缘密封用橡胶材料、泡沫塑料技术性能指标要求等。国内首台外浮顶储罐、首台内浮顶储罐、首台装配式内浮顶储罐均由北京石油设计院设计完成，国内首台 $2\times10^4m^3$ 浮顶油罐、首台 $5\times10^4m^3$ 浮顶油罐、首台使用国产化高强度钢板的 $10\times10^4m^3$ 浮顶油罐均由北京设计院设计完成，国内首台 $12.5\times10^4m^3$ 浮顶油罐由北京设计院与茂名石化设计院共同设计完成，国内首台 $15\times10^4m^3$ 浮顶油罐由中国石化工程建设公司与洛阳石化工程公司共同设计完成。国内首部储罐设计标准 SYJ 1016—82、中国石化首部储罐设计标准 SH 3046—92 均由北京石油设计院编制。

应对极端气候条件（台风、暴雪、暴雨等）的外浮顶储罐技术、适应低排放密闭储存大型常温低压储罐技术、高效可靠持久的边缘密封性能提升技术、高强度钢板气电立焊用焊丝国产化推广应用等课题，还需要继续努力地去解决。

SEI 武铜柱　撰写

第二十五章 球形储罐发展历程

一、概述

一种大容量、承压的球形容器或球形储罐（以下简称球罐），广泛应用于石油、化工、冶金、天然气等行业，是石油化工装置和储运系统的重要储存设备，其储存方式包括常温全压力式储存、以及半低温半压力式储存。既可储存液化石油气、乙烯、丙烯、液化天然气及其他液化烃和液氧、液氨、液氮等液态介质，也可储存空气、氧气、氮气、城市煤气等压缩气体。

球罐的形状包括圆球形和椭球形，绝大多数为单层圆球形球罐，其壳体是由多块压制成球面的球瓣组焊而成。根据球罐结构特点或操作条件的不同，球罐有多种类型，如按结构形式，可分为圆球形、椭球形、水滴形或上述几种形式的组合；按支承结构，可分为支柱式（见图25－1）、裙座式（见图25－2）、半埋地式（见图25－3）等三种类型；按球壳分瓣方式，有橘瓣式、足球瓣式、混合式三种形式；按储藏温度，则可分为常温球罐、低温球罐和深冷球罐（只有极个别场合，如造纸工业中蒸煮球罐，使用温度高于常温）。

图 25－1　支柱式球罐

图 25－2　裙座式球罐

图 25－3　半埋地式球罐

（1）常温球罐，设计温度不低于 －20℃，储存液化石油气及其他液化烃、氮气、煤气、氧气等气态介质，这类球罐一般压力较高。

（2）低温球罐，设计温度低于 －20℃，一般不低于 －100℃，如储存液态乙烯，液态丙烯，液氨等介质。

（3）深冷球罐，设计温度一般在 －100℃以下，一般在介质液化点以下储存，往往设计压力不高，有时甚至接近常压。由于对保冷要求较高，常采用双层球壳。

目前国内使用的球罐，设计温度一般在 －50～50℃之间。

采用球罐储存介质的优点在于节省材料，与立式圆筒形储罐相比，在相同容积和相同压力下，球罐的表面积小，则所需钢材面积少；在相同直径和相同压力下，球壳中应力也小，而且应力状况均匀，其承载能力比圆筒形容器大 1 倍，球罐的板厚只需相应圆筒形容器壁板厚度的一半。故采用球罐，可大幅度减少钢材的消耗，还可减小占地面积，基础工程量也相应减小。

但球罐的建造技术要求高，如制造球罐的材料要求具有较高的强度，具有良好的塑性和充足的韧性储备，对材料可焊性及加工工艺性能也有较高的要求，制造过程中的焊接、热处理及质量检验技术是保证球罐产品质量的关键。

世界上第一台工业用球罐是1910年在美国建造的采用铆接结构的小型球罐，一直到20世纪30年代，世界上仅有少数几个国家能进行球罐的制造，如德国在1930年也曾建造了几台铆接的小型低压球罐。由于铆接结构费工费料，密封性差，制造相对困难，给球罐的发展带来较大的阻力。

40年代后，随着焊接技术的进步以及新钢种的不断开发利用，球罐的制造技术得到了较大发展，球罐结构由铆接改为了焊接。如美国于1941年、苏联于1944年、日本于1955年、西德于1958年分别制造了一批压力较高、容量较大的焊接球罐。

60年代至今，是球罐建造的高速发展期。以日本为例，60年代前单个液化气球罐的容积均在2000m^3以下，而目前已具备生产单个容积在20000m^3以上液化气球罐的能力。德国已制造容积为43000m^3的球罐，法国也有容积为87000m^3球罐的制造经验，美国还曾建造容积为3400m^3、设计温度为-250℃的超低温液氢球罐。此外，许多工业先进国家还进行了双壳低温球罐、深冷球罐的试验研究，并已投入批量生产。

我国制造球罐始于20世纪50年代末期，1958年制造出第一台50m^3的球罐，受制造能力和设计水平所限，60年代只能制造出几何容积400m^3的球罐。前期引进较多，球罐建造水平发展较为缓慢。但随着科技的进步和国民经济的高速发展，近年来球罐的建造技术已得到了飞速发展。目前国内已完全具备独立设计、制造、安装不同规格和用途球罐的能力，储存介质包括液化石油气、液态烃、天然气、液态乙烯、液态丙烯、液氨、氧气和氮气等其他介质，其最大容积已超过25000m^3，最大压力超过4MPa，最低设计温度达到-196℃。

我国从1958年建造第一台球罐起，至今已有60年的球罐发展历史。60年来，我国从自行建造小型球罐开始，同时引进中等或大型球罐并借鉴国外先进的设计或制造经验，通过科技攻关，致力于提高球罐的设计水平和制造能力，并同步加快配套的标准规范、管理体系的建设，进行装备和产业升级，逐步全面提升了我国的球罐建造水平。目前，我国的球罐建造能力已能满足我国工业发展的需求。

二、球罐发展历程

我国球罐的建造历史，大致可分为如下五个阶段：

第一阶段：1958～1974年，建造容积小于1000m^3的中小型球罐。这一阶段是起步阶段，其标志是1958年北京金属结构厂建成我国第一台600m^3压缩空气球罐。1972年，在岳阳石化总厂，由北京石化总厂设计院设计、兰州石油机械厂制造了4台1000m^3液化石油气球罐，该批球罐按JB 1127—70设计，采用15MnVR建造。

这一阶段的主要特点是以自主设计、制造1000m^3以下的中小型球罐为主，但建造水平比较低下，主要原因在于起点低，底子薄，既缺乏球罐建造的专用标准规范，又没有专业的制造安装厂家，对球罐进行全面的质量监管和控制的条件也不具备，对球罐安全性认识很浅，因此，球罐制造组焊质量较差，但由于球罐容积小，数量少，设计偏于保守，故实际运行中事故反而很少。

第二阶段：1975～1979年，球罐容积突破2000m^3，事故高发期。这一时期属于野蛮加速发展和无序阶段，也是事故多发阶段。在此期间，我国球罐无论是国产还是引进，从数量到规模都有较大的增长。这一阶段属于事故高发期，尤其是一些重大的安全事故频发，但也正是在此时期，我国开展了一系列有助于提升球罐设计水平和制造能力的探索和研究，建立了初具规模的专业建造队伍和标准规范体系。

这阶段内，有代表性的事件是，1975年上海锅炉厂2台2000m^3液化石油气球罐的成功建造，表明我国国产球罐进入到了 2000m^3 的规模；1976 年，由北京石化总厂设计院按 JB 1127—70 设计、兰州石油机械厂制造的首台 1000m^3 丙烯球罐在燕山石化建成投产。该球罐采用 15MnVR 建造，除此之外，国内还自行建造了数百台 1000m^3 以下的各种球罐；同时，我国首次引进了日本、法国各种大型化高参数球罐约 32 台。

这一时期内，我国建造的球罐数量很多，总容量也很大。但由于受建造和运行管理水平以及“文化大革命”的影响，该时期我国球罐事故率很高，有运行时的破裂或爆炸事故，也有耐压试验过程中的破裂事故。最惨痛的是 1979 年 12 月 18 日，吉林煤气公司 400m^3 液化石油气球罐在运行中发生低应力脆断，引起罐区内其他 6 台球罐及其他压力容器全部爆炸的灾难性事故。

此期间内，通过引进国外高参数球罐，也间接推动了我国提升球罐建造水平的研发进程。如引进了国外球罐质量控制有关的标准规范、引导了我国着手进行高强度球罐用钢的研制开发，改善提高了我国球壳板的原有压制工艺和球罐安装技术，同时也培训了焊接工人并提高了他们的技术能力，完善了球罐焊接工艺评定及现场施焊质量保证体系，并开发了球罐整体热处理技术，球罐焊接裂纹的断裂力学研究及缺陷安全评定工作也全面展开。

经过这一阶段的发展，国内形成了具有 20 家球罐专业制造及组焊厂商，并编制实施了各种球罐设计、制造、组焊、检验有关的规定及规范，这些成果有效促进了我国建造球罐技术的整体提升，因此该阶段是我国球罐建造中的加速发展期。

第三阶段：1979 ~ 1984 年，全面整顿，建立球罐的管控体系。这一阶段是我国球罐建设的全面整顿时期，其主要标志是 1980 年国务院批转关于吉林市煤气公司液化气厂球罐爆炸事故的报告，此后，全国各部门对 800 多台在役球罐进行全面检查，对球罐建造和安全评价等从业单位进行资格考核和审查，对新建球罐建立登记制度，同时对有关的设计规范、制造和施工规范、开罐检查标准进行了全面修订。通过这一系列的措施，使我国球罐建造这列快车进入到有序和受控的发展轨道，球罐的安全技术也相应有了质的飞跃。通过这一阶段的治理整顿，为下阶段的发展从安全技术和规范化方面打下了扎实的基础。1982 年，上海宝钢建成 2 台国产 2300m^3氮气球罐。

第四阶段：1985～1997 年，建造 4000m^3的国产球罐和引进并国产化低温球罐。这一阶段，国产球罐的建造规模进一步加大，达到了 4000m^3，引进球罐最大容积 10000m^3，开始引进并国产化低温球罐。随着我国改革开放领域的扩大以及工业的快速发展，对大型球罐的需求日益增加，同时，为了节省外汇，对球罐的国产化程度也提出了更高的要求。另外，这一时期内，我国的乙烯工业开始加速发展，若对乙烯产品采用带压储存，乙烯球罐是百万吨级乙烯装置必不可少的关键设备，其设计参数主要取决于所储存乙烯介质的工作状态。目前乙烯球罐操作参数主要分为两类：一类操作温度约 -30℃，设计温度一般为 -40℃，设计压力 2.2MPa；另一类多为操作温度约 -40℃，设计温度一般为 -45～-50℃，设计压力 1.55～1.9MPa，需要选用 -50℃级别的低温高强钢。丙烯球罐由于在运行中可能因闪蒸等原因出现低温工况，也通常选用与乙烯球罐类似的耐低温钢材。因此，乙烯装置的建设需要大量采用乙烯球罐和丙烯球罐等低温球罐，但由于我国这一阶段尚不能生产低温球罐用高强度钢材，因此乙烯球罐还需要从国外引进。

这一阶段，比较有代表性的球罐包括：1985 年，大庆石化总厂从法国引进 4 台 1500m^3的 9% Ni 钢制乙烯球罐，其设计温度为 -46℃，直径 14300mm，厚度约 33mm，按当时的英国标准 BS5500 设计制造。

1986 年，燕山石化公司从法国引进 4 台 1500m^3的 9% Ni 钢制乙烯球罐，按西德 AD 规范制造，直径 14450mm，厚度约 28mm，但施焊后发现表面网状裂纹，经返修后直到1997年12月份才投入试用。

1983年，上海石化引进德国产2000m³乙烯球罐，采用STE36建造。

1985年，北京煤气公司首次从日本引进4台5000m³天然气球罐。

1986年，重庆天然气公司从波兰引进2台3300m³天然气球罐，施焊后发现大量表面裂纹，经返修评定后于1990年监控使用。

1987年，大庆石化总厂从法国引进4台5000m³液态烃球罐。

1989年，北京北郊天然气罐装站从日本引进建成2台1×10^4m³天然气球罐，此后1998年，该公司又从法国引进了10台10000m³天然气球罐。

这阶段内，从世界工业发达国家，如美国、法国、英国、意大利、日本等国先后引进了两百多台各种球罐。这些球罐的引进，既满足了工业发展和民用需求，又直接促进了我国球罐技术的发展，对我国下阶段球罐建造向大型化、高参数方向发展积累了经验，打下了一定的基础。

在球罐国产化方面，1989年，金州重型机器厂为河南中原化肥厂建成1台4000m³液氨球罐，这在当时是规模最大的国产球罐。

随着乙烯球罐需求量的增加，我国开始研制国产CF－62钢、DG50钢并展开国产1500m³乙烯球罐的科研攻关。

1993年1月，由合肥通用机械研究所按GB 12337—90设计、金州重型机器厂制造的1000m³丙烯球罐在湖南巴陵石化建成投产，这是我国首次采用国产CF钢制造的低温球罐。

为了实现大型乙烯球罐的国产化，1991年国务院重大技术装备领导小组办公室下达了国家“八五”重大技术装备科技攻关项目——“CF－62钢制1500m³大型乙烯球罐研制”课题。该课题由兰州石油化工机器总厂和大庆石化总厂负责，合肥通用机械研究所、大庆石化设计院、武汉钢铁公司、中国通用机械工程公司、辽宁工业安装公司等

10 个单位合作研制。通过几年攻关，于 1993 年 12 月，采用国产材料 CF－62 钢（武钢生产的 07MnNiCrMoVDR 钢板，厚 44mm）设计制造了 1500m^3 乙烯球罐，代表了国产球罐低温用钢的技术水平。该球罐于 1995 年 2 月在大庆石化总厂化工一厂投入使用，标志着 －40℃ 低温钢级别、1500m^3 的低温乙烯球罐国产化成功，从而结束了我国低温球罐主要依靠进口的历史。至 1994 年，国内采用 CF 钢制造的球罐已超过 40 台。

1994 年，将满足 －20℃ 和 －40℃ 低温钢级别的球罐用国产 CF 钢分别命名为 07MnCrMoVR 和 07MnNiCrMoVDR，并将其列入 GB 150 和 JB 4732—1995 正文中，成为中国球罐专用钢材。

在此期间，由中国石化总公司编制的行业标准 SHJ 512—90《球形储罐工程施工工艺标准》于 1990 年开始使用，我国第一部球罐专用的国家标准 GB 12337—90《钢制球形储罐》也于 1991 年 2 月 1 日发布实施，第一部球罐施工标准 GBJ 94—86《球形储罐施工及验收规范》也已实施，这些标准的编制实施对我国球罐建造的标准化和安全性发挥了至关重要的作用。

这个球罐建造快速发展的阶段内，我国球罐的事故率并未出现明显增加的势头，总体上处于安全平稳的运行状态。但 1997 年 6 月 27 号，北京东方化工厂 1000m^3 乙烯球罐在运行时爆炸，摧毁了 13 台其他球罐及油罐，成了灾难性事故，也是我国球罐建造史中最大的安全事故。1999 年，东方化工厂采用国产材料 07MnNiCrMoVDR 对这 4 台 1000m^3 的乙烯球罐进行了国产化重新建造。

第五阶段：1998～2018 年 低温球罐完全国产化，球罐向大型化、结构多样化发展。这一阶段的主要特点是，球罐向高参数、大型化、结构多样化方向发展，乙烯球罐等低温球罐实现国产化，结束了长期依靠进口的历史。球罐专用设计标准和施工标准逐步完善，球罐设计手段多样化，设计方法也逐渐向国外先进国家看齐。

在低温球罐方面，乙烯球罐由于运行压力高、温度低、介质易燃易爆，其建造技术难度较大。因此一个国家大型乙烯球罐的建造水平在很大程度上反映其建造球罐的技术水平。受国内低温高强钢研制水平的限制，2007 年以前，国内大型炼油、乙烯项目的乙烯、丙烯球罐主要采用进口材料，如日本钢板 JFE - HITEN610U2L、N - TUF490 建造。从 2005 年开始，武钢和宝钢先后分别开发出 -50℃低温钢级别、厚度为 12 ~ 50mm 的低温高强钢 15MnNiNbDR 和 07MnNiMoDR（旧钢号 07MnNiMoVDR）、07MnNiVDR（旧钢号 07MnNiCoMoVDR -40℃）钢板。随后，首钢、湘钢、舞钢、包钢、南钢、兴澄、沙钢、济钢、新余、鞍钢等也先后研制出上述钢板，并均通过了全国锅炉压力容器委员会的评审。由于这些国产低温高强钢产品质量和稳定性屡上台阶，且在多个钢厂实现批量生产，市场供应稳定可靠，因此 07MnNiMoDR 等牌号写入了 GB 12337 和 GB 150 等压力容器国家标准，完全可以替代国外同类的 CF 钢。这阶段内，乙烯球罐的发展取得了 2 个标志性的突破，一是 2008 年选用 07MnNiMoVDR、15MnNiNbDR 等材料实现了设计温度为 -45℃、2000m^3 的乙烯球罐国产化。二是 2010 年采用 09MnNiDR 材料建造了设计温度为 -67℃ 的 2000m^3 乙烯球罐。此后，2012 年又采用 09MnNiDR 材料建造了 3000m^3 的乙烯球罐。2007 年，在日本钢厂供货无法保证项目进度的情况下，中国石化工程建设有限公司、合肥通用机械研究所开展的采用 07MnNiMoVDR、15MnNiNbDR 钢板建造乙烯、丙烯球罐的国产化开发工作获得成功，并在茂名乙烯、惠州石化、天津乙烯、镇海乙烯、武汉乙烯、靖边 DCC 制乙烯等装置中，采用武钢等厂家生产的 15MnNiNbDR 建造了 11 台 2000m^3 乙烯球罐，采用宝钢等厂家生产的 07MnNiMoVDR 建造了 17 台 2000m^3 乙烯球罐、11 台 2000m^3 丙烯球罐。至此，大型低温乙烯球罐、丙烯球罐 610MPa 强度级别的低温钢板完全实现了国产化和工程应用，代替了进口。与国外材料，如日本 JFE - HITEN610U2L 相比，国产的 B610CF -

L2（07MnNiMoVDR）钢板含镍量稍高，强度相当，但冲击韧性和P、S控制水平稍低。茂名、天津、镇海等乙烯、丙烯球罐经过多年运行，开罐检验表明，国产球罐的应用状况良好，完全能满足使用要求。

2011年开始，中石化洛阳工程公司、合肥通用机械研究所、兰石所、哈焊所和中石化第五建设公司、中石化第四建设公司、沈阳球罐安装公司等单位，在青海盐湖DMTO项目和蒲城清洁能源DMTO项目中，合作开发建造了球壳材料为09MnNiDR、焊条采用哈焊所研制的W707DRQ、最低设计金属温度（MDMT）－67℃的2000m^3和3000m^3的乙烯球罐。

经过国内钢厂的技术研发和对新产品的大力推广，目前，国内乙烯球罐用钢已形成系列可供选择，低温钢由－70～－45℃级正火型15MnNiDR（－45℃级）、15MnNiNbDR（－50℃级）、09MnNiDR（－70℃级）及－50～－40℃级调质型07MnNiVDR（－40℃级）、07MnNiMoDR（－50℃级）等钢号组成，完全可替代进口的－50℃级调质型JFE－HITEN 610U2L、N－TUF490及IE－537－2（SA 537 Cl. 2）等钢号。

伴随乙烯球罐的国产化，丙烯球罐的建造也同步有了快速发展。自2007年中国石化工程建设有限公司在中国海洋石油总公司惠州炼油项目中采用国产B610CF－L2（宝钢生产的高强度调质钢板07MnNiMoDR）材料代替日本的JFE－HITEN610U2L成功建造2000m^3丙烯球罐后，中石化洛阳工程公司于2011年以蒲城清洁能源DMTO项目为工程依托，与合肥通用机械研究所合作，进行了大型丙烯低温球罐开发工作，建造了3000m^3丙烯球罐。

在乙烯、丙烯球罐用板材国产化的同时，配套锻件和焊材的国产化也同步获得成功。如研制了－50℃级10Ni3MoVD锻件，江苏昆山京群焊材科技有限公司与合肥通用机械研究院等单位联合开发了GER－N（J607RHDQ）高韧性超低氢型专用焊条，试验结果表明，其熔敷金属和焊接接头的性能均满足乙烯、丙烯球罐的技术要求。其中，10Ni3MoVD锻件与国产钢板配套用在了上述全部球罐的建造中。GER－N27 M（J607RHDQ）焊条于2013年应用于宁夏宝丰、陕西蒲城、浙江兴能源等项目的16台丙烯球罐中，大西洋焊材厂也成功开发了专门用于07MnNiMoDR材料的球罐焊材，并逐渐推广使用。

这一阶段3.5%Ni钢在低温球罐的应用上也取得了突破，2012年，在中石化山东液化天然气（LNG）项目接收站工程轻烃罐区中，中石化洛阳工程公司、合肥通用机械研究院、大连金鼎石油化工有限公司、山东胜越石化工程建设公司、中石化天然气分公司等单位，采用舞阳钢铁公司生产的3.5%Ni（08Ni3DR）钢板、进口配套焊材，建造了3000m^3的乙烷球罐，该球罐直径为18m，设计温度为－94℃，设计压力为1.77MPa，是我国采用该材料制造的第一台也是最大的乙烷球罐。

这一时期内，随着国民经济和工业的快速发展，球罐的高参数推动球罐向大型化方向发展的势头猛烈，球罐的容积屡创新高，球罐生产厂家的技术革新也使得球罐的类型不断翻新，新结构不断涌现，球罐的发展呈现出百花齐放的局面。除这一阶段初期还有个别项目引进国外大型球罐外，国产球罐的容积很快突破了20000m^3的大关，甚至超过了25000m^3。

球罐大型化的典型事例包括：

1998年，北京天然气公司从法国C. M. P. 公司引进10台10000m^3天然气球罐，内径26740mm，采用材质SA537 CL1建造。

1999年，亚洲最大的液化气球罐在大连石化厂建成，该球罐8000m^3。

2003年，大连金鼎石油化工机器有限公司为广东华凯石油燃气有限公司制造了3台10000m^3的丁烷球罐，该球罐采用应力分析设计，这是我国自行设计、制造的最大球罐，该球罐的建成标志着国产球罐迈入10000m^3的大关。

2013年，甘肃蓝科石化高新装备股份有限公司成功设计了国内最大的15000m³天然气球罐，标志我国已具备了超大型天然气球罐国产化的能力，也为我国的球罐向更高参数、更大型化发展提供了借鉴。

2013年，国内最大丙烯丙烷球罐群——浙江卫星能源有限公司8台4000m³丙烯和4台6000m³丙烷球罐竣工，该球罐群由中国一冶集团有限公司建造，项目同时创造了球罐建造数量最多、丙烯和丙烷球罐容积也最大的两项“中国之最”。其中，4000m³丙烯球罐直径19700mm，设计压力2.16MPa，球板厚度47mm；6000m³丙烷球罐直径22600mm，设计压力1.77MPa，球板厚度52mm。

国内容积最大的低温球罐，容积8280m³的液氨球罐由鞍山钢制压力容器有限公司建造完成。

真空球罐的建造也有较大的发展，鞍山钢制压力容器有限公司建造了国内最大容积达20000m³的真空球罐。2017年6月，中国一冶钢构公司在四川建造的容积10000m³的真空球罐（见图25-4）成功实现抽真空状态，随后又中标绵阳某部2个容积20000m³的真空球罐的建造。

图25-4　10000m³真空球罐

此外，球罐形式和球壳材料也向多样化发展，如四川蓝星机械有限公司制造出国内首台8000m³的蛋形（椭球形）球罐（见图25-5），以及不锈钢球罐（见图25-6）。2013年12月28日，由中国中冶所属中国一冶集团有限公司承建的张家港中集圣达因低温装备有限公司“湖北利川市2500m³LNG不锈钢双层深冷球罐”通过了业主和第三方代表对各项技术指标和质量的检查，符合标准规范要求。这是国内最大也是第一台 2500m^3 LNG 不锈钢双层低温球罐（见图 25－7），标志我国实现了双层球罐的突破。鞍山钢制压力容器有限公司建造的 20000m^3 球罐，采用裙座支承（见图 25－2），其制造的国内第一台直径 36m 的 25000m^3 阻波球罐，属于半埋地式球罐，也是全国容积最大的球罐（见图 25－3）。

图 25－5　8000m^3 蛋形球罐

图 25－6　国内首台不锈钢球罐

图 25－7　不锈钢双层低温球罐

建造标准方面，经过多年经验教训的积累和科研开发工作，国内已形成种类齐全、内容完善的标准体系。设计标准 GB 12337 自 1998 修订发布后，于 2014 年再次修订，将适用的压力范围扩大到 6.4MPa，并新增加了 Q370R、15MnNiDR、15MnNiNbDR、09MnNiDR、07MnMoVR、07MnNiVDR、07MnNiMoDR 等低合金钢和 S30408、S30403、S31608 和 S31603 等不锈钢材料，使更大范围的球罐的建造有标可依。GB/T 17261《钢制球形储罐形式与基本参数》、SH 3136《液化烃球罐安全设计规范》、GB 50094《球形储罐施工规范》以及 SH/T 3512《石油化工球形储罐施工技术规程》的发布或修订，为保证球罐的产品质量和安全运行发挥了不可替代的保障作用。

随着有限元等应力分析工具的广泛采用，以及国内压力容器设计水平的不断提高，分析设计方法也在球罐的国产化和大型化进程中扮演了重要的角色，如合肥通用机械研究院、中国石化工程建设有限公司等单位在采用新材料建造乙烯球罐时，就利用基于有限元的分析设计对球罐整体建模进行应力分析，完成了多台球罐的设计，既确保了球罐的安全，又减薄了厚度，降低了投资，取得明显的经济效益。经过广大标准工作者和设计单位的攻关和探索，目前的球罐设计方法已形成了常规设计为主，分析设计异军突起，解析方法和有限元应力分析并驾齐驱的设计模式，可有效满足各种球罐的设计需求，设计水平和设计方法完全可与发达国家比肩。

球罐建造单位的装备水平和生产能力也有了很大的提升，制作球壳液压机的大型化催生了球壳压片的大型化。以前由于钢板尺寸和压片设备的限制，2000m^3的球罐需要分四带，现在3000m^3的球罐大都可采用三带，减少了焊接工作量，也减少了潜在的焊接缺陷。与此同时，锻件的生产水平也有较大提高，以前锻件与壳体相焊大都采用角接接头，随着数控加工技术的应用，可以加工出形状复杂、尺寸精度要求高的锻件，从而使锻件与壳体的连接结构可改进为对接接头，提高了焊接接头的质量和球罐的整体安全性。

三、结语

经过几十年球罐建设，我国已经从零起步，通过引进和技术消化，在科技攻关和产业升级的基础上，面对工业发达国家的技术优势，已逐步缩小差距，并基本实现了国产化。目前，我国已形成专业分工明确的从业队伍，设计、制造、组焊的专业工程公司、制造厂商和建筑安装公司完全能够满足国内工业发展对球罐的需求。

目前，球罐正向超大型化、结构多样化、高参数的方向发展，球罐大型化的进程在不同国家、不同时期受不同因素的制约。从国内来看，为消除对超大型化制约的瓶颈，还需要从标准规范，更高强度级别的球罐专用钢材开发，大尺寸、高规格的钢材生产和供应，现场组焊和热处理技术的提升等方面进行技术革新。

SEI　元少昀、夏莉撰写

LPEC　缪平补充

第二十六章
双壳低温储罐发展历程

一、概述

大型双壳低温储罐用于在接近常压的条件下储存温度略低于标准沸点的低温液化气体。在石油化工行业中主要用于储存液化天然气（LNG）、液化乙烯（LEG）、液化乙烷、液化丙烯、液化丙烷、液化丁烷、液氨等介质。

大型双壳低温储罐一般按照安全等级分为单包容储罐、双包容储罐、全包容储罐以及薄膜储罐等类型。

单包容储罐由一个具有液密性主容器（内罐）、一个气密性的容器（单独的外罐或由内罐兼做）构成。只有主容器可以储存低温液体。单包容储罐可以是带保冷层的单壁储罐或带外罐的双壁储罐，如有外罐的话，外罐仅用作支承保护保冷或密闭常温蒸发气体，不能包容内罐泄漏后低温液体。内罐泄漏的低温液体应由防火堤包容。单包容储罐具有结构简单，建设周期短，罐体造价较低的特点，但其安全性较低，占地面积较大，后期操作费用较高。

国内早期建造过带保冷层的单壁单包容储罐，目前国内常用的单包容储罐为双钢壁带吊顶单包容储罐。欧美很多地方政府已经不允许建设内装易燃易爆以及有毒介质的单壁单包容储罐。

双包容储罐由一个具有液密性和气密性的主容器和一个具有液密性的二次液体容器构成。二次液体容器能够包容内罐泄漏的全部液体，但不能包容或控制泄漏液体的汽化蒸气。双包容储罐由于其性价比较差，安全性较低，很少使用。

全包容储罐由一个具有液密性的主容器（内罐）和具有液密性和气密性的二次液体容器（单独的外罐）组成。二次容器不仅能够包容内罐泄漏的全部液体，还可包容泄漏液体蒸发气，并实现泄漏液体汽化后的可控排放。常用的全包容储罐结构有预应力混凝土全包容储罐和金属全包容储罐。全包容储罐具有较高的安全性，特别是预应力混凝土全包容储罐，被广泛使用。

薄膜储罐由一个薄钢板制作的主容器（薄膜）、保冷材料和混凝土储罐共同组成，该组合结构应能够盛装低温液体，所有作用在薄膜上静压载荷和其他载荷通过承载保冷材料传递到混凝土储罐上，一旦薄膜发生泄漏，混凝土储罐和保冷系统应能够盛装液体。薄膜储罐在国内还没有工业化应用。

我国的大型低温储罐技术发展较晚，但近期发展势头非常迅猛。在低温储罐建设的初期，技术均为国外引进，包括设计技术、金属材料、保冷材料、施工技术等各个环节。建成于1995年的扬子石化公司乙烯装置配套的$1 \times 10^4 m^3$低温乙烯储罐，为我国建造的最早的双壁低温储罐。该储罐技术为引进德国林德公司技术，储罐形式为双钢壁单包容储罐。其后江苏太仓华能－阿莫科、深圳华安、福建华星石化、上海金山石化、上海金地、张家港东华优尼科、广东湛江米克化能、广西钦州、宁波台塑、新疆广汇、广西天盛、天津大沽等陆续建设了多台低温储罐，介质主要以液化石油气（LPG）为主，也有少量的液氨、LEG及LNG，容量从$2 \times 10^4 m^3$到$8 \times 10^4 m^3$不等，罐型主要以单包容为主，也有少量全包容储罐。

中国石化工程建设有限公司（以下简称SEI）大型低温储罐工业化建造技术始于2010年建成的福建炼化乙烯装置配套的$3\times10^4m^3$乙烯储罐和$2\times10^4m^3$丙烯储罐，该项目低温储罐罐型为双钢壁单包容储罐。在此之前国内乙烯装置配套的低温储罐全部由国外工程公司垄断。

SEI通过与韩国STK公司技术合作，共同承担福建炼化乙烯装置配套的低温乙烯储罐和低温丙烯储罐的设计工作，开始实质性进入低温储罐领域。通过该项目，基本掌握了双钢壁单包容低温储罐的设计方法。在后续2013年建成的武汉乙烯装置配套的低温储罐项目中，SEI独立完成了$2\times10^4m^3$双钢壁单包容乙烯储罐的设计工作。该项目获得2016年度中国石化科技进步奖二等奖。2017年，由SEI承担EPC的重庆LNG液化厂项目$1\times10^4m^3$双钢壁单包容LNG储罐建成投产，在该项目中，第一次将罐壁侧向进出料方式改为罐顶进出料方式，进一步提高了储罐的整体安全性。由于采用罐顶进出料方式，罐顶载荷大大增加，本项目的难点之一就是大载荷作用下罐顶的设计技术。

由中海油主导建设，建成投产于2006年的广东大鹏LNG接收站，采用罐容为$16\times10^4m^3$预应力混凝土全包容LNG储罐，是国内第一个用于进口LNG的接收站。该储罐的EPC建设由国外四家公司联合体承担，内罐和外罐的安装工作由国内施工单位按照外方的技术要求完成。此后中海油又在福建莆田、上海洋山港、浙江宁波、广东珠海、海南等地建设了LNG接收站，LNG储罐的EPC建设均由国外公司承担。

由中国石油投资建设，建成投产于2011年的江苏、大连LNG接收站，是国内第一次尝试大型预应力混凝土LNG储罐技术和材料国产化的项目。设计采取与国外公司联合设计的模式，主体金属材料9% Ni钢进行了国产化尝试，保冷材料泡沫玻璃砖也进行了国产化尝试，并在江苏LNG接收站首次采用浙江振申绝热科技股份有限公司（以下简称浙江振申）生产的泡沫玻璃砖取代进口产品，打破了美国匹兹堡康宁公司对此产品的全球化垄断。

中国石化介入LNG进口的业务在三大油公司中最晚，但国产化的起步水平整体较高。中国石化第一个 LNG 接收站——山东 LNG 接收站建成投产于 2014 年，LNG 储罐罐型为 $16\times10^4m^3$ 预应力混凝土全包容储罐（见图 26－1），共 4 台。山东 LNG 接收站工程，采取引进 FEED 设计，EPC 由国内完成的模式进行建设。这种模式极大地促进了国产化的进程。除前三台储罐的施工图设计由外方负责审核，主体材料除了 9% Ni 钢板、低温钢筋和保冷弹性毡进口外，其余材料均实现了国产化，材料采购、9% Ni 钢板预制、焊接施工均由 SEI 自主完成；稍晚一年投产的第四台储罐的 EPC 均由 SEI 独立完成，并在第四台储罐上实现了低温金属材料 9% Ni 钢板、低温钢筋的国产化。随后建成的北海 LNG 接收站（LPEC 负责 EPC 建设）、天津 LNG 接收站的 LNG 储罐均采用了国产化技术。天津 LNG 项目首次采用国产隔震支座技术，成功解决了在高裂度地震区建造大型 LNG 储罐的技术难题。通过山东 LNG 和天津 LNG 项目的实施，SEI 成功解决了大型预应力混凝土全包容 LNG 储罐国产化的核心技术难题，包括设计技术（设计计算方法、有限元计算分析、整体抗震性能分析、大跨度钢罐顶技术等）、主体材料制造使用技术（9% Ni 钢板、低温钢筋、保冷材料、隔震支座等）、焊接施工技术（9% Ni 钢板焊接、预应力施工、大型模板技术等），实现了大型预应力混凝土全包容 LNG 储罐技术的整体国产化突破。

图 26－1　山东 LNG 项目 $16\times10^4m^3$ 预应力混凝土 LNG 储罐

在大型预应力混凝土全包容LNG储罐和双钢壁单包容储罐技术开发中，SEI通过与中国建筑研究总院、清华大学和哈尔滨工业大学等单位合作，并紧密结合公司的博士后工作站研究工作，掌握了大跨度自支承钢罐顶的稳定性计算分析方法；解决了混凝土的低温性能测试和评价方法；对储罐抗震分析的附加质量法和固－液耦合法进行对比研究，首次将钢制内罐、混凝土外罐和地基基础作为一个整体进行整体抗震性能研究，给出了大型预应力混凝土LNG储罐地震安全评价方法；与南京钢铁公司合作，对9%Ni钢板和焊接接头性能评价方法进行优化研究；与浙江振申合作，对保冷材料的性能评价方法进行了系统性研究和优化。在上述工作基础上，形成了大型预应力混凝土LNG储罐成套国产化技术。天津LNG接收站工程于2013年被列入中国石化10条龙攻关项目。

2015年，结合福建中软低温储存项目，开发了$10\times10^4m^3$预应力混凝土全包容丙烯/丙烷储罐技术，结合该项目的建设，开发了主体材料采用国产13MnNi6－3低温钢制$10\times10^4m^3$大型预应力混凝土低温丙烯全包容储罐成套技术，储罐内罐罐体用低温材料13MnNi6－3与南京钢铁公司合作研制。该成套技术在近期的中科低温罐区和古雷低温储罐项目中得到推广应用，13MnNi6－3材料在近期的宝来石化低温罐区项目中得到推广应用。

2017年，结合宝来石化低温罐区等项目，正在进行$10\times10^4m^3$金属全容罐技术的开发，储存介质包括低温乙烯、低温丙烷和低温丁烷。

SEI参与编制并主审了国内首部石油化工低温储罐的国家标准，GB 50938—2013《石油化工钢制低温储罐技术规范》。

二、双壳低温储罐发展历程

1995年，扬子石化公司乙烯装置配套的$1\times10^4m^3$低温乙烯储罐，为我国建造的最早的双壁低温储罐。该储罐技术为引进德国林德公司技术，储罐结构为双钢壁单包容结构。

1999 年，上海金山石化公司 $4\times10^4m^3$LPG 低温储罐建成投产，共 2 台，技术为引进。

2009 年，镇海石化公司乙烯装置配套低温储罐建成投产，包含 $3\times10^4m^3$ 乙烯低温储罐和 $2\times10^4m^3$ 丙烯低温储罐，罐型均为双壁单包容储罐（装置为 2010 年投产）。

图 26－2　福建乙烯项目 $2\times10^4m^3$ 低温丙烯罐

2010 年，福建炼化乙烯装置配套的 $3\times10^4m^3$ 乙烯储罐和 $2\times10^4m^3$ 丙烯储罐（见图 26－2）建成投产，这是 SEI 承担的首套低温立式储罐项目。该项目低温储罐罐型为双钢壁单包容储罐。该项目打破了国内乙烯装置配套的低温储罐全部由国外工程公司垄断的局面。SEI 通过与韩国 STK 公司技术合作，共同承担福建炼化乙烯装置配套的低温乙烯储罐和低温丙烯储罐的设计工作，开始实质性进入低温储罐领域。通过该项目，掌握了双钢壁单包容低温储罐的设计方法。通过与建研院合作研究，掌握了大跨度自支撑钢罐顶的稳定性计算分析方法。

2013 年，武汉乙烯装置配套的 $2\times10^4m^3$ 双钢壁单包容乙烯低温储罐建成投产。该项目是 SEI 独立完成设计的首台低温储罐。该项目获得 2016 年度中国石化科技进步奖二等奖。

2014 年，中国石化的第一个 LNG 接收站——山东 LNG 接收站建成投产。LNG 储罐罐型为 $16\times10^4m^3$ 预应力混凝土全包容储罐，一期工程包括 4 台 $16\times10^4m^3$LNG 储罐。山东 LNG 接收站工程，采取引进 FEED 设计，EPC 由国内完成的模式进行建设。这种模式极大地促进了国产化的进程。前三台储罐的施工图设计由外方审核，主体材料除了9% Ni钢板、低温钢筋和保冷弹性毡进口外，其余材料均实现了国产化；稍晚一年投产的第四台$16\times10^4m^3$储罐的EPC均由SEI独立完成，并在第四台储罐上实现了低温9% Ni钢板、低温钢筋的国产化。

2016年，北海LNG接收站建成投产。LNG储罐罐型为$16\times10^4m^3$预应力混凝土全包容储罐，共4台。

2017年，由SEI承担EPC的天津LNG接收站建成投产，LNG储罐罐型为$16\times10^4m^3$预应力混凝土全包容储罐，共4台。整个接收站采用SEI自主研发的工艺包技术，LNG储罐均采用了国产化技术。在天津LNG储罐项目中，首次采用国产隔震支座技术，成功解决了在高烈度地震区建造大型LNG储罐的技术难题。

通过山东LNG和天津LNG项目的实施，SEI成功解决了大型预应力混凝土全包容LNG储罐国产化的核心技术难题，包括设计技术（设计计算方法、有限元计算分析、整体抗震性能分析、大跨度钢罐顶技术等）、主体材料制造使用技术（9% Ni钢板、低温钢筋、保冷材料、隔震支座等）、焊接施工技术（9% Ni钢板焊接、预应力施工、大型模板技术等），实现了大型预应力混凝土全包容LNG储罐技术的整体国产化突破。

2017年，由SEI承担EPC的重庆LNG液化厂项目$1\times10^4m^3$双钢壁单包容LNG储罐建成投产，在该项目中，第一次将罐壁侧向进出料方式改为罐顶进出料方式，进一步提高了储罐的整体安全性。由于采用罐顶进出料方式，罐顶载荷大大增加，本项目的难点之一就是大载荷作用下罐顶的设计技术。通过与建研院合作研究，掌握了大跨度自支承钢罐顶的稳定性计算分析方法。

2017年，结合宝来石化低温罐区等项目，开发金属全包容储罐技术。目前，分别储存低温乙烯、低温丙烷、低温丁烷的$10\times10^4m^3$金属全包容储罐正在建设中。

三、结语

虽然SEI介入大型低温立式储罐（LNG、乙烯、丙烯等介质）技术比较晚，但国产化的起步水平整体较高，在大型低温储罐技术和国产化方面处于国内先进水平，这得益于SEI在此技术上的技术准备与储备基础比较扎实。

结合工程建设项目，SEI开发了国产化大型预应力混凝土全包容低温储罐技术，其代表是$16\times10^4m^3$预应力混凝土全包容LNG储罐、$10\times10^4m^3$预应力混凝土全包容丙烯/丙烷储罐；开发了大型双钢壁单包容储罐技术，其代表是$3\times10^4m^3$双钢壁单包容乙烯储罐、$2\times10^4m^3$双钢壁单包容丙烯储罐、$1\times10^4m^3$双钢壁单包容LNG储罐。目前正在结合宝来石化低温储罐建设项目，开发大型金属全容罐技术，其代表是$10\times10^4m^3$金属全包容乙烯储罐、$10\times10^4m^3$金属全包容丙烷储罐、$10\times10^4m^3$金属全包容丁烷储罐。

依托山东LNG接收站扩建工程和天津LNG接收站扩建工程，完成了20×10^4～$22\times10^4m^3$ LNG储罐技术储备工作，编制完成相关设计技术文件。

由于大型立式低温储罐结构形式繁多，除了目前拥有预应力混凝土全包容储罐技术、双钢壁单包容储罐技术、金属全包容储罐技术外，根据用户需求和建设场地等条件，还需要开发双拱顶全包容储罐技术、双拱顶单包容储罐技术、薄膜罐技术、地下罐技术、半地下罐技术、撬装式低温储罐技术以及浮式储存技术，并在储罐结构的标准化方面进行突破，以期提高生产效率和技术竞争力。

SEI 武铜柱　李力松　撰写

第二十七章 中国石化对压力容器标准规范的推动

一、概述

锅炉、压力容器是具有爆炸危险性的特种设备，在各国的工业革命历程中起了举足轻重的作用，同时锅炉、压力容器的安全运行也关系着人民生命财产的安全。在工业发展的初期，各种锅炉发生爆炸的事故频发，导致大量的人员伤亡、财产损失巨大。为最大限度地避免事故，19 世纪末 20 世纪初，英国、美国陆续制定了锅炉安全法规，走上法制化管理的道路，大大降低了恶性事故的发生。现在，世界上绝大多数国家对锅炉、压力容器等特种设备都实现了法制化管理，我国也不例外。

新中国最早与石化相关的设计院是 1953 年建立的，当时的燃料工业部石油管理总局成立了石油设计局，工业部化学工业管理局成立了化学工业设计公司。从 1955 年开始，国家接受锅炉爆炸事故造成人员财产严重损失的教训，成立了锅炉检查总局专门对锅炉、压力容器进行安全监察，大大降低了当时锅炉的事故发生率。而在“大跃进”时期监察工作被削弱，锅炉、压力容器的安全形势恶化。因此 1964 年，国家恢复锅炉安全监察局，但在“文革”期间又被取消，直到1978年，国家再次恢复了锅炉压力容器安全监察局，从此我国的锅炉压力容器安全监察工作逐步走上正轨。我国对锅炉压力容器的安全监察经历了从具体检验到现在的系统地对特种设备的设计、制造、检验、安装、验收、使用、改造和修理等环节全过程进行安全监察。

在法规层面，1982年前，压力容器相关安全工作主要是以国务院文件或有关领导批示、讲话作为依据。1982年以后国务院颁布了首部《锅炉压力容器安全监察暂行条例》，使得锅炉、压力容器的安全监察工作有了行政法规依据来开展。2003年3月国务院颁布了《特种设备安全监察条例》，把原来只是对锅炉、压力容器（固定式和移动式）的监管扩大到如压力管道、电梯、起重机械、客运架空索道、游乐设施、厂内机动车辆、防爆电器、医用高压氧舱等等，统称为特种设备。2014年1月1日《特种设备安全法》实施，填补了我国特种设备安全立法的空白，进一步明确了安全技术规范的法律地位，理顺了技术规范与技术标准的相互关系。

在安全技术规范方面，1981年国家劳动总局颁布了《压力容器安全监察规程》（经过不断修编为2016年发布实施的《固定式压力容器安全技术监察规程》），并于1982年实施，1993年国家劳动部颁布了《超高压容器安全监察规程》，2007年国家质量监督局颁布了《简单压力容器安全技术监察规程》。目前安全技术规范体系已基本健全。

要使得压力容器安全运行，在安全技术规范下作为支承的技术标准是必不可少的。我国压力容器技术标准，经历了从无到有、从有到多、最后到形成完整体系的发展历程。新中国成立近30年间，我国没有正式的压力容器标准规范。作为我国压力容器的技术文件，最早的要追溯到1959年由当时四个工业部门联合推出的《多层高压容器设计与检验规程》《钢制焊接容器技术条件》（JB 741—65）和1967年化工部组织编制的《钢制化工容器设计规定》草案。直到1977年，我国第一个部级压力容器设计规范，《钢制石油化工压力容器设计规定》正式发布，填补了我国压力容器设计标准的空白。1983 年，当时的石油工业部组织颁布了炼油厂用压力容器的相关设计技术规定。1983 年我国第一个部级换热器设计标准《钢制管壳式换热器设计规定》颁布。1984 年，全国压力容器标准化技术委员会成立，秘书处设在原中国石化总公司规划院，使得我国压力容器专业标准化工作步入组织化正轨。委员会的主要职责是组织并领导压力容器、换热设备和球形储罐等产品的国家标准和专业标准的制定、修订、审查、宣贯、咨询及解释等工作。在容委会的领导组织下，1989 年，我国第一部压力容器国家标准《钢制压力容器》（GB 150—89）及第一部换热器国家标准《钢制管壳式换热器》（GB 151—89）正式颁布实施。而 GB 150—89 的编制基础就是 1977 年发布的《钢制石油化工压力容器设计规定》。

经过 30 多年的努力，我国已经形成了以《压力容器》（GB/T 150）标准为核心的包括“产品建造标准”和“通用基础标准”两大系列的承压设备标准体系。压力容器标准属于该体系中的产品建造标准，由“产品标准”“部件标准”“性能标准”“其他标准”几大类组成。

现在，包括压力容器的特种设备安全监察法规标准体系的框架是以法律法规为依据，以安全技术规范为主要内容，以技术标准为基础的特种设备法规标准体系。该体系分为五个层次，包括法律、行政法规、部门规章、安全技术规范及技术标准，为我国压力容器的建造、安全使用和技术发展保驾护航。

二、压力容器规范标准发展历程

1. 压力容器相关标准的起步阶段

20 世纪 50 ~ 60 年代，是我国压力容器相关标准打基础的阶段。这个时期的标准尚未成形，比较零散，而且压力容器设计方法的依据多是依照相关教材（见图 27 - 1）。我国最早的炼油、化工设计单位大多是1953年成立的。成立之初，主要是学习借鉴苏联的经验及设计方法，配合苏联专家完成了我国的炼油、合成氨、氯碱、硫酸、醋酸、己内酰胺、氯丁橡胶、燃料、农药等工厂的建设、恢复及改扩建。压力容器的设计也是从那时起步，当时设计主要是参考高校的教科书，如杜马什涅夫编的《化工机械与设备》、维赫曼编的《炼厂设备与机械》、坎托洛维奇编的《容器机器应力分析》、铁木辛科编写的《板壳弹性力学》等等，以及苏联的设计程序、技术规范和设计标准进行。

图27-1　20世纪50~60年代我国压力容器的相关教材

1959年，我国的四个工业部门联合制定了《多层高压容器设计与检验规程》，开始了我国压力容器标准的编制工作。

60年代，化工部组织力量编制并颁发了《石油化工设备零部件标准》，指导开展设计工作。

60年代初，通过对古巴炼油厂的考察，了解了西方的炼油技术和设计技术，石油部开始组织设计、科研、生产方面的力量发展我国自己的炼油技术，诞生了著名的“五朵金花”炼油技术。国内的设计更多地参考英美等国的设计规范，美国勃朗奈尔编写的《化工容器设计》一书也是主要的参考书，见图27-2。

当时的合肥机械通用研究所编制了一本《通用零部件计算方法汇编》供设计人员使用。

为了更好地统一设计思想，提高设计效率，1963年，原化工部基建总局组织力量编制《钢制化工容器设计规定》，其试行本于1967年出版，为后来编制我国的压力容器标准打下了基础。

图27－2　美国勃朗奈尔编写的《化工容器设计》

按照国家各部委的管理分工，机械制造由当时的一机部统管，产品的制造质量由相关技术条件来控制。配合压力容器的制造检验，制定了多个制造技术条件。其中三个版本的《钢制焊接容器技术条件》（JB 741—65，JB 741—73，JB 741—80）对当时压力容器的制造检验起到了关键性作用。

20世纪70年代初，随着大量引进西方的石化技术，国外各个工程公司的设计规范及国外的设计标准也随之引入。国内各设计单位也组织力量翻译出版了大量的相关资料，为促进我国的设计技术进步，提高设计水平起到了显著的作用。

2. 压力容器安全监察规程的发展历程

1965年，劳动部颁发试行我国第一个与特种设备有关的安全监察规程《蒸汽锅炉安全监察规程》，1980年对该规程进行了修订，于1981年开始执行，1996年再次修订为《蒸汽锅炉安全技术监察规程》。目前的版本是2012年颁布实施的TSG G0001—2012《锅炉安全技术监察规程》，整合了蒸汽锅炉、热水锅炉、有机热载体炉以及小型和常压热水锅炉的安全监察规程及监察规定，见图27－3。

图27－3　各版本的锅炉安全监察规程

与压力容器有关的规程是1966年劳动部颁发并试行的首个《压力容器安全监察规程》，一直到1981年由劳动总局颁发新版本规程，此后分别于1990年、1999年、2009年、2016年修订更新版本。1990年名称变更为《压力容器安全技术监察规程》，2009年名称变更为《固定式压力容器安全技术监察规程》（TSG R0004—2009），不再包括移动式压力容器等相关内容。见图27－4。

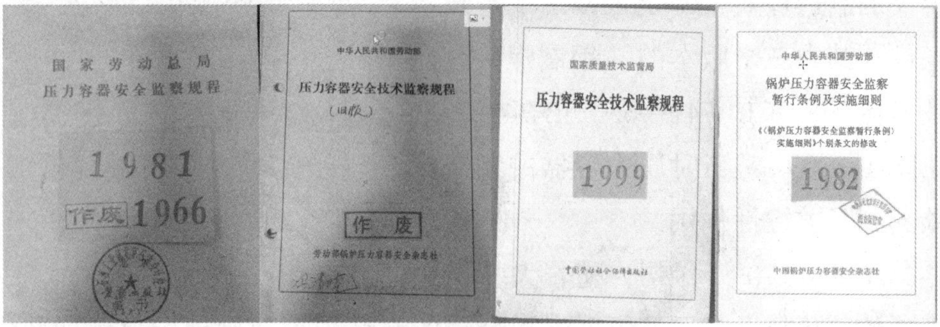

图27－4　各种版本的压力容器安全监察规程（一）

目前版本为TSG 21—2016《固定式压力容器安全技术监察规程》（简称大容规），是整合了原来七个压力容器相关规程规则形成的关于固定式压力容器的综合性规范。原有七个规程规则为：《非金属压力容器安全技术监察规程》（TSG R0001—2004）、《超高压力容器安全技术监察规程》（TSG R0002—2005）、《简单压力容器安全技术监察规程》（TSG R0003—2007）、《固定式压力容器安全技术监察规程》（TSG R0004—2009）、《压力容器使用管理规则》（TSG R5002—2013）、《压力容器定期检验规则》（TSG R7001—2013）、《压力容器监督检验规则》（TSG R7004—2013）。

1993年劳动部颁布了《超高压容器安全监察规程（试行）》，并于1994年6月正式施行。2004年启动修订，2005年7月经国家质检总局批准颁布实施，为《超高压力容器安全技术监察规程》（TSG R0002—2005），2007年国家质量监督局颁布了《简单压力容器安全技术监察规程》，2016 年两个规程都并入“大容规”，见图 27－5。

图 27－5　各种版本的压力容器安全监察规程（二）

法规方面，1982 年，国务院发布《锅炉压力容器安全监察暂行条例》，劳动人事部发布《〈锅炉压力容器安全监察暂行条例〉实施细则》。

2014 年《特种设备安全法》的颁布，进一步明确了安全技术规范的法律地位，理顺了技术规范与技术标准的相互关系。

3. 压力容器设计规范的发展历程

1970 年代，为了满足国民经济发展需要，我国引进多套化工和石油化工装置，这些装置分别由国外多个工程公司负责设计，许多设备在国外制造，因此依据的标准规范也多为美国 ASME 规范、英国 BS 规范、西德的 AD 规范以及日本 JIS 规范等。其中美国 ASME 规范对我国压力容器相关标准的编制影响巨大。

随着国家对炼油、石化工业建设的加快，为了尽快填补我国没有压力容器设计规范的空白，统一设计标准，1967 年化工部组织编制了《钢制化工容器设计规定》草案，见图 27－6。1970 年，当时的一机部、燃化部组织力量开始编制《石油化工钢制压力容器设计规定》，并于 1974 年 4 月提交联合审核，到 1977 年，由石油化学工业部、一机部正式颁布为《钢制石油化工压力容器设计规定》并实施，见图 27－7。至此我国第一个部级压力容器设计规范正式颁布诞生，填补了我国没有压力容器设计标准的空白。该规定分别于 1979 年和 1980 年发布了两次补充规定，主要体现在高压与中低压采用了统一的安全系数上。同时根据我国工业实际需要，把原来规定中的设计压力适用范围，从 100～1000 kgf/cm^2 的范围调整到最高不超过 320 kgf/cm^2。该标准在 1982 年和 1985 年进行过两次修订，于 1989 年国家标准《钢制压力容器》（GB 150—89）颁布后废止。见图 27－8。

图 27－6　我国早期容器设计规定（1967 年）

图 27－7　我国第一个部级压力容器设计规定

图 27－8　各个时期版本的压力容器设计规定

在此期间，我国的科研院所也投入力量对压力容器的关键部件进行研究。其中，清华大学的黄克智院士带领的技术团队进行换热器管板和容器壳体开孔补强的相关研究，经过多年的努力，相关研究成果于1983年编入我国第一个换热器标准《钢制管壳式换热器设计规定》规范中，美国ASME规范和TEMA规范后来也吸收了清华的管板分析方法。

1983年，我国第一个换热器设计规范《钢制管壳式换热器设计规定》经机械工业部、石油工业部和化学工业部（简称三部标准）批准发布。1985年在对容器设计规定修订时取消了有关换热器管板的设计计算内容。见图27－9。

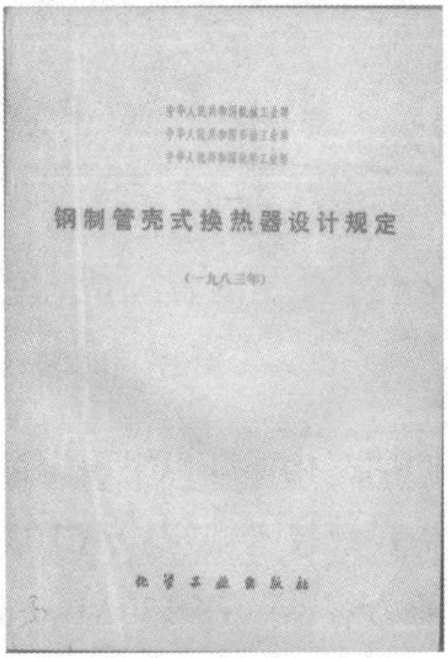

图27－9　我国第一部换热器设计规定（1983）

球罐的建造在我国是从20世纪60年代初开始的。为了设计标准化，颁布了部级标准《球形储罐基本参数》（JB 1117—68），标准规定了十种规格球罐的公称容积及其对应内直径，也规定了球壳的分带数及其球心角和块数。标准于1982年修订。1982年，三部联合发布了第一个部级球罐设计标准《球形储罐设计规定》。该标准直到1990年才被国家标准替代。

原石油工业部也发布了三个压力容器相关的设计规定，《炼油厂钢制压力容器设计技术规定》（SYJ 1047—83）、《炼油厂钢制压力容器材料选用设计技术规定》（SYJ 1048—83）、《炼油厂塔器设计技术规定》（SYJ 1049—83）。三个规定都经过两次修订。其中容器技术规定分别于1995年、2007年及2018年修订为《石油化工钢制压力容器》（SH/T 3074—2018）。容器的选材技术规定1995年和2009年修订为现行的

《石油化工钢制压力容器材料选用规范》（SH/T 3075—2009）；塔器技术规定于 2000 年和 2011 年修订为现行的《石油化工塔器设计规范》（SH/T 3098—2011）。此两项标准目前也正在修订中。见图 27－10。

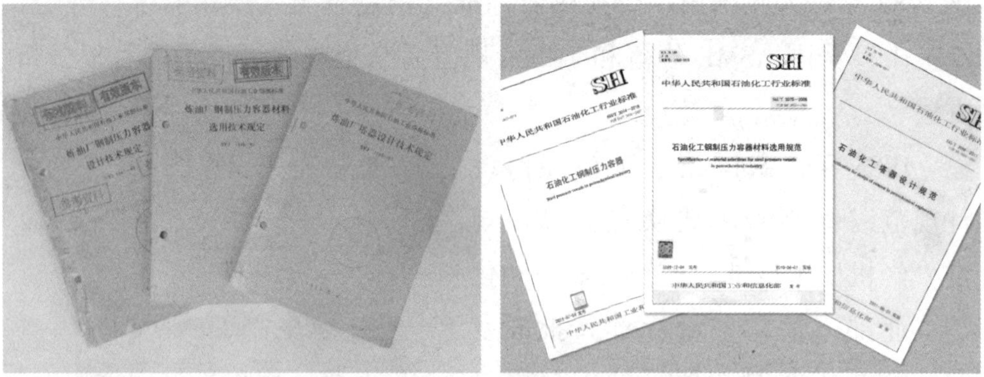

(a)早期炼油厂用压力容器相关设计技术规定　　(b)现行石化行业压力容器相关设计规定

图 27－10　石油化工行业压力容器基本设计规定

同期，化工部也组织编制了多个化工行业设计标准，如《钢制化工容器设计技术规定》（CD130A1.1－1.5－84），1987 年增加第 6 部分低温压力容器（CD130A1.6-87）、《塔器设计技术规定》（CD130A4-85）等。CD130A1 标准于 1989 年改编为 6 个独立的标准，HGJ14－HGJ17—89，涵盖了钢制化工容器设计的基础规定、材料选用、强度计算、结构设计、制造技术要求以及低温压力容器技术规定，1998 年更新为 HG/T20580－20585—1998，并于 2011 年进行了更新。CD130A4—85《塔器设计技术规定》于 1998 年更新为 HG 20652—1998。

随着我国工业设计、材料制造和检验水平的提升，设备大型化、高参数化发展的需要，采用分析方法的设计就提到了日程上。1995 年，我国第一部按分析方法设计的压力容器设计标准《钢制压力容器——分析设计标准》JB 4732—95 正式颁布。分析设计是采用弹性应力分析和塑性失效准则、弹塑性失效准则为基础来进行容器设计的方法，它允许容易出现可控的局部塑性区，允许对峰值应力部位做有限寿命设计，对选材、制造和验收的规定比按常规设计的要求更为严格。分析设计方法由于采用了更低的安全系数，提高了材料许用应力强度值，因此必须选用性能稳定的优质材料，较高的延伸率和冲击韧性，同时要求硫磷等杂质的含量较低，因此必须选用压力容器专用钢来制造承压元件，无损检测则要求进行100%射线检测。该标准于2005年进行确认，一直沿用至今，见图27－11。

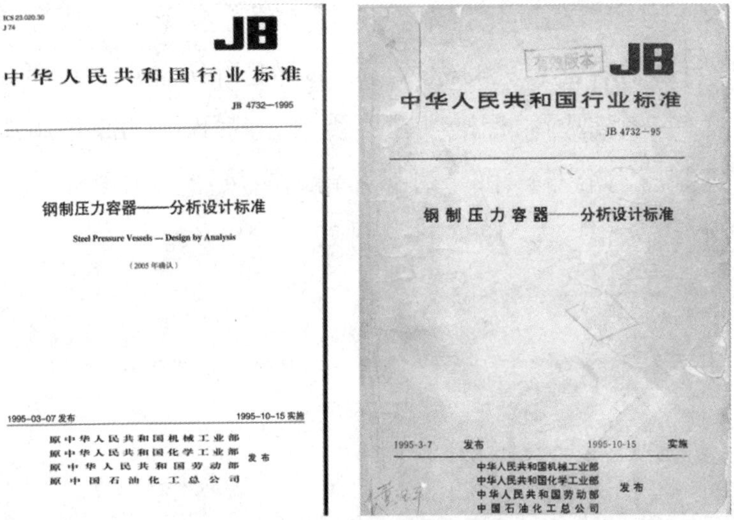

图27－11　压力容器分析设计标准

在容标委的组织下，《钢制塔式容器》（JB 4710—92）于1992年发布实施。该标准代替了1985版三部标准《容器设计规定》中的“直立设备设计”一章的内容，后分别于2005年和2014年经两次修订。2014年修订后为《塔式容器》NB/T 47041—2014（JB/T 4710）。

2005年发布了《钢制卧式容器》（JB 4731—2005）单项标准，该标准代替了GB 150—89中“卧式容器设计”一章的内容。

在1970年代至1980年代期间，根据压力容器的发展，机械工业部组织力量先后制定了多个相关压力容器制造技术条件，涉及球形容器、压力容器、换热器等。如《碳素钢和低合金钢焊制球形容器技术条件》（JB 1127—70）、《钢制管壳式换热器技术条件》（JB 1147—73）、《单层高压容器技术条件》（JB 1148—73）、《多层高压容器技术条件》

（JB 754—73）、《热套压力容器技术条件》（JB 2532—80），《锅炉和钢制压力容器对接焊缝超声波探伤》（JB 1152—81）、《钢焊缝射线照相及底片等级分类法》（JB 3323—82，代替了原先 JB 928—67 标准）。

4. 压力容器国家标准的发展历程

1984 年 7 月 6 日，全国压力容器标准化技术委员会成立。

全国压力容器标准化技术委员会（简称容委会）成立前，我国有 100 多项与压力容器有关的标准，全部都是部级标准，或者是三部联合标准，没有一个是国家标准。在容委会主持下，1985 年组织力量开始编制《钢制压力容器》和《钢制管壳式换热器》国家标准，并于 1989 年颁布施行，见图 27－12（a）、图 27－12（b）。

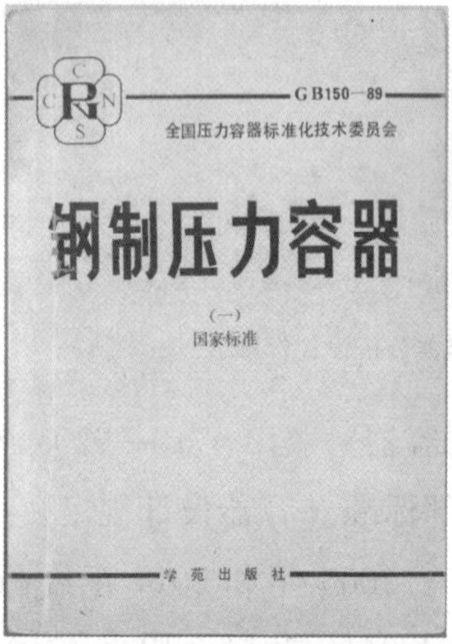

(a)第一部压力容器国家标准

(b)第一部换热器国家标准

图 27－12

GB 150—89《钢制压力容器》和 GB 151—89《钢制管壳式换热器》是在原三部标准《钢制石油化工压力容器设计规定》和《钢制管壳式换热器设计规定》的基础上，是经调查研究、实验验证、积累使用经验，吸收先进技术和国际上同类先进标准内容加以充实、完善和提高，确保技术水平和容器安全使用的原则制订的。标准涵盖了压力容器和换热器的设计计算、制造、检验与验收环节，是我国压力容器和换热器设计、建造以及安全监督的综合性国家标准。参加相关标准编制的单位主要有中国石化北京设计院、中国石化北京石油化工工程公司、中国石化兰州石油化工设计院、中国寰球化学工程公司、化工部第四设计院、化工部第六设计院、机械部合肥通用机械研究所、机械部北京通用机械研究所、兰州石油机械研究所、清华大学、浙江工业大学、华东理工大学、华南理工大学等单位。

《钢制压力容器》GB 150—89 分别于 1998 年和 2011 年经历了两次修订改版（图 27－13）。在 1998 版修订中，把已经编制行业标准的“卧式容器”“塔式容器”和“U 型膨胀节”的相关内容撤销，使之成为压力容器基础标准。1998 版引入计算压力的概念，增加了对不能按规定进行压力试验的现场组装压力容器不进行压力试验的规定。由于标准协调的问题，“卧式容器”产品标准直到 2005 年才颁布，实际上卧式容器的设计在此期间仍执行 GB 150—89 版的相关内容。

图 27－13　我国各个版本的压力容器国家标准

2011 版《压力容器》标准在组成方式上把原标准拆分为四部分自成体系的子标准，在与安全技术法规协调一致的前提下，扩大材料的范围为包含铝、钛、铜、镍及镍合金、锆制容器，因此标准名称变更为《压力容器》。GB 150 的标准名称，从钢制压力容器改为压力容器，不仅仅是名称的改变，其变化的内涵是：2000 年之前，这些非铁基合金或贵重合金容器的设计、制造全部依靠进口。而近些年，我国压力容器装备制造业蓬勃发展，国内容器制造企业的软、硬件技术突飞猛进，国外引进的石油、化工技术中的这些高合金容器越来越多地由本土企业建造，并逐渐获得国外专利商和用户的认可。在这个发展形势下，压力容器标准材料范围的扩大势在必行。

2011 版根据监察规程的变化修改了材料的安全系数，通过对先进工业国家技术标准的对比研究，结合我国实际情况，将抗拉强度的安全系数由 3.0 调整为 2.7，对碳钢和低合金钢屈服强度的安全系数由 1.6 调整为 1.5，对奥氏体钢允许采用 $R_p1.0$ 确定许用应力。安全系数的降低，使得材料的许用应力得以提高，降低了容器材料的消耗量。标准还首次引入基于风险的设计理念，增加了在容器设计阶段进行风险评估的要求和实施细则，提出了以失效模式为基础的压力容器设计理念，并允许采用气液混合方式进行耐压试验。引入了清华大学对圆柱壳开孔补强的最新研究成果作为开孔补强计算的另一方法，其适用范围扩大到开孔率为 0.93。

《钢制管壳式换热器》GB 151—89 也经历了两次改版，分别是 1999 年和 2014 年（图 27－14）。1999 年修订时，增加了有色金属材料的相关内容，因此标准名称变更为《管壳式换热器》，特别是最近的 2014 版，通过引用标准的方式，将螺旋板式热交换器、板式热交换器、铝制板翅式热交换器、空冷式热交换器纳入，使得该标准成为热交换器的基础标准，标准名称变更为《热交换器》，标准性质也改为推荐性国家标准，但由于作为《固定式压力容器安全技术监察规程》（TSG 21—2016）引用标准而仍然具有原来的实施性质。2014 版标准增加了镍、锆及其合金材料，标准的直径适应范围更是扩大到了 4000mm，增加了管板的结构形式，如双管板、拉撑管板以及挠性管板等结构，还增加了高效换热管的相关内容，对钢制管束的技术指标提高了要求，增加换热管与管板的内孔焊连接结构。换热器标准适用范围中规格尺寸和设计压力范围的扩大，很大程度上是由于我国石化行业换热器已经向大型化、高参数化发展，旧标准已经完全不能满足石化行业的快速发展。从这个侧面也反映了我国石化压力容器发展对相关标准的推动、带动作用。

图 27－14　换热器国家标准

与压力容器相关的国家标准还有《钢制球形储罐》GB 12337—90，是我国第一部球罐设计国家标准。球罐标准于 1990 年发布，1991 年 2 月实施。该标准整合了原先的三部标准《球形储罐设计规定》（1982 年版）以及《钢制焊接球形储罐技术条件》（JB 1127—82）。1998 年和 2014 年进行过两次修订。最新的版本是《钢制球形储罐》GB/T 12337—2014。见图 27－15。

随着我国石化压力容器大型化的发展，给材料、容器制造和安装都带来极大的挑战。同时也给压力容器相关标准、技术的发展带来机遇。中国石化工程建设有限公司设计的神华煤直接液化单重 2000t 的反应器筒体壁厚为 334mm，超出了当时的 JB 4730—1994 超声检测母材厚度为 8～300mm 的适用范围。为此，中国一重向国家质检局报告得到允

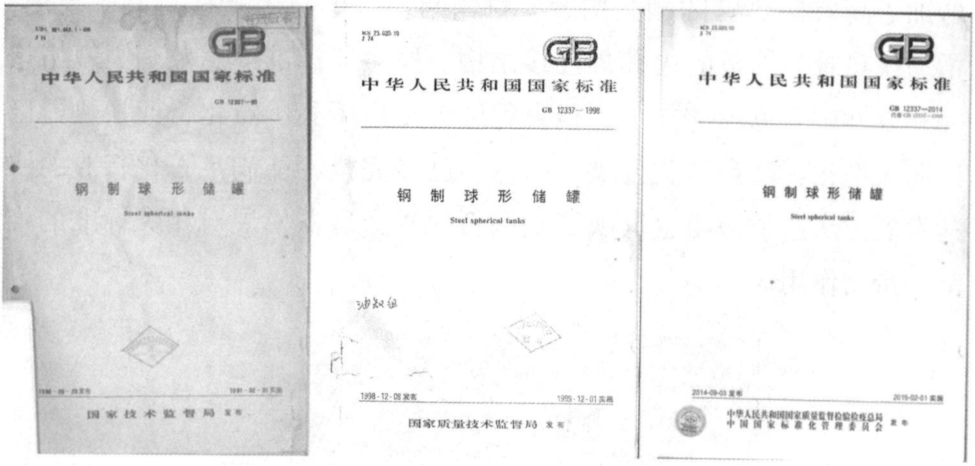

图 27－15　我国球罐标准

许扩大超声检测范围的特批，随后在该标准 2015 年升版时，就将对接焊缝超声检测的工件厚度范围扩大到了 500mm，成为中国石化压力容器大型化对检测标准的发展起到极大促进作用的典范。另外，该反应器需要在现场组焊，而由于人员安全和检测装备的问题现场根本无法采用普通 X 光仪器或加速器对焊缝进行射线检测。研制单位了解到当时国外在 1996 年就开始使用了衍射时差法超声检测 TOFD 最新技术，为此研制单位会同国家主管部门专程到国外考察，购买了专用设备、培训了检测人员，最终取代射线检测用于现场组对焊缝的检测，解决了工程上的一大难题。我们今天看到的 NB/T 47013. 10—2015《衍射时差法超声检测》标准的诞生就是由神华煤液化反应器建造开始的。

随着与国际上交往的增加，我国标准的国际影响力也在逐步加大，尤其是我国石化行业也实施走出去战略，在“一带一路”国家承接石化工程。有些国外石化工程外方就是要使用中国标准。所以与压力容器相关的国家标准都陆续翻译出版了英文版标准。

三、结语

从我国压力容器标准的发展过程看，石油化工压力容器设计规范是后来很多相关国家标准、行业标准制定的基础。石油化工工业在我国70年的发展过程中，一直是走在国民经济发展的最前列。而石油化工压力容器设计规范则是随着我国石化行业引进技术、设备过程中，消化、吸收、实践和总结提炼，又结合中国国情和不断完善后制定的。可以说中国石化压力容器标准的发展总是走在相关的国、行标的前面，具有示范、引领作用。

石油化工压力容器的设计人员，在工程设计的同时，孜孜不倦地钻研国外标准、规范和技术文献，同时在国内石化工程建设的实践中，吸收、理解、掌握、运用国外标准，并结合中国国情解决了许多重大工程难题。同时，这些工程技术人员又积极投身、参与到我国国、行标的编制工作中，对我国压力容器建造标准的发展起到了重要的推动作用。

我国压力容器规范标准的发展历程，由开始的空白、参考教科书、手册及苏联标准，逐渐发展到自主编制技术规定、部级标准，再到国家标准，已经形成了一个较完整的体系，在国际交往中学习借鉴，与国际上先进的压力容器标准逐渐接轨。

随着我国市场的进一步开放及技术进步，国际上先进标准与我国标准的互相影响也日益加大，保持我国标准水平与市场需求相一致就更显重要。先进的标准能为压力容器提供可靠的安全保障，降低压力容器的建造成本，提高产品的国际竞争力。

要在充分借鉴学习国际上先进国家的标准技术，加大对具有自主知识产权的技术研究力度，及时把研究成果转化为标准规定，不断、及时地完善承压设备标准体系和标准技术内容，使我国的标准成为世界上具有影响力的标准。

SEI 冯清晓　撰写

第二十八章 压力容器设计手段发展历程

在石化行业实现工艺过程的装备中，压力容器是其中不可或缺的重要设备之一。而压力容器的设计工作是一个复杂的、综合性的、多人协作获得设计产品的过程，其中涉及数据分析、计算、评估、绘图等环节。压力容器设计规范基于相关的力学理论、设计理念和设计准则，提供了相关的压力容器设计方法，设计人员借助相应的设计工具完成整个压力容器产品的设计流程，而计算机技术的发展，极大地推动了压力容器设计手段的进步。

压力容器设计过程中需要完成相当多的计算、分析、方案对比评估和施工图制图等工作。从最初使用计算尺、丁字尺、圆规等简单工具到现在计算机的应用已全面融入设计计算、分析、制图和归档管理的各个过程，压力容器设计手段的发展在这几十年间经历了一个跨越式的发展历程，极大地提高了设计的效率和准确性，也更适应工程中版次化设计的需求。

一、手工绘图的年代

20 世纪 70 ~ 80 年代中期，设计单位压力容器产品的设计几乎全部是由人手工完成的。当时典型的设计过程是使用计算尺或计算器手工完成设计计算、在印制好的方格计算纸上手写计算书，然后使用绘图板、丁字尺、圆规、模板、擦图片（见图 28－2～图 28－3）等辅助绘图工具手工绘制施工图“白图”，完成的“白图”还需专业描图员手工在硫酸纸上描绘成“透明图”，因硫酸纸质地较脆，“透明图”还要用缝纫机手工轧边防止图纸边缘破裂，之后才能成为用于晒制蓝图的“底图”。

图 28－1　20 世纪 70～80 年代的工程设计人员

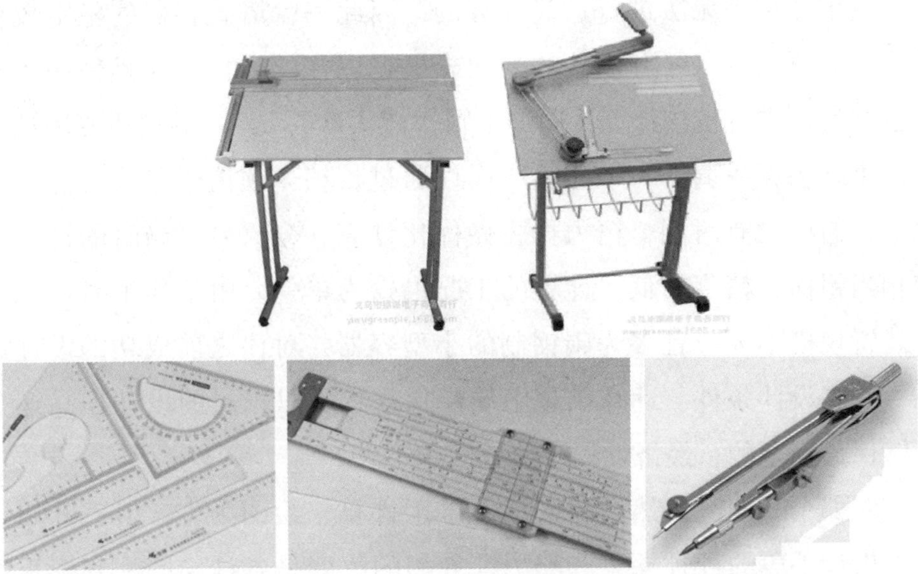

图 28－2　20 世纪 70～80 年代的手工制图工具

那时候，设计人员趴在图版上用铅笔绘图，粗线、细线是靠采用不同硬度、不同粗细的铅笔来实现的。设计单位都有专门的描图室，描图员把硫酸透明纸铺在设计人员画的白图上，然后用不同粗、细的墨水笔，将设计图纸描绘在硫酸纸上，一旦描绘有错误，还要用刀片

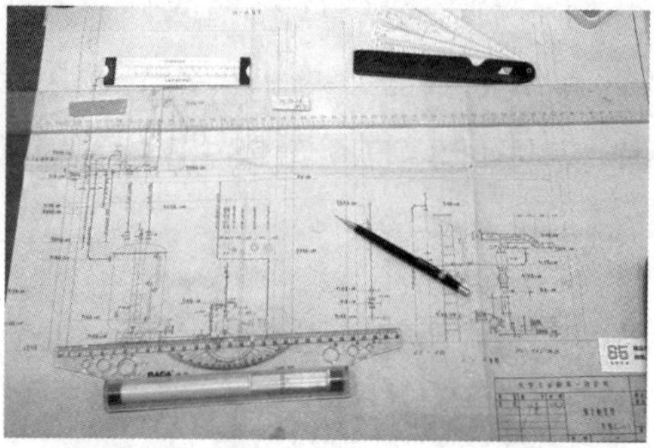

图 28－3　20 世纪 70～80 年代的手工制图

刮除。描图员写一手堪比印刷体的仿宋字，还要流畅地踏着缝纫机轧出笔直均匀的图边缝，设计人员拿到描好的图纸后，还有一道工序是要校对描好的透明图，简称为描校。那时候，还没有复印机，如果想复用之前设计的局部详图、节点图，就只能将晒好的蓝图局部剪下来，再用胶水贴到白图上，就这样似乎能稍微加快些进度。一个熟练的设计人员手工计算一个非变直径的塔或手工绘制一个简单的卧式容器最快也要三天。

手工计算是无法进行迭代计算的，因此一台塔式容器的稳定校核计算，需要先由一名有经验的老同志根据以往的设计产品预估一个壁厚，然后再进行校核计算，通过了则“皆大欢喜”，通不过还要增加壁厚，重新手算一遍。为了能够一次性通过校核，预估壁厚很可能过于保守，但也没有时间、精力再去做优化计算。今天看，当时的计算过程相当粗糙、精度较低，计算的工况也较为单一。由于那个时代炼油厂装置规模不大，且多为碳钢制的小型容器，对比之前成功的设计产品，并在设计条件、计算结果上层层保守，所以当时的设计作品还是能够保证安全的，经济性稍差些也问题不大。

在那个时期，虽然设计人员以手工计算、绘图为主，但已开始了改进设计手段的种种探索和努力。最初的改变是各种绘图配套模板的引进，借助变换坐标、角度和模板上常用的形状，设计人员可以较方便地完成比较复杂的定位与图形绘制。再后来，随着复印机的逐渐普及，出现了“哑图”设计的模式，就是把一些典型常用的结构图、节点图按照所需的比例缩放复制，拼贴成完整的白图，填上实际的尺寸，然后再通过描图成为“透明图”。这在当时曾是提高设计效率的一个具有创造性的手段。随着工程建设项目的发展，设计方式也在逐渐向国际化工程公司的做法靠拢，落后的设计手段已不能适应多版次设计等新的需求。

二、计算机辅助设计

20 世纪 70 年代中期，工程设计单位已经开始有机会与国外石化同行接触，对国外工程公司使用计算机设计带来的高质量、高效率赞叹不已，也看到了计算机辅助设计在压力容器设计方面的巨大作用和发展前景。1974～1976 年间，北京设计院先后购买了当时在国内比较先进的使用纸带输入的 TQ－16、DJS108、DJS130 计算机（见图 28－4），并成立了电子计算机室。那时的国产机软硬件还比较落后，输入是光电输入机和纸带，系统是单用户，专业人员上机计算或修改程序还需要排队。但在 1978—1979 年，工艺、土建、设备等专业室集中了部分具有丰富经验的技术人员开发用于容器设计的计算程序，这批程序在 100 多个工程设计项目中应用并初见成效，其中一些程序获得了部级设计成果奖。受制于当时计算机技术发展的限制，计算机应用主要限于公式数据的计算，难以编程进行优化设计或方案比选。

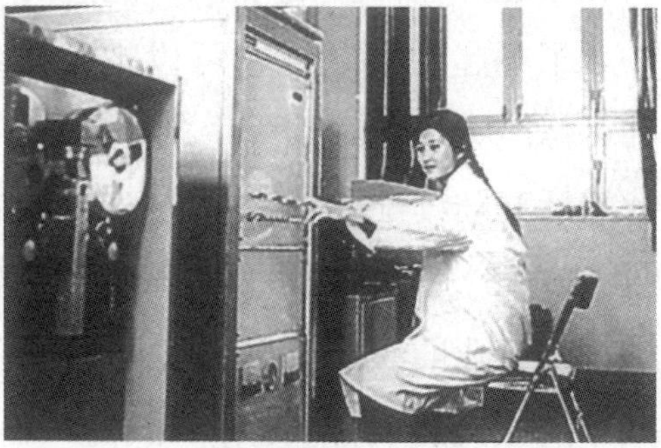

图 28－4　20 世纪 70 年代采用纸带打孔输入数据的 TQ－16 计算机

1. 20 世纪 80 年代

1981 年 7 月从美国引进了 PRIME－550 机，并于次年 5 月投入使用。该机内存 512KB，运算速度大约 40 万次/s，磁盘、磁带、打印机等各种外部设备都有较大改进。操作系统、计算机语言、数据管理、文件管理系统比原有的国产计算机更为先进，用户界面得到改善，落后的纸带输入被通用的键盘输入所代替，并初步实现了多终端、多用户并行。之前在 TQ－16、DJS 等机型上开发的程序也被逐步移植到 PRIME－550 机上运行。到 1983 年，北京设计院工艺、土建、设备等专业的初步设计和施工图设计中较为复杂的计算基本上已经可以由计算机完成。1986 年引进的 IBM－4381 中型机和 CV 工作站，在扬子石化公司聚丙烯装置和燕山石化公司聚苯乙烯装置详细设计中用数据库支持的三维软件模式成功建立了装置模型，并实现了抽取单线图和自动统计配管材料，同期引进的 PROCESS 软件在二次开发、工艺计算和多个工程的方案优化中也得到了应用。

从 80 年代开始配备了 TI－59 可编程计算器，虽说看上去貌不惊人，和普通计算器差别不大，但这对于设计计算的辅助工具来说已经是一个了不起的飞跃。它可以把公式编程处理，实现了输入参数的保存和可修改，从而给工程上的迭代计算、优化设计提供了可行的手段。在此之后又陆续配备了少量公用的 PC1500 袖珍计算机和 IBM5550 微机（见图 28－5）。80 年代中期随着国内计算机行业的发展，尤其是中关村计算机行业的兴起，其后又陆续配备了若干 IBM PC 和长城 0520CH 等型号的微机到设计科室。计算机硬件装备的逐渐增加和普及促进了 PC 机上的计算程序的开发，当时不少在设计一线热心学习计算机知识的年轻人开始尝试编制各种程序用于设计过程中的各类计算，大大提高了计算效率。后来引进的 IBM5550 计算机还配备了可在 DOS 下运行的 VersaCAD 单色二维 CAD 绘图程序，并配套了可直接绘出施工图的滚筒式绘图仪。硬件条件的提升使得在已有计算程序的基础上，直接使用计算得到的数据驱动绘图仪，从而使自动绘制施工图变为可能。这进一步促进了包含制图功能计算程序的开发和应用，为以后在压力容器设计中实现“甩图板”，为手工制图过渡到全部使用计算机制图和设计文件档案管理的电子化奠定了基础。

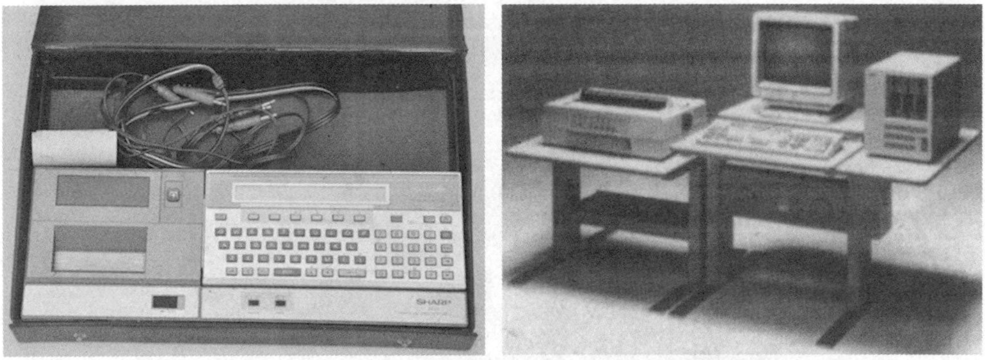

图 28－5　PC1500 袖珍计算机和 IBM5550 微机

80 年代中后期，因设计单位自身发展的需求和当时一些涉外工程中要求全部使用计算机绘图，北京设计院设备室还成立了 CAD 组，专职负责压力容器施工图的计算机绘图和计算程序的编制工作，同时还有其他各专业组热衷于编程的年轻人也加入其中。当时涌现出不少自行开发又使用方便的计算软件和绘图一体化的 CAD 程序，这些程序多数是基于 Basic 语言＋图形接口编制的，可用于立式容器、卧式容器、塔器等；少数是基于 Fortran 语言＋图形接口编制的，如拱顶罐 CAD 计算和绘图程序。这些计算程序和设计程序在当时已经达到了相当完善的程度。

1986 年，BPEC 设备室尝试着把早先的“哑图”设计方法和 CAD 软件结合起来，从换热器入手，通过总结归纳设备类型、设计思路和出图规则，在 CV 系统里“画”出了大量装配图和零部件图的“模板图”，通过在计算机上进行组合和修改，可以较快地生成和打印出整套容器设计图纸，摆脱了之前手工绘图、剪贴、描图等繁琐工作，提高了出图效率和质量。这些工作与包含制图功能计算程序的开发和应用一道，为在压力容器设计彻底实现“甩掉图板”奠定了基础。90 年代实现“甩掉图板”前的手工设计及绘图情形见图 28－6。

图 28－6　20 世纪 90 年代实现“甩掉图板”前的手工设计及绘图

2. 20 世纪 90 年代

随着在微机上运行的换热器计算软件编制完成，在 PC 机上绘图系统编程也顺利完成。设计人员思维中“定式”的东西，就完全可以交给计算机来做了。输入设计参数后，容器的结构设计、强度计算、图纸绘制也都可以通过编程的方式交给计算机去完成，既提高了效率，又减少中间环节出错的可能。这种一体化、参数化的设计模式，逐渐整合了当时针对计算和绘图仪编制程序的功能，已经比较接近商业化计算机辅助设计软件的思路。那个时候在 DOS 系统下针对 VersaCAD、AutoCAD 等绘图程序的二次开发，绘图部分的每一个绘图动作基本都是采用 Basic 或 Fortran 语言＋图形接口来模拟人的手工绘图动作而编制的，难度和工作量可想而知。

90 年代初，以中国石化北京设计院为代表的一批甲级设计单位 95% 的工艺设备、压力管道、土建结构均采用计算机进行设计计算。1992 年各专业工程设计计算工作量的 70%～90% 已由计算机完成，计算机绘图率也达到了 25%。

为了充分满足设计工作需求，同时最大限度地发挥计算机优势，设计部门和专门从事软件编制的人员进行合作开发，经过多年的研制和磨合，90 年代涌现出了一批采用这种模式编制成功的实用化的工程 CAD 软件。如北京设计院和北京石化工程公司的“立式容器”“卧式容器”“塔器”“固定管板换热器 CAD 系统”“拱顶储罐 CAD 软件”等，这些具有相当规模的计算程序已经初步具备了相对比较完善的计算和制图功能，对提高设计效率产生了相当大的促进作用。其中一些还获得了很高的评价，并获得了中国石化总公司颁发的各类奖项，如“固定管板换热器 CAD 系统”获得了 1992 年中国石化总公司工程设计计算机优秀软件、计算机软件及应用成果、建设部全国工程设计计算机优秀软件等三个一等奖，“拱顶储罐 CAD 软件”获得了 1993 年中国石化总公司科技进步奖三等奖、优秀计算机软件及应用成果二等奖等。

从 90 年代起，各设计单位开始逐步实现每人配备一台桌面台式 PC 计算机用于设计计算和绘制施工图，并开展了计算机绘图比赛以调动设计人员使用计算机制图的积极性，开展了全面的“甩图板”运动，并于 1995 年前后实现了所有设计部门“甩图板”的目标，全面实现了采用计算机进行施工图制图和设计计算。

中国石化工程建设公司（简称 SEI）于 1994 年在炼油工程设计和石油化工工程设计两方面分别建立了以 IBM ES9000 大型机为核心，以 AS/400、RISC/6000 和 18 台服务器，以 1200 多台微机工作站和 57 台 Intergraph 三维工作站为客户机的 Client/Server 结构的局域网，并配有 9 台大型公用绘图仪、50 多台 HP 激光打印机和扫描仪等外围设备，同时建立了 Internet 系统，可与国内外客户和施工现场交换信息。同年，三维设计也上了新台阶。用 Intergraph 的 PDS 软件开发，完成了炼油厂、石化厂主要装置的三维设计模型（见图 28－7），自动抽取管段图，如茂名石化公司 30×10^4t/a 乙烯工程率先采用 Intergraph 的 PDS 软件进行配管设计，形成了很大的生产力。

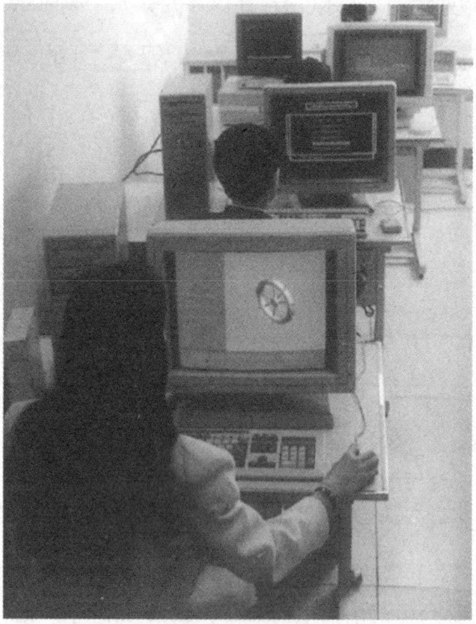

图 28－7　20 世纪 90 年代采用 Intergraph 三维工作站进行工程设计

90 年代中期由中国石化总公司工程建设部和设备设计中心站组织、联合了全国八个开发设计单位、集中了几十名既熟悉压力容器设备的设计，同时又具备编程经验的专业人员，通过汇集各单位之前编制的各类计算和绘图程序，并在此基础上针对国内的绘图软件系统重新进行了二次开发，历时 4 年多完成了“石油化工静设备计算机辅助设计系统”大型软件包。“软件包”的功能包括了压力容器和其他静设备中大量应用的最常见设备的设计计算和施工图绘制。这些常规设备包括：立式容器、卧式容器、换热器（固定管板、U 形管、浮头式）、塔器（板式塔、填料塔）、塔盘（单溢流、双溢流）、球罐、拱顶罐和搅拌设备等。1996 年该“软件包”获得了中国石化总公司工程建设部工程设计计算机优秀软件金奖等多个奖项。并以中国石化总公司红头文件的形式推广到中国石化全国各个设计单位使用。这套“软件包”的推出为全面计算机化、促进石化行业压力容器相关设计软件的开发和发展起到了相当大的促进作用。

除了在设计计算和制图中使用CAD软件工具代替手工提高设计效率外，计算机的应用也逐渐深入到了分析设计阶段。同样是在90年代中期，中国石化总公司为北京设计院、北京石化工程公司和洛阳石化公司从国外引进了有限元分析软件ANSYS，同期压力容器分析设计标准JB 4732—1995的颁布和实施为国内压力容器行业采用有限元软件进行符合国际标准的高水平分析设计奠定了基础。

到90年代末期，中国石化设计单位已拥有了一批国内外知名的和自行开发的软件，特别是炼油厂、石化厂工程设计的工艺总流程优化软件，如GRTMPS和CAL－Ⅱ，工艺流程模拟软件Aspenplus、Pro Ⅱ、Prs，传热传质软件包HTRJ、HTFS和FRI，应力分析软件Ansys和Caesaer Ⅱ等共300多个，使石油化工工程设计水平再上新台阶。

3. 2000～2010年

从90年代后期开始到2010年，随着计算机行业的快速进步和发展，使用计算机进行施工图制图的比例已达到100%，并且施工图等设计文件的存档管理也已全部实现了电子化。在设计计算中使用软件程序计算的也基本覆盖到了所有类别的压力容器。这些软件或程序中既包括自行开发的各类计算程序，也有引进外购的各类国际知名的商业计算和有限元分析软件。从90年代后期开始到2010年，中国石化各设计单位在引进消化和吸收国外设计技术的基础上，就已开始在一些关键和高参数设备如高压厚壁加氢反应器上，逐步实现了采用分析设计标准和有限元方法进行设计，并开发出了相关的应力分析软件，如2003年SEI研发的“ANSYS二次开发——压力容器应力计算软件”荣获中国石化总公司2002—2003年度工程勘察设计“优秀计算机软件”三等奖。

90年代以后，中国石化的设计院纷纷改名成为工程（建设）公司，标志着设计单位从仅提供设计图纸变身为肩负采购、设计、施工全过程的 EPC 承包商。提供设计图纸也从只提供最终设计图，改变为分设计阶段、按工程进度分版次提供设计图、工程图。设计工作程序和设计工作内容发生了根本性变革。

2000 年后，在中国石化引进技术的装置设计工作中，各工程建设公司开始了根据国外专利商的工艺包，自主完成工程设计的实践，并开始承接一些国外工程建设项目。这就要求设计人员掌握国外标准规范及相关的计算软件和设计工作程序，并且能用英文与国外厂商直接进行技术谈判、参加技术协调会议等。在这一阶段，中国石化各工程公司都购买了各类压力容器通用计算软件，并且运用于工程设计中。

承接国外工程建设项目，在投标报价阶段就要不断优化设计，才能以良好的经济性获得授标。这时采用计算机进行快速的多种方案对比计算就显得尤为重要，这是手工计算根本无法想象的。另外，对一些大型厚壁加氢反应器来说，先进的设计手段和设计规范，直接决定公司拿到合同的能力和公司的盈利能力。

4. 2010 年至今

进入 2010 年后，压力容器设计手段已全面实现电子化设计，所有工程项目中所有设计文件的完成，包括设计计算、施工图制图等全部实现了计算机化，所有设计文件的档案管理也全部实现了电子化。压力容器的设计在常规设计全部实现计算机化的基础上，从最初的只在少数关键设备上使用分析设计，到现在已经扩展到所有设备都可采用分析设计进行。通过多年的攻关克难，现在已具备了可使用国内外不同的设计规范，对绝大多数设备进行非线性分析设计的能力，其中对高温高压设备（如加氢反应器）所需的包含材料蠕变疲劳在内的分析设计手段也已进入工程实用阶段。

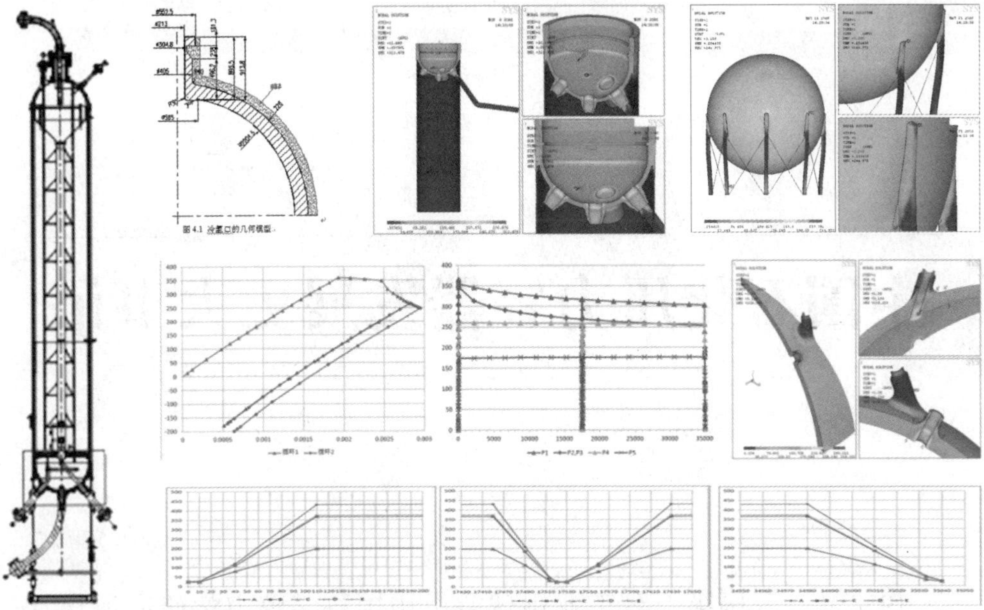

图 28－8　有限元用于压力容器分析

三、电子化设计推动设计水平的提高

压力容器设计手段的进步离不开计算机技术的发展，从最开始的手工计算和制图，到全面采用计算机完成所有工程项目设计文件的编制，并在重要的压力容器设备的设计中采用分析设计，中国石化行业已经实现了压力容器设计手段和设计过程的现代化。从长远发展看，现在计算机技术的应用完成了设计工具的转换，解决了由机器代替人工操作的阶段，今后的发展方向将会向更高层次的应用，如三维设计、数字化工厂、智能化工厂、项目总体设计的智能化和无纸化、各专业联合的计算机网络化设计方向发展，而这些发展将进一步提高设计效率，甚至引发设计思维方式的变革。

SEI 黄勇力　田英　撰写

中国石化压力容器发展史大事记

1958 年，我国第 1 台工业用球罐由中国科学院力学研究所设计、北京金属结构厂制造，其几何容器 600m^3，用于中国科学院力学研究所储存空气。

1978 年元月，ϕ7200/5230mm（内径）× 20mm（厚）× 20020mm（切线长），重 228t 的武汉石油化工厂 60 × 10^4t/a 提升管催化裂化装置再生器投产，并荣获全国科学大会奖。

1985 年，南化机"红三角"牌 ϕ1400mm 尿素合成塔，获国家金质奖章。

1988 年 10 月 10 日，8 台套管式第一急冷换热器和一台卧式挠性薄管板第二急冷换热器开车一次成功，实现了急冷换热器国产化从无到有的突破。

1989 年 3 月 9 日，ϕ1800mm（内径）× 150mm（厚）× 22000mm（切线长），重 220t 的抚顺石油三厂 40 × 10^4t/a 加氢裂化装置全国产化的锻焊结构加氢反应器投产，并荣获国家科技进步奖一等奖。

1991 年，南化机制造的四川化工总厂 20 × 10^4t/a 合成氨装置，获国家重大技术装备成果特等奖。

1993 年，国产化研发的第一代板壳式换热器，采用 SR1 板型，$55m^2$板壳式进料换热器用于兰州石化 $10\times10^4t/a$ 铂重整装置。

1993 年 1 月，由合肥通用机械研究所按 GB12337—90 设计、金州重型机器厂制造的 $1000m^3$ 丙烯球罐在湖南巴陵石化建成投产，这是我国首次采用国产 CF 钢制造的低温球罐。

1997 年 7 月，ϕ1950/2000/2100/2600mm × 39908mm，壳体材质 1. 25Cr-0. 5Mo-Si 的国内首台 $60\times10^4t/a$ 连续重整装置四合一反应器在燕山石化投产，并荣获机械工业部科技进步奖三等奖。

2000 年 2 月 20 日，ϕ8400mm（内径）× 21000（切线长）mm 焦炭塔在上海石化股份有限公司 $100\times10^4t/a$ 延迟焦化装置投产，并荣获中国石化集团公司 2001 年科技进步奖三等奖。

2001 年 12 月，ϕ5400/8400/10200/6000/4200mm（内径）× 30mm（厚）× 66892mm（切线长）减压塔，在由中国石化工程建设有限公司（SEI）设计的全国第 1 套国产化高桥 $800\times10^4t/a$ 润滑油型常减压蒸馏装置成功投产。

2003 年 7 月，ϕ14300/10800/7000mm（内径）× 36/48mm（厚）× 43170mm（切线长），重 1615t 的兰州石化公司 $300\times10^4t/a$ 重油催化裂化装置再生器投产，并荣获中国石化优秀工程设计一等奖。

2003 年，SEI 研发的“ANSYS 二次开发——压力容器应力计算软件”荣获中国石化集团公司 2002—2003 年度工程勘察设计“优秀计算机软件”三等奖。

2006 年 11 月，中国石化安庆煤改油变换装置开车运行，两台轴径向变换炉，两台轴向变换炉顺利投产运行。

2006 年 6 月 14 日，中国石油化工集团公司主持召开了加氢裂化装置高压空冷器泄漏原因分析及解决方案讨论会。按照讨论会会议纪要《石化股份炼设函〔2006〕39 号》要求对系统内外的加氢裂化装置高压空冷器进行了全面系统的调研，形成的调研报告对后期加氢高压空冷器选材具有重要指导意义。

2007年，“焦炭塔选材与受力数学模型的研究与工业应用”荣获中国石化集团公司科技进步奖二等奖。

2007年2月，ϕ7700/9200/11200/1525mm（内径）×46+6mm（厚）×42677mm（切线长）减压塔103-C-302，在由中国石化工程建设有限公司（SEI）设计的神华煤直接液化项目（先期工程）投产。2017年12月，煤制油品/烯烃大型现代煤化工成套技术开发及应用获2017年度国家科学技术进步奖一等奖，该塔是其子课题“关键超大超厚设备研制”之一。

2008年5月27日，ϕ2000mm（内径）×16mm（厚）×3435mm（切线长），重23.2t的燕山石化公司4.5×10^4t/a丁基橡胶装置扩能改造项目全国产化的聚合反应器成功投产，并于2009年获中国石化集团公司科技进步奖二等奖。

2008年5月，聚合反应器一次开车成功，并产出合格丁基橡胶产品。2009年，丁基橡胶聚合反应器国产化开发获得了中国石化集团公司科技进步奖二等奖。

2008年，南化机为德州化肥厂制造的30×10^4t/a大型氨合成塔获得国家科技进步奖二等奖

2008年，在中国石化天津、镇海100×10^4t/a乙烯项目中，中国石化工程建设有限公司、合肥通用机械研究所采用07MnNiMoVDR、15MnNiNbDR钢板建造了2000m^3乙烯、丙烯球罐，标志着我国2000m^3乙烯球罐的国产化开发工作取得成功。

2009年7月18日，ϕ7200mm（内径）×58mm（厚）×113000mm（切线长），重约2030t的大连福佳大化PX芳烃项目二甲苯塔C－803（世界第一高塔）投入使用。

2010年1月6日，国内第一套45×10^4t/a聚丙烯装置多区循环反应器在中国石化天津分公司建成投产，并荣获中国石化集团公司科技

进步奖二等奖、中国石化优秀工程设计二等奖。

2011 年，福建炼化 9200m^2 连续重整超大型板壳式换热器的开发应用荣国中国石化集团科技进步奖二等奖。

2011 年，大型气相法聚乙烯成套技术获得中国石化集团公司科技进步奖一等奖。

2011 年，30×10^4t/a LLDPE 气相反应器国产化开发获得中国石化集团公司科技进步奖三等奖。

2011 年 10 月，“国产 825 合金材料高压空冷器成套技术开发”课题组攻关的首次 4 台国产 825 合金材料制“热高分气空冷器（0217-A－101）”高压空冷器投用在长岭分公司油品质量升级改造工程 170×10^4t/a 渣油加氢处理装置，应用效果良好。2015 年“国产 825 合金材料高压空冷器成套技术开发”获得中国石化集团公司科技进步奖一等奖。

2013 年 12 月，ϕ9800/10600/11800mm（内径）×118mm（厚）×110550mm（切线长），由中国石化自主制造的重约 4035t 的海南炼化 60×10^4t/a 对二甲苯工程二甲苯塔 102-C-802 打破了国内同类装置最大塔器的多项制造加工纪录。2015 年 12 月，该塔所属开发课题——高效环保芳烃成套技术开发及应用荣获国家科学技术进步奖特等奖。

2014 年 1 月 23 日，扬子石化煤制气装置一次投料成功，标志着中国石化具有自主知识产权的“SE－东方炉”粉煤气化技术开车成功，该技术于 2015 年获得上海市科学技术奖特等奖。

2014 年，“大型 EO 反应器研制”获得 2014 年度中国石化集团公司科技进步奖二等奖。

2014 年，中国石化“十一五”期间重大技术装备国产化项目——“百万吨级乙烯冷箱的开发与研制”获得 2014 年度中国石化集团公司科技进步奖三等奖。

2014 年，金州重型机器集团有限公司为陕西龙门煤化工有限责任公司制造的整体包扎尿素合成塔出厂。

2015 年 9 月，国内设计、制造的 Lurgi 大甲醇反应器交付中天合创项目，2016 年 9 月 24 日 2 时 30 分产出合格甲醇。

2016 年 2 月 22 日，ϕ8800mm（内径）× 76mm（厚）× 102150mm（切线长）、净重量 3200 多 t 的惠州炼化二期项目 100 × 10^4t/a 乙烯装置中的丙烯精馏塔顺利完成吊装，该塔是目前全球石化行业“整体制造”“整体运输”的最高、最重的塔式设备。

2017 年 1 月，采用改进型可拆轴径向内件的神华宁煤 400 × 10^4t/a 煤炭间接液化项目煤气化及变换装置第二变换炉运行。

2018 年 3 月 28 日，中海油惠州炼化 40 × 10^4t/a 聚丙烯装置多区循环反应器建成投产。